微型气相色谱技术

韩 菊 著

U0264293

中国石化出版社

内 容 提 要

微型气相色谱是将现代微加工技术与色谱仪器原理相结合,应用新概念、新材料和集成化方法来实现色谱仪的微型化、集成化、智能化。本书以气相色谱基本原理、现代微加工技术和微型气相色谱现有研究成果为基础,以微型气相色谱系统为主线,对现代微型气相色谱技术的发展脉络进行梳理,试图为读者展现一个完整的微型气相色谱知识体系。

本书可供分析化学、微电子学、环境监测、航空航天等相关领域以及微制造行业的科研、管理人员阅读参考,亦可作为高等院校相关专业研究生和本科生的教学用书。

图书在版编目(CIP)数据

微型气相色谱技术 / 韩菊著 . —北京:中国石化出版社,2022.1
ISBN 978-7-5114-6547-4

Ⅰ. ①微… Ⅱ. ①韩… Ⅲ. ①气相色谱 Ⅳ. ①O657.7

中国版本图书馆 CIP 数据核字(2022)第 022616 号

中国石化出版社出版发行

地址:北京市东城区安定门外大街 58 号
邮编:100011   电话:(010)57512500
发行部电话:(010)57512575
http://www.sinopec-press.com
E-mail:press@ sinopec.com
北京富泰印刷有限责任公司印刷
全国各地新华书店经销
*
710×1000 毫米 16 开本 20 印张 332 千字
2022 年 3 月第 1 版   2022 年 3 月第 1 次印刷
定价:108.00 元

色谱法已有 100 多年的历史，是分析复杂混合物必不可少的强有力手段和工具，在石油化工、化学工业、生命科学、环境科学、材料科学、医药科学、食品科学等诸多领域获得广泛应用并发挥了重要作用。目前，常规气相色谱仪已经发展得相当成熟，但只适于在实验室使用，而在某些场合却不能满足需求，如油气田野外勘探中气体组成的分析、环境监测中突发污染事件的应急分析、太空探测中化学物质的原位分析、航天器舱室中的气体监测、国防安全中战地化学武器的现场快速分析等，必须使用便携、高效、低功耗和低物耗的微型气相色谱仪，才能实现野外、在线、原位、快速分析。

1979 年，美国斯坦福大学的 Terry 等人研制出世界上第一个加工在芯片上的微型气相色谱仪，开启了气相色谱的新时代。微型气相色谱(micro gas chromatography，μGC)是将现代微加工技术与色谱仪器原理相结合，用新概念、新材料和集成化方法来设计和制造色谱仪，以实现仪器的微型化、集成化、智能化。在现代高科技和实际需要的推动下，μGC 已成为 21 世纪一个重要的研究方向，受到了科学界和工业界的广泛重视。近年来，有关 μGC 的研究成果数量逐年上升，相关的商品化仪器不断推向市场，呈现出方兴未艾的发展势态。

微型气相色谱有别于常规气相色谱，它既涵盖色谱法相关理论，又涉及大量的现代微加工技术，是极具学科交叉性的研究领域，我国众多科研院所和大专院校在积极开展这方面的研究，而目前国内尚未见到系统介绍微型气相色谱技术的专业书籍。基于此现状，作者进行了大胆尝试，凭借 30 余年色谱教学科研工作的积累，在查阅了大量国内外发表的 μGC 相关研究成果的基础上，将这些分散的文献进行系统归纳与分析，按照逻辑关系梳理成章节，构建成一个完整的知识体系，撰写成一部系统反映微型气相色谱全貌和最新技术成就的专业书籍，供相关知识领域的读者学习和参考。

全书共分为 7 章，第 1 章~第 3 章为基础知识；第 4 章~第 7 章为核心内容。

第 1 章　气相色谱基础。介绍气相色谱基本原理、基本理论和基本方法，包括常规的填充柱气相色谱、开管柱气相色谱以及新兴的全二维气相色谱。

第 2 章　微型气相色谱概述。简述 μGC 的由来与发展概况。

第 3 章　现代微加工技术基础。介绍 μGC 相关的现代微加工技术，着重介绍微机电系统(MEMS)技术。

第 4 章　微型气相色谱柱。简要介绍微型气相色谱柱基本制备程序，重点介绍微型气相色谱柱的结构、材质、固定相涂覆新技术。

第 5 章　微型气相色谱检测器。重点介绍各种类型的微型热导池检测器(μTCD)和微型氢火焰离子化检测器(μFID)。

第 6 章　微型气体富集器。详细介绍平面结构的微型富集器、三维结构的微型富集器、被动式微型富集器、耦合式微型富集器。

第 7 章　微型气相色谱系统。详细介绍混合集成的 μGC 系统、单片集成的 μGC 系统、集成有 Knudsen 泵的 μGC 系统。

第 4 章~第 7 章按照章节内容，分别阐述其基本原理、构建方法、结构设计、材质选择、加工技术和工艺、性能特点等，介绍有代表性的研究成果和研究实例，并进行客观分析，旨在系统反映 μGC 的全貌，展示其发展轨迹、最新技术成就与研究进展。

本书内容丰富、简繁结合、图文并茂、深入浅出，以 μGC 系统为主线，在介绍气相色谱基本原理和微加工技术的基础上，详细介绍 μGC 各个子系统及系统的集成。在内容选取上，注重反映先进性、创新性、代表性；在表现形式上，采用文字描述的同时辅有大量图片，以使抽象的东西变得形象直观，便于读者迅速、准确地理解相关内容。期望本书的面世有助于读者系统、全面地了解微型气相色谱的原理、方法、技术和工艺、发展动态，对我国 μGC 的发展起到有益的促进作用。

本书中参考和引用了大量国内外相关文献，谨向有关作者表示衷心感谢。本书撰写过程遇到了许多困难和波折，但得到了众多朋友的热情相助，他们或雪中送炭，或指点迷津，方得峰回路转，柳暗花明。本书写作更离不开我家人的大力支持，他们的爱和鼓励，给了我战胜困难的勇气和决心。在此，向所有给予我帮助和支持的朋友和家人表示真诚的感谢！

本书的出版得到了河北科技大学环境科学与工程学院领导和同事们的关怀与支持，中国石化出版社的编辑同志也注入了大量心血，在此一并致谢！

鉴于作者知识和能力所限，书中难免存在缺点、错误和不足，欢迎广大读者批评指正。

作者
2022 年 1 月

目　录

第1章　气相色谱基础

1.1　绪论

色谱法(chromatography)又叫色层法或层析法，是 20 世纪初发展起来的一种分离分析方法。现代色谱法因具有分离效能高、分析速度快、检测灵敏度高、样品用量少等优点，在石油化工、化学工业、生命科学、环境科学、材料科学、医药科学、食品科学等诸多领域获得了广泛应用。由于其发展极为迅速，已成为分析化学中一个重要的独立学科，也是现代分离科学的基础。

1.1.1　色谱的历史

人们公认的色谱法创始人是俄国植物学家茨维特(M. S. Tswett)，他在 1906 年首先提出了色谱法。Tswett 在分离植物色素的实验中，将一根装有碳酸钙粉末的玻璃管竖直放置，把植物叶子的石油醚提取液倒入玻璃管的顶端，再用纯净的石油醚连续向下洗脱。随着淋洗的进行，在透明的玻璃管上出现了不同颜色的清晰色带，每一个色带代表着一种色素成分(叶绿素、叶黄素、胡萝卜素)，由此成功地分离了植物色素。当时 Tswett 把这些分离后出现的色带称为"色谱"，而将这种分离方法命名为"色谱法"。

在这一方法中，装有碳酸钙粉末的玻璃管叫做色谱柱(chromatographic column)，是样品完成分离的场所。玻璃管中填充的固定不动、用于分离样品的碳酸钙叫做固定相(stationary phase)，固定相可以是固体或液体。连续流过碳酸钙的石油醚叫做流动相(mobile phase)，其作用是携带组分向前移动并为组分提供分配空间。流动相可以是气体、液体或超临界流体。固定相和流动相这"两相"是进行色谱分析必不可少的条件。

当今的色谱分析对象早已不再局限于有色物质，而绝大部分是无色物质，并不存在真正意义上的"色谱"，也不需要通过辨认颜色将组分分开，但"色谱法"这个名称一直被沿用下来。早期的色谱法只是一种分离技术，随着色谱高灵敏检测技术的发展，分离与检测相结合，色谱法能够实现分离、分析一次完成，现代色谱法通常称为色谱分析法(chromatography analysis)。鉴于其强大的分离功能，色谱法已成为各个领域最常用的分析化学方法。

1.1.2　色谱法分类

色谱法经过 100 多年的发展，现已有多种分离类型和操作方式，故其分类方法也有多种。主要依据色谱过程中两相所处的物理状态、分离作用原理和固定相的物理特征分类。

（1）按两相物理状态分类

流动相为气体的色谱分析法统称为气相色谱（gas chromatography，GC），包括气-液色谱（gas-liquid chromatography，GLC）和气-固色谱（gas-solid chromatography，GSC）。在 GC 中，气体流动相又称为载气（carrier gas）。

流动相为液体的色谱分析法统称为液相色谱（liquid chromatography，LC）。同理，液相色谱可分为液-液色谱（liquid-liquid chromatography，LLC）和液-固色谱（liquid-solid chromatography，LSC）。

流动相为超临界流体的色谱分析法称为超临界流体色谱（supercritical fluid chromatography，SFC）。

（2）按分离作用原理分类

根据固体固定相对样品中各组分吸附能力差别而进行分离的色谱法称为吸附色谱（absorption chromatography）。根据各组分在固定相和流动相间分配系数的不同进行分离的色谱法称为分配色谱（partition chromatography）。利用不同离子与固定相上带相反电荷的离子基间作用力的差异而进行分离的色谱法称为离子交换色谱（ion exchange chromatography，IEC）。利用固定相对分子大小、形状所产生阻滞作用的不同而进行分离的色谱法称为空间排阻色谱（steric exclusion chromatography）。利用生物大分子和固定相表面存在某种特异性亲和力进行分离的色谱法称为亲和色谱（affinity chromatography）。

（3）按固定相的物理特征分类

固定相装在柱管内的色谱法称为柱色谱（column chromatography），包括填充柱色谱和开管柱色谱（open tubular column chromatography）。把固体固定相涂敷在玻璃板或其他平板上的色谱法叫做薄层色谱（thin layer chromatography，TLC）。把液体固定相涂敷在滤纸上的色谱法叫做纸色谱（paper chromatography，PC）。薄层色谱和纸色谱又称为平板色谱（planar chromatography）。

另外，根据色谱展开方式的不同还可分为迎头法色谱、顶替法色谱和冲洗法色谱等。

以上分类方法，总结于表 1-1 中。

表 1-1　色谱分析方法分类

按两相物理状态分类			按分离作用原理分类		按固定相物理特征分类	
流动相	固定相	名　称	原　理	名　称	特　征	名　称
液体		液相色谱			固定相板状	平板色谱
	液体	液-液色谱	分配系数不同	液-液分配色谱	固定相涂敷在滤纸上	纸色谱

续表

按两相物理状态分类			按分离作用原理分类		按固定相物理特征分类	
流动相	固定相	名 称	原 理	名 称	特 征	名 称
	固体	液-固色谱	吸附能力差别	液-固吸附色谱	固定相涂敷在平板上	薄层色谱
			分子大小不同	空间排阻色谱	固定相柱状	柱色谱
			离子交换能力不同	离子交换色谱	固定相紧密填充在管内	填充柱色谱
			亲和力差别	亲和色谱	固定相附着在管内壁上	开管柱色谱
			电渗析淌度差别	电泳	流动相用电压驱动	电色谱
气体		气相色谱				
	液体	气-液色谱	分配系数不同	气-液分配色谱		
	固体	气-固色谱	吸附能力差别	气-固吸附色谱		
超临界流体		超临界流体色谱				

1.1.3 色谱法发展概况

1906 年，Tswett 创立了色谱法，但这一分离技术当时并没有引起足够的重视，此后的 20 多年间色谱法发展缓慢。直到 1931 年，Kuhn 和 Lederer 采用 Tswett 的液-固吸附色谱法从蛋黄中分离出植物叶黄素以及分离了 3 种胡萝卜素异构体，人们才开始重视色谱技术。1941 年，Martin 和 Synge 以水饱和的硅胶为固定相，含有乙醇的氯仿为流动相分离乙酰化氨基酸，创立了液-液分配色谱法。他们还提出了色谱学基础理论之一的塔板理论，并预言流动相可以用气体来代替，该预言在提出的 11 年后被实现。1944 年，Consden、Gorden 和 Martin 等发展了纸色谱法。

1952 年，James 和 Martin 首次用气体(氮气)作流动相，将硅酮 DC550(含10%的硬脂酸)涂覆在硅藻土(Celite545)载体上构成固定相，配合自动酸碱滴定检测，成功地分离了挥发性脂肪酸，发明了气-液分配色谱。这是色谱法的一项革命性进展，给挥发性有机化合物的分离测定带来了划时代的变革。由于对现代色谱法的形成和发展所作的重大贡献，Martin 和 Synge 被授予 1952 年诺贝尔化学奖。1957 年，Golay 开创了开管柱气相色谱(习惯上称为毛细管柱气相色谱)，这是 GC 发展史上具有里程碑意义的技术创新。由于毛细管柱的柱效能远高于填充柱，极大地提高了对多组分混合物的分离效能，尤其是 1979 年弹性石英毛细管柱的出现，使气相色谱得到了更加广泛的应用和蓬勃发展。

在色谱理论方面，1956 年，Van Deemter 等在前人的基础上发展了描述色谱过程的速率理论，为提高色谱柱的分离效能指明了方向。1965 年，Giddings 出版了专著《Dynamics of Chromatography》，为色谱的进一步发展奠定了理论基础。

20 世纪 60 年代后期，科学家们针对经典液相色谱存在的分析速度慢、分离效率低等不足进行改进，采用高压泵输送流动相、使用小粒径填料、把化学键合固定相用于液相色谱等，使液相色谱的分离效能和分析速度大大提高，从而开创了高效液相色谱(high performance liquid chromatography，HPLC)的新时期，解决了对于高沸点、强极性、热不稳定性化合物以及生物活性物质的分离难题，HPLC 在 20 世纪 70 年代获得了高速发展。

20 世纪 80 年代，出现了高效毛细管电泳以及将 HPLC 与毛细管电泳完美结合的毛细管电色谱，极大地提高了液相色谱的分离效能和选择性。20 世纪 90 年代，又发展起来了全二维气相色谱(GC×GC)、多维液相色谱、超高效液相色谱(UPLC)等新方法，这些先进的色谱技术，为复杂混合物的分析提供了强有力的手段，更接近实现"更快地得到更好的分析结果"的目标。

航空航天、环境监测、工业过程、油气勘探、国防安全等领域对多组分气体样品原位、快速、灵敏测定的实际需求，促进了对微型气相色谱(micro gas chromatography，μGC)的研究。1979 年，美国斯坦福大学的 Terry 等人进行了开创性的工作，率先研制出世界上第一个加工在芯片上的微型气相色谱系统，开启了 GC 分析的新时代。20 世纪 90 年代，微型气相色谱引起了广泛重视并得到快速发展，相关的商品化仪器陆续推向市场。进入 21 世纪，μGC 依然是色谱分析的重要研究方向之一，具有广阔的发展空间。

此外，在仪器测定方面发展了各种仪器联用技术，如气相色谱-(串联)质谱联用、气相色谱-傅里叶变换红外光谱联用、高效液相色谱-电喷雾质谱联用、气相色谱或高效液相色谱-等离子发射光谱联用等等，弥补了色谱法对分析物鉴别功能较差的不足，使得色谱定性信息更加广泛而全面，对复杂混合物的分离和鉴定更加便利。经过 100 多年的发展，色谱分析法已成为世界上应用最广的分析技术，在科学研究和工业生产的众多领域发挥着重要作用。

1.2　色谱流出曲线

1.2.1　色谱分离过程

色谱法的实质是分离。混合物中各组分在固定相和流动相中吸附能力、分配系数或其他亲和作用性能的差异是色谱分离的基础。色谱分离是一个非常复杂的过程，其中既包含了组分在两相间的分配过程(热力学过程)，又存在着扩散和传质过程(动力学过程)，是两者综合作用的结果。

色谱柱是样品完成分离的场所，柱内装有固定相，流动相与其作连续地相对运动并以一定速度渗滤通过固定相。进行色谱分析时，把少量样品快速引入色谱柱的入口，样品中各组分被流动相携带着向柱后移动。在移动过程中，组分与固定相和流动相发生作用，在两相间进行反复多次地分配。由于样品中各组分的性质不同，它们与两相间的作用力不同，表现为在柱内的迁移速度不同。在固定相上溶解度（或吸附力）大的组分，迁移速度慢；在固定相上溶解度（或吸附力）小的组分，迁移速度快。结果是样品中各组分一同进入色谱柱，但以不同的速度在柱内迁移，出柱时就有了先后之分，导致混合物中各组分的分离。从色谱柱流出的组分依次进入检测器，该换能装置把各组分的浓度或质量信号转换成可供测量的电信号，输送给记录仪记录下来，这就完成了一个色谱分离过程。

1.2.2　色谱流出曲线

色谱柱分离后的组分流经检测器产生响应信号。这种响应信号强度随时间变化的曲线，称为色谱流出曲线，也叫色谱图。理想的色谱流出曲线应为对称的正态分布曲线。色谱图是色谱分析的主要技术资料，是研究色谱过程、进行定性定量分析的重要依据。

图 1-1 是典型的微分色谱图，下面结合该图介绍色谱图有关术语。

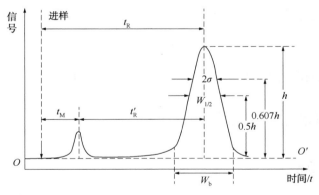

图 1-1　色谱流出曲线

（1）基线

在实验操作条件下，只有纯流动相经过检测器时记录下的信号–时间曲线称为基线。如图 1-1 中的 OO' 线。它反映了检测器系统噪声随时间的变化情况。正常的基线应该是一条平滑的直线。若基线单向漂移或上下波动，说明操作条件不稳定或仪器运转不正常，应查找原因。因此，保持基线平稳是进行色谱分析最基本的要求。

（2）色谱峰

组分经过检测器时产生的信号–时间曲线称为色谱峰。正常的色谱峰近似为高斯分布曲线。

（3）峰高

色谱峰顶点到基线之间的垂直距离，以 h 表示。峰高是色谱定量分析的依据之一。

（4）色谱峰区域宽度

色谱峰区域宽度是色谱流出曲线的重要参数之一，通常有三种表示方法：

标准偏差 σ：正态分布曲线上两拐点间距离的一半。经计算拐点位于色谱峰 0.607 倍峰高处，即 σ 为 0.607h 处色谱峰宽度的一半。

半峰宽 $W_{1/2}$：峰高一半处色谱峰的宽度。

峰底宽 W_b：由色谱峰两侧的拐点作切线与基线交点间的距离，也称基线宽度。

三种色谱峰区域宽度之间的关系为：

$$W_{1/2} = 2\sigma\sqrt{2\ln2} = 2.354\sigma \qquad (1.1)$$

$$W_b = 4\sigma \qquad (1.2)$$

色谱峰宽度（σ，$W_{1/2}$，W_b）是组分在色谱柱中谱带展宽的函数，其大小能反映色谱柱或色谱操作条件的优劣，可用来评价色谱分离情况。

（5）峰面积

色谱峰与基线延长线所围成的面积，以 A 表示。对于理想的对称峰，峰面积可由峰高和半峰宽求得，近似表示为：

$$A = 1.065hW_{1/2} \qquad (1.3)$$

峰高和峰面积与样品中组分的量直接相关，是色谱定量分析的重要依据。

1.3　色谱法基本理论

1.3.1　分配平衡

由色谱分离过程可知，样品进入色谱柱中遇到固定相和流动相，混合物中的各组分将根据各自的性质与两相发生作用，在两相间进行溶解–挥发（或吸附–解吸）的分配平衡。在流动相携带组分向柱后移动过程中，组分不断遇到新鲜固定相，就会不断进行新的分配平衡。因而，在整个色谱分离过程中，组分在两相间的分配平衡要反复多次。组分在柱内两相间的分配行为用分配系数和分配比来描述。

（1）分配系数

在一定温度、压力下，组分在固定相和流动相间达分配平衡时的浓度之比，称为分配系数（或分布系数），用 K 表示，即：

$$K = \frac{组分在固定相中的浓度}{组分在流动相中的浓度} = \frac{C_s}{C_m} \tag{1.4}$$

K 值是组分在两相间分配平衡性质的量度，反映了组分与固定相和流动相作用力的差别。它取决于固定相、流动相和组分性质，还与温度、压力有关，而与柱管特性和仪器无关。

K 值大，说明组分在固定相中的浓度大，也即与固定相作用力强，不易被洗出色谱柱；反之，说明组分在固定相中的浓度小，与固定相作用力弱，容易被洗出色谱柱。可见，K 值能定量描述组分与固定相间作用力的大小。在一定条件下，只要混合物中各组分的 K 值有差异，就有可能实现色谱分离。因此，分配系数不同是混合物中有关组分色谱分离的基础。

在色谱分离条件中，柱温是影响分配系数的一个重要参数。当其他条件一定时，分配系数与柱温的关系为：

$$\ln K = -\frac{\Delta G^\circ}{RT} \tag{1.5}$$

这是色谱分离的热力学基础。式中，ΔG° 为标准状态下组分的自由能；R 为气体常数；T 为柱温。在气相色谱分析中，通常可通过合理选择柱温来调节组分的 K 值，使组分间 K 值有较大差异，从而获得良好的分离效果。

（2）分配比

在一定温度、压力下，组分在固定相和流动相间达到分配平衡时的质量之比，叫做分配比，又称为容量因子，用 k 表示，即：

$$k = \frac{组分在固定相中的质量}{组分在流动相中的质量} = \frac{m_s}{m_m} \tag{1.6}$$

K 与 k 的关系为：

$$K = \frac{C_s}{C_m} = \frac{m_s V_m}{m_m V_s} = k \frac{V_m}{V_s} = k \cdot \beta \tag{1.7}$$

或

$$k = K \frac{V_s}{V_m} = \frac{K}{\beta} \tag{1.8}$$

式中，$\beta = \frac{V_m}{V_s}$，称为相比，是色谱柱特性参数；V_m 为柱内流动相体积，包括固定相颗粒之间和颗粒内部孔隙中的流动相体积，近似等于死体积；V_s 为色谱柱中固定相的体积，它指真正参与分配的那部分体积，在分配色谱中表示固定液的体积，若固定相是吸附剂、离子交换剂或凝胶，则分别指吸附剂表面积、离子交换剂交换容量或凝胶孔容。

由式（1.8）可知，影响分配系数 K 的因素均影响分配比 k。此外，k 还与两相体积有关。实际工作中，可方便地由色谱图计算出 k 值。

1.3.2 色谱分离原理

有了分配系数和分配比的概念，就可进一步解释色谱分离原理。现假设某样品由两组分混合物 A+B 组成，且 $K_A < K_B$。样品经过色谱柱后，A、B 两组分得到分离，其色谱分离过程见图 1-2。

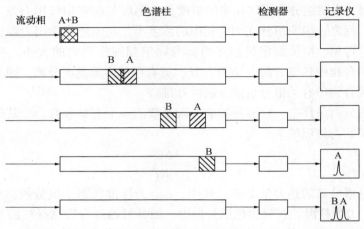

图 1-2　色谱分离过程示意图

进样后，A、B 两组分以混合状态被引入色谱柱入口，它们按照各自 K 值的大小在固定相和流动相间进行分配并随着流动相向前移动。由于 $K_A < K_B$，A 组分与固定相作用力比 B 组分小，在柱内移动速度较快，其谱带渐渐移动到了 B 组分的前面，先流出色谱柱，进入检测器，记录仪上首先出现 A 组分的色谱峰；而 B 组分与固定相作用力大，在柱内移动速度较慢，其谱带落在了 A 组分的后面，后离开色谱柱进入检测器，较晚得到 B 组分色谱峰。由于 A、B 两组分的性质不同，使得它们的 K 值不同，被流动相携带移动的速度不同，结果导致同时进入色谱柱的两组分以不同的时间离开色谱柱，使混合物得到分离。

可见，由于样品中各组分性质有差异，它们在相对运动的两相间进行连续多次地分配平衡时产生了差速迁移，从而使样品中各组分得到了分离。这就是色谱分离的基本原理。

1.3.3 保留值及其热力学性质

在色谱分析中，混合物中各组分的分离最终表现为不同组分在色谱柱中停留的时间不同。用来描述组分在柱内停留时间长短的数量称为保留值。它主要取决于组分在两相间的分配情况，受色谱分离过程中的热力学因素影响。当色谱条件一定时，每种组分的保留值是特征的，故保留值是色谱定性分析的重要参数。保留值的表示形式很多，有保留比、保留时间、保留体积、比保留体积和相对保留值等。

（1）保留比

组分在柱内的平均线速度 u_x 与相同条件下流动相在该柱内的平均线速度 u 之比值，称为保留比，用 R_s 表示，即：

$$R_s = \frac{u_x}{u} \tag{1.9}$$

（2）保留时间

1）死时间

不被固定相滞留的组分，从进样到出现色谱峰顶点所用的时间，称为死时间，以 t_M 表示。死时间也表示流动相流经色谱柱的平均时间，即：

$$t_M = \frac{L}{u} \tag{1.10}$$

式中，u 为流动相平均线速度，L 为色谱柱长。

t_M 是色谱柱的基本参数。实际应用中，将几乎不与固定相作用的组分视为非滞留组分，它与流动相等速迁移，该组分必须在检测器上产生信号。气相色谱中常选用空气、甲烷等来测定死时间。

2）保留时间

组分从进样到出现色谱峰顶点所用的时间，称为该组分的保留时间，以 t_R 表示。保留时间表示组分通过色谱柱的时间，即：

$$t_R = \frac{L}{u_x} \tag{1.11}$$

组分通过色谱柱时，一边与固定相作用，一边随流动相向柱后移动。组分的保留时间实际上由两部分组成，即组分与固定相作用消耗的时间和随流动相运行所用时间，前者称为调整保留时间，后者就是死时间。

3）调整保留时间

扣除死时间后的保留时间，称为调整保留时间，用 t_R' 表示。

$$t_R' = t_R - t_M \tag{1.12}$$

调整保留时间可理解为因组分与固定相作用，比非滞留组分在柱内多滞留的时间，即组分在固定相上滞留的时间。

由式（1.12）可得：

$$t_R = t_M + t_R' \tag{1.13}$$

需要指出的是，一个混合物样品进行色谱分离时，各组分的 t_M 是相同的，组分的 t_R 不同，实质上是由于它们的 t_R' 不同所致。组分的 t_R' 不同是产生差速迁移的物理化学基础。t_M、t_R、t_R' 三者之间的关系见图 1-1。

（3）保留体积

1）死体积

在死时间内流经色谱柱的流动相体积称为死体积，以 V_M 表示，即：

$$V_M = F_c t_M \tag{1.14}$$

式中，F_c 是柱温为 T_c（K）、柱出口压力为 P_o（Pa）时流动相体积流速（mL/min）。在设计优良的色谱仪中，$V_M \approx V_m$。

在气相色谱中，载气的体积流速是用皂膜流量计在柱出口处测定的。直接测得的值 F_o 仅表示在室温下、柱出口处的载气流速，应校正到柱温和干燥气体情况下（排除皂膜流量计中水蒸气的影响），故：

$$F_c = F_o \frac{T_c}{T_r} \times \frac{P_a - P_w}{P_a} \tag{1.15}$$

式中，T_r 为室温，K；P_a 为测定时室内的大气压力，Pa；P_w 为室温下水蒸气的分压，Pa。

2）保留体积

在保留时间内消耗的流动相体积称为保留体积，以 V_R 表示，即：

$$V_R = F_c t_R \tag{1.16}$$

3）调整保留体积

扣除死体积后的保留体积称为调整保留体积，以 V_R' 表示，即：

$$V_R' = V_R - V_M = F_c (t_R - t_M) = F_c t_R' \tag{1.17}$$

4）净保留体积

净保留体积指经压力梯度校正因子修正后的调整保留体积，以 V_N 表示，即：

$$V_N = j V_R' \tag{1.18}$$

式中，j 为压力梯度校正因子，用以校正色谱柱中由于流动相的可压缩性，在色谱柱入口和出口之间所产生的压力梯度。

$$j = \frac{3}{2} \times \left[\frac{(P_i/P_o)^2 - 1}{(P_i/P_o)^3 - 1} \right] \tag{1.19}$$

P_i、P_o 分别表示色谱柱入口压力和出口压力。

（4）比保留体积

比保留体积定义为 0℃（273K）时，单位质量固定液的净保留体积，用 V_g 表示，单位为 mL/g，即：

$$V_g = \frac{273 V_N}{T_c m_L} \tag{1.20}$$

式中，V_N 为净保留体积，mL；m_L 为色谱柱中固定液的质量，g；T_c 为色谱柱绝对温度，K。

比保留体积不受柱长、固定液用量、载气流速等因素的影响，仅与柱温和固定液种类有关。

（5）相对保留值

在一定色谱条件下，被测物 i 与标准物 s 的调整保留值之比，称为该组分的相对保留值，以 $r_{i,s}$ 表示：

$$r_{i,s} = \frac{t'_{R_i}}{t'_{R_s}} = \frac{V'_{R_i}}{V'_{R_s}} = \frac{K_i}{K_s} = \frac{k_i}{k_s} \qquad (1.21)$$

对于给定的固定相，在给定温度下，组分的相对保留值是一个常数，与色谱柱的类型、长度、内径以及流动相流速无关。由于相对保留值具有以上优势，故常用作色谱定性分析的参数。

（6）基本保留方程

色谱基本保留方程可表示为：

$$t_R = t_M(1+k) = \frac{L}{u} \cdot \left(1 + K\frac{V_s}{V_m}\right) \qquad (1.22)$$

上式表明，保留时间与分配系数、柱长、流动相线速度及两相的体积有关，主要取决于色谱过程热力学因素 K。在一定色谱体系和特定的色谱操作条件下，任何一种物质都有一个确定的保留时间，这是色谱定性的依据。

还可用保留体积来表示：

$$V_R = t_M(1+k)F_c = V_M(1+k) = V_M + KV_s \qquad (1.23)$$

式（1.23）是色谱基本保留方程的另一种形式，适用于任何色谱过程。该式表示某组分从柱后流出所需的流动相体积由两部分组成，即 V_M 和 KV_s。V_M 表示组分必须通过的柱死体积；KV_s 表示在组分滞留于固定相时间 t'_R 内所流过的流动相体积，它决定于该组分的分配系数和固定相体积。在同一根色谱柱上，V_M 及 V_s 均为定值，决定组分保留值大小的只有分配系数 K，正是由于各组分的 K 值不同，才使其保留值不同。这说明了保留值的热力学属性，组分的保留行为是由色谱过程热力学因素决定的。

由式（1.22）得：

$$k = \frac{t_R - t_M}{t_M} = \frac{t'_R}{t_M} \qquad (1.24)$$

从式（1.24）可以看出，分配比是调整保留时间与死时间之比。利用该式，可由色谱图方便地计算 k 值。

1.3.4 塔板理论

为了解释色谱分离过程，1941 年 Martin 和 Synge 在平衡色谱理论的基础上，提出了塔板理论。

塔板理论把色谱柱比拟为精馏塔，直接利用精馏的概念来处理连续的色谱过程，即把连续的色谱过程看成是若干小段平衡过程的重复。

塔板理论基本假设：

① 色谱柱内有若干块理论塔板。

把色谱柱分为若干小段，每一小段的空间分别被固定相和流动相所占据，流动相占据的空间称为板体积。在每一小段内，组分按照其 k 或 K 值的大小在两相间完成一次分配平衡。这段柱区域称为一块理论塔板，这段柱长叫做一个理论塔板高度，用 H 表示。

② 所有组分一齐投到第零号塔板上，即没有柱前扩散。

③ 流动相脉冲式地进入色谱柱，每次进入一个板体积。

④ 组分在每块塔板的两相间能瞬时达到分配平衡，即无纵向扩散。

⑤ 组分在各块塔板上的分配系数是一个常数。

根据以上假设，塔板数越多，组分在柱内两相间达到分配平衡的次数也越多，柱效能越高，分离越好。当有 n 个板体积的流动相进入色谱柱，经 n 次分配平衡后，组分在各块塔板上的质量分布遵循 $(m_s+m_m)^n$ 二项式展开式。当 n 足够大时，二项式分布可用正态分布来表示，得到色谱流出曲线方程式：

$$C=\frac{\sqrt{n}\cdot m}{\sqrt{2\pi}\cdot V_R}\exp\left[-\frac{n}{2}\left(1-\frac{V}{V_R}\right)^2\right] \tag{1.25}$$

式中　C——色谱流出曲线上任意点被测组分的浓度；

　　　V——流动相体积变量；

　　　n——柱内理论塔板数；

　　　m——组分质量；

　　　V_R——组分保留体积。

式(1.25)也叫塔板理论方程式，它描述了任一流动相体积 V 通过具有 n 块理论塔板的色谱柱时，流出组分浓度的变化情况。

当 $V=V_R$ 时，流出组分的浓度最大，此时为色谱峰峰高，即：

$$h=C_{\max}=\frac{\sqrt{n}\cdot m}{\sqrt{2\pi}\cdot V_R} \tag{1.26}$$

由式(1.26)可知，$C_{\max}$ 与进样量成正比，与理论塔板数的平方根成正比，与组分的保留值成反比。当保留值和进样量一定时，理论塔板数越多，色谱峰既窄又高；当进样量和理论塔板数一定时，保留值越大，峰高越低，即先出的峰高而窄，后出的峰低而宽。

由塔板理论可得出色谱柱理论塔板数计算公式：

$$n=\left(\frac{t_R}{\sigma}\right)^2=16\left(\frac{t_R}{W_b}\right)^2=5.54\left(\frac{t_R}{W_{1/2}}\right)^2 \tag{1.27}$$

设柱长为 L，可计算色谱柱理论塔板高度：

$$H=\frac{L}{n} \tag{1.28}$$

理论塔板数 n 和理论塔板高度 H 是色谱柱特征参数，均可用于描述柱效率（也称柱效能）。n 值表示组分流过色谱柱时在两相间分配平衡的总次数；H 值则表示组分在两相间完成一次分配平衡所需要的柱长。对于给定长度的色谱柱，理论塔板数越多，或塔板高度越小，表示色谱柱的分离能力越强，柱效率越高。这里需明确，n 值与组分性质有关，不同组分在同一色谱柱上的理论塔板数不同。另外，n 值还与色谱柱操作条件有关。当用 n 来评价一根色谱柱的效能时，必须指明组分、固定相种类及用量、柱操作条件等。

在理论塔板数的计算公式中，包括了死时间 t_M，而 t_M 与分配平衡无关，对柱效率无贡献，因而提出有效塔板数 n_{eff} 和有效塔板高度 H_{eff} 的概念：

$$n_{eff} = \left(\frac{t'_R}{\sigma}\right)^2 = 16\left(\frac{t'_R}{W_b}\right)^2 = 5.54\left(\frac{t'_R}{W_{1/2}}\right)^2 \qquad (1.29)$$

$$H_{eff} = \frac{L}{n_{eff}} \qquad (1.30)$$

n_{eff} 和 H_{eff} 扣除了与分配平衡无关的死时间或死体积，能更真实地反映色谱柱效能的优劣。根据 $t'_R = t_R - t_M$，$k = \dfrac{t'_R}{t_M}$，导出 n_{eff}、H_{eff} 与 n、H 的关系：

$$n_{eff} = \left(\frac{t'_R}{t_R}\right)^2 n = \left(\frac{k}{1+k}\right)^2 n \qquad (1.31)$$

$$H_{eff} = \frac{L}{n_{eff}} = \left(\frac{1+k}{k}\right)^2 H \qquad (1.32)$$

当 k 值很大时，$n \approx n_{eff}$，$H \approx H_{eff}$。

塔板理论从热力学角度描述了组分在柱内的分配平衡和分离过程，得到的塔板理论方程式很好地解释了色谱流出曲线的形状及其变化规律，给出了浓度极大点的位置。导出的理论塔板数计算公式，用 n 值大小形象而定量地评价色谱柱的效能是成功的，具有广泛的适用性。塔板理论属于半经验理论，它初步揭示了色谱分离过程，在色谱学的发展中起到了率先作用和对实际工作的指导作用。

但塔板理论所作的某些假设属理想状态，与实际情况有差距。如假设组分在两相间可瞬时达到分配平衡，而色谱分离是个动态过程，很难实现真正的平衡。塔板理论忽略了组分在两相中的纵向扩散和传质的动力学过程。不能解释为什么流动相线速度 (u) 不同会使柱效 (n) 不同，不能回答塔板高度 H 这个抽象物理量是由哪些因素决定的，应用上受到了限制。

1.3.5 速率理论

为了更确切地描述色谱过程，从本质上揭示影响塔板高度或峰形扩展的各种因素，1956 年，荷兰学者 Van Deemter 等人提出了色谱过程动力学理论——速率理论，通过研究扩散、传质等与色谱过程物料平衡或质量平衡的关系，导出了速率理论方程。其后，美国的 Giddings 等又进一步补充完善，将色谱过程看作分子无规则运动的随机过程，根据随机理论也导出了速率理论方程。

（1）速率理论方程

根据随机理论，组分分子在色谱柱内的运动完全是无规则的，可用随机模型描述它们的行为。随机过程总是导致高斯分布。采用标准偏差 σ 或 σ^2 作为组分分子在色谱柱内离散程度的度量，σ^2 称为变度或离散度。色谱柱中发生着不同的随机过程，则总离散度等于各个独立因素引起的离散度之和：

$$\sigma^2 = \sigma_1^2 + \sigma_2^2 + \sigma_3^2 + \cdots + \sigma_i^2 = \sum_{i=1}^{n} \sigma_i^2 \qquad (1.33)$$

总离散度与柱长及单位柱长分子的离散度成正比，即：

$$\sigma^2 = HL \qquad (1.34)$$

$$H = \frac{\sigma^2}{L} \qquad (1.35)$$

H 表示单位柱长分子的离散度。速率理论赋予了"塔板高度"H 新的含义，用单位柱长分子的离散度表示柱效的高低。由式（1.33）与（1.35）得：

$$H = H_1 + H_2 + H_3 + \cdots + H_i = \frac{\sigma_1^2}{L} + \frac{\sigma_2^2}{L} + \frac{\sigma_3^2}{L} + \cdots + \frac{\sigma_i^2}{L} \qquad (1.36)$$

H 值越大，说明组分分子的离散度越大，峰形扩展越严重，柱效越低。

组分分子在色谱柱内的离散度受四种动力学过程的控制，即涡流扩散、纵向分子扩散、流动相传质和固定相传质，它们对峰形扩展的贡献分别以 σ_e^2、σ_l^2、σ_m^2、σ_s^2 表示。

1）涡流扩散

在填充色谱柱中，流动相碰到固定相颗粒时会不断改变流动方向，其路径是弯曲的，从而形成紊乱的"涡流"。

由于色谱柱内填料颗粒大小不一致且装填得不均匀，使颗粒间的缝隙有大有小。当组分分子随流动相向柱后移动时，每个分子碰到固定相颗粒的几率不同，所走的路径不同。有些分子在颗粒间较宽的缝隙中运行，另一些分子不断碰到固定相颗粒需绕行。显然，前者走近路跑在前面，后者走弯路落在后面，介于二者之间的分子处于中间。这样，使同时进入色谱柱的相同组分的不同分子到达柱后的时间不一致，引起了色谱峰的展宽，如图1-3 所示。

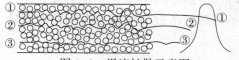

图1-3　涡流扩散示意图

涡流扩散使色谱峰展宽的程度可表示为：

$$\sigma_e^2 = 2\lambda d_p L \qquad (1.37)$$

单位柱长的离散度为：

$$H_1 = \frac{\sigma_e^2}{L} = 2\lambda d_p = A \qquad (1.38)$$

式中，λ 为不规则因子；d_p 为填料平均粒径。采用适当细粒度、颗粒均匀、筛分范围窄的固定相，并尽可能装填均匀，有利于降低涡流扩散项，提高柱效。对于开管柱，A 项为零。

涡流扩散项纯属流动状态造成的，与固定相性质无关，只取决于固定相颗粒的几何形状和填充均匀性。

2）纵向分子扩散

当样品以塞子状态进入柱头后，由于组分分子并不能充满整个柱子，因而组分在轴向存在着浓度梯度，向前运动着的分子势必产生浓差扩散，也叫纵向扩散，从而引起谱带展宽，见图1-4。

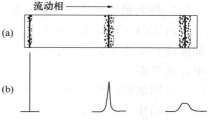

图1-4 纵向分子扩散示意图

纵向分子扩散引起的分子离散度为：

$$\sigma_1^2 = \frac{2\gamma D_m L}{u} \qquad (1.39)$$

对应的塔板高度为：

$$H_2 = \frac{\sigma_1^2}{L} = \frac{2\gamma D_m}{u} = \frac{B}{u} \qquad (1.40)$$

式（1.40）中，u 为流动相线速度；B 称为分子扩散系数，$B = 2\gamma D_m$；γ 为弯曲因子，反映固定相颗粒的存在对分子扩散的阻碍作用，一般小于1，对于开管柱，$\gamma = 1$；D_m 为组分在流动相中的扩散系数（GC 中用 D_g 表示），与组分性质、温度、压力和流动相性质有关。D_m 与流动相相对分子质量的平方根成反比，因此在气相色谱中，采用轻载气（如氢气）比用重载气（如氮气）分子扩散要严重。组分在液体中的扩散系数约为气体中的 $1/10^5$，故在液相色谱中，纵向分子扩散一般可忽略。

由式（1.39）可看出，流动相线速越小，柱越长，组分在柱内滞留时间越长，纵向分子扩散越严重。

3）流动相传质阻力

组分从流动相主体扩散到流动相与固定相界面进行两相间的质量交换过程中所遇到的阻力，称为流动相传质阻力。

理想情况下，组分在流动相中的传质应是瞬间的，而实际上存在着传质阻力，使传质速率有限，组分分子从流动相主体扩散到两相界面需要时间。由于不同分子处在颗粒空隙间的不同位置，离固定相表面的距离不同，它们到达两相界

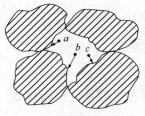

图1-5 组分在
流动相中的传质

面所需的时间不同，其中还有些分子来不及到达两相界面就被流动相携带继续前进了，如图1-5所示。这使得组分在两相间不能瞬时建立起平衡，造成有的分子超前，有的分子落后，引起谱带展宽。

在气相色谱中，由流动相传质阻力引起的单位柱长分子离散度为：

$$H_3 = \frac{\sigma_{\mathrm{m}}^2}{L} = 0.01 \left(\frac{k}{1+k}\right)^2 \cdot \frac{d_{\mathrm{p}}^2}{D_{\mathrm{m}}} u = C_{\mathrm{m}} u \qquad (1.41)$$

C_{m} 称为流动相传质阻力系数。

由式(1.41)可知，d_{p} 越大，D_{m} 越小，组分到达两相界面所需时间越长；增加流动相线速度会进一步增大分子间距离。这些都导致流动相传质阻力的增加，引起谱带展宽。

采用细颗粒固定相，增大组分在载气中的扩散系数（如选用轻载气），适当减小流动相线速度等均可降低流动相传质阻力，提高柱效。

4）固定相传质阻力

组分分子从两相界面扩散到固定相内部，达到分配平衡后又返回两相界面时遇到的阻力，称为固定相传质阻力。

色谱过程中流动相处于连续流动状态，固定相传质阻力的存在使组分在两相间的平衡不可能瞬间建立，这一传质过程也需要时间。就在组分达分配平衡后的瞬间内，流动相已携带其中的分子向前移动了，发生分子超前；而处于固定相中的分子来不及返回流动相，发生分子滞后，如图1-6所示。这势必导致峰形扩展。

图1-6 固定相传质对谱带展宽的影响

固定相传质阻力的存在使单位柱长产生的离散度为：

$$H_4 = \frac{\sigma_{\mathrm{s}}^2}{L} = q \frac{k}{(1+k)^2} \cdot \frac{d_{\mathrm{f}}^2}{D_{\mathrm{s}}} u = C_{\mathrm{s}} u \qquad (1.42)$$

C_{s} 称为固定相传质阻力系数；D_{s} 为组分在固定相中的扩散系数；d_{f} 为固定相液膜厚度；q 为与固定相性质、构型有关的结构因子。固定相为球形时，q 值取 $\frac{8}{\pi^2}$；若固定相形状不规则，q 值为 $\frac{2}{3}$。

由式（1.42）可知，C_s 与固定相液膜厚度的平方成正比，与组分在固定相中的扩散系数成反比。所以，固定相液膜越薄，扩散系数越大，固定相传质阻力就越小，柱效越高。实际工作中，为了降低固定相传质阻力，应采用低配比或薄液膜的色谱柱，以减小 d_f；选用低黏度固定液，增大 D_s 值。

以上分别讨论了色谱柱内发生的四种独立的动力学过程，它们对谱带展宽均有贡献。实际上，在色谱分离中引起柱内谱带展宽的因素不是独立的，而是同时发生的，且其离散度具有加和性，因此，色谱柱总的塔板高度等于各种因素对塔板高度贡献之和，即：

$$H=\frac{\sigma^2}{L}=\frac{\sigma_e^2+\sigma_1^2+\sigma_m^2+\sigma_s^2}{L}=H_1+H_2+H_3+H_4 \tag{1.43}$$

将 $H_1\sim H_4$ 值代入上式，得：

$$H=2\lambda d_p+\frac{2\gamma D_m}{u}+0.01\left(\frac{k}{1+k}\right)^2\cdot\frac{d_p^2}{D_m}u+q\frac{k}{(1+k)^2}\cdot\frac{d_f^2}{D_s}u \tag{1.44}$$

式（1.44）称为气相色谱速率方程，也叫 Van Deemter 方程，简称范氏方程，可简写为：

$$H=A+\frac{B}{u}+(C_m+C_s)u=A+\frac{B}{u}+Cu \tag{1.45}$$

C 为流动相传质阻力系数与固定相传质阻力系数之和。在一定条件下，A、B、C 为常数。上式中的三项分别表示涡流扩散、纵向分子扩散和两相传质阻力对总塔板高度的贡献。

速率理论吸收了塔板理论中塔板高度的概念，并赋予其新的含义，即单位柱长分子的离散度。充分考虑了组分在两相中的扩散和传质等动力学因素的影响，更接近真实地描述了组分在柱内的运动过程。把影响塔板高度的各种动力学因素结合进去，导出了塔板高度 H 与流动相线速度 u 之间的关系式——速率方程。速率方程阐明了影响塔板高度的各种因素，为选择合适的操作条件，制备高效能的色谱柱提供了理论指导。

（2）对速率方程的讨论

根据式（1.45），对于气相色谱，以不同流速下测得的板高对流动相线速度作图，可以得到如图1-7所示的 H-u 曲线。由该图可知：

① 涡流扩散项 A 为常数，与流动相线速无关；

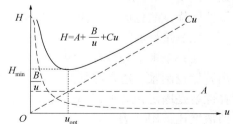

图1-7 气相色谱的 H-u 曲线

② 在低流速区操作时，纵向分子扩散占主导地位。此时应选用相对分子质量大的气体作载气（如氮气），以减小扩散系数 D_g，抑制分子扩散；

③ 在高流速区操作时，传质阻力是影响板高的主要因素，此时应选用相对分子质量小的气体作载气（如氢气），以增大扩散系数 D_g，加快传质，提高柱效。

由图 1-7 可见，H-u 曲线上有一最低点，此点对应的塔板高度最小，用 H_{min} 表示，柱效率最高。H_{min} 点对应的载气线速称为最佳线速 u_{opt}。

最小塔板高度 H_{min} 和最佳线速 u_{opt} 可通过对式（1.45）进行微分并令其等于零求得：

$$\frac{dH}{du} = -\frac{B}{u^2} + C = 0 \qquad (1.46)$$

$$u_{opt} = \sqrt{\frac{B}{C}} \qquad (1.47)$$

$$H_{min} = A + 2\sqrt{BC} \qquad (1.48)$$

在特定色谱条件下，改变流动相线速，在三种不同流速下分别测得三个对应的 H 值，代入式（1.45），通过解联立方程可求出 A、B、C 三项数值。利用式（1.47）、式（1.48）便可计算出最佳线速 u_{opt} 和最小塔板高度 H_{min}。实际工作中常用 H_{min} 来评价色谱柱的效能。

1.3.6 色谱分离方程

在色谱分析中，总希望被测组分分离得既快又好。因此，色谱柱和操作条件的选择非常重要，需要有衡量和评价的指标。一般用柱效率评价色谱柱的分离效能及操作条件选择的好坏；用选择性评价固定相的优劣；用分离度作为总分离效能评价指标。

（1）柱效率

柱效率是指色谱柱在分离过程中主要由动力学因素（操作条件）决定的分离效能，即组分通过色谱柱之后其区域宽度增加了多少。柱效率与组分在两相中的扩散和传质有关，通常用理论塔板数 n、理论塔板高度 H 或有效塔板数 n_{eff}、有效塔板高度 H_{eff} 表示，计算式见式（1.27）~式（1.30）。可在速率理论指导下，制备性能优良的色谱柱，并合理选择操作条件，以获得高柱效。

（2）选择性

在一个多组分混合物中，总会有性质或结构极为相近的组分，将它们完全分离开比较困难。通常将样品中最难分离的两个组分称为"难分物质对"。所谓选择性就是固定相对于相邻两组分的相对保留值，也就是某一难分物质对的调整保留值之比，用 α 表示：

$$\alpha = \frac{t'_{R_2}}{t'_{R_1}} \qquad (1.49)$$

式（1.49）中，$t'_{R_2} > t'_{R_1}$，故 α 值总是大于 1。α 代表固定相对难分物质对的选

择性保留作用，是两组分在色谱体系中平衡分配差异的量度。α 数值越大，说明两峰相距越远，固定相对难分物质对的选择性越好，越容易实现分离。

（3）分离度

柱效率只说明色谱柱的效率高低，反映不出难分物质对的直接分离效果；而选择性又反映不出分离效率的高低，需要引入一个色谱柱的总分离效能指标——分离度。

分离度定义为相邻两组分的保留值之差与其峰底宽总和一半的比值，用 R 表示：

$$R = \frac{t_{R_2} - t_{R_1}}{\frac{1}{2}(W_{b_1} + W_{b_2})} \tag{1.50}$$

在式（1.50）中，分子为相邻两组分的保留值之差，取决于固定相的热力学性质，该差值越大，表示固定相对两组分的选择性越好；分母为相应两组分的峰底宽，取决于色谱体系动力学过程，两峰越窄，柱效率越高。因此，分离度反映的是柱效率和选择性影响的总和，故可用其作为色谱柱的总分离效能指标。

分离度又称为分辨率，是相邻两色谱峰实际分离程度的量度，R 值越大，表明两组分分离程度越高。对于等面积色谱峰，当 $R = 1.5$ 时，两组分分离程度达 99.7%。故通常用 $R = 1.5$ 作为相邻两色谱峰完全分离的标志，称为基线分离。当 $R = 1.0$ 时，两组分分离程度可达 98%，两峰基本分开。当 $R < 1.0$ 时，两峰有明显重叠。

（4）基本分离方程

利用式（1.50）可方便地由色谱图计算出相邻两组分的分离度，但不能根据分离条件预测分离结果，也没有反映影响分离度的诸多因素。实际上，R 受柱效率、选择性和分配比三个参数的影响，若能找出它们之间的关系，便可借助于这些参数来控制分离度。

难分物质对的色谱峰一般很接近，可合理地认为 $W_{b_1} \approx W_{b_2}$，$k_1 \approx k_2$。式（1.50）可改写成：

$$W_{b_2} = \frac{t'_{R_2} - t'_{R_1}}{R} \tag{1.51}$$

由式（1.29）：
$$n_{eff} = 16\left(\frac{t'_R}{W_b}\right)^2$$

将式（1.51）代入式（1.29）得：

$$n_{eff} = 16\left(\frac{t'_{R_2} \cdot R}{t'_{R_2} - t'_{R_1}}\right)^2 = 16R^2\left(\frac{\alpha}{\alpha - 1}\right)^2 \tag{1.52}$$

将式（1.52）代入式（1.31）得：

$$n = 16R^2 \left(\frac{\alpha}{\alpha-1}\right)^2 \left(\frac{1+k_2}{k_2}\right)^2 \tag{1.53}$$

变换式(1.53)、式(1.52)得：

$$R = \frac{\sqrt{n}}{4} \cdot \frac{\alpha-1}{\alpha} \cdot \frac{k_2}{1+k_2} \tag{1.54}$$

$$R = \frac{\sqrt{n_{eff}}}{4} \cdot \frac{\alpha-1}{\alpha} \tag{1.55}$$

式(1.54)、式(1.55)称为色谱基本分离方程。该方程指出了影响分离度 R 的各个因素，即分离度是选择性 α、分配比 k 和柱效率 n 的函数。它表明 R 随体系热力学因素(α、k)的改变而变化，同时也受体系动力学因素(n)的影响，改变这些参数即可改变分离度，将其控制到所需数值。色谱基本分离方程为我们指明了提高分离度的途径。下面对其进行讨论：

1) 柱效率的影响

分离度与 n 的平方根成正比，增加 n 或降低 H 可提高分离度。增加柱长可改进分离度，但会延长分析时间并使色谱峰加宽。因此，提高分离度更好的办法是降低塔板高度 H。这就意味着应制备一根性能优良的色谱柱，并在最优化条件下进行操作。

在实际分离中，一般可根据试分离条件下的色谱柱效率 n_1、柱长 L_1、获得的分离度 R_1，推算获得更高分离度 R_2 所需的理论塔板数 n_2 和柱长 L_2，即：

$$\left(\frac{R_1}{R_2}\right)^2 = \frac{n_1}{n_2} = \frac{L_1}{L_2} \tag{1.56}$$

$$n_2 = n_1 \left(\frac{R_2}{R_1}\right)^2 \tag{1.57}$$

$$L_2 = L_1 \left(\frac{R_2}{R_1}\right)^2 \tag{1.58}$$

式(1.58)在柱效率不变的条件下才成立。

2) 分配比的影响

增大 k 值可适当增加分离度，但这种增加在 k 值小时较显著，k 值足够大时，它对分离的改善不再起作用。相反，随着 k 值的增大，会使分析时间大为延长，对测定不利。一般 k 值的适宜范围是 $1 \sim 10$。

改变 k 值的方法：对于气相色谱，可通过改变固定相性质、固定相用量或柱温来实现；对于液相色谱，主要是改变流动相性质和组成。

3) 选择性的影响

由色谱基本分离方程可知，当 $\alpha = 1$ 时，$R = 0$，两组分完全重叠，不能分离。可见，要想实现色谱分离，α 必须大于1。α 越大，分离效果越好。在实际工作中，可由一定 α 值和所要求的分离度，用式（1.55）计算柱子所需的有效塔板数。表 1-2 列出了 R 与 α 和 n_{eff} 的关系。

由表 1-2 数据可以看出，欲达一定分离度时，α 值的微小增加，将使 n_{eff} 值显著降低，或者说增大 α 值，可在塔板数较少的柱上获得较大分离度。如 $\alpha=$ 1.15 时，在有效塔板数为 940 的色谱柱上获得的分离度为 1.0；只要把 α 提高到 1.25，在此柱上获得的分离度可增大到 1.5。可见，分离度对选择性的变化是敏感的，增大 α 值是提高分离度的有效途径。

在气相色谱中，主要通过选择合适的固定相和降低柱温来增大 α 值。在液相色谱中，则往往通过改变流动相性质和组成来提高 α 值。

以上分别讨论了 $n(n_{eff})$、k、α 对分离度的影响。在实际的分离操作中，要想改变其中的一个参数来改善分离一般是困难的，尤其是对于多组分复杂混合物的分离，需要三个参数配合起来考虑，共同来达到所需的分离度。

表 1-2　R 与 α 和 n_{eff} 的关系

α	n_{eff}	
	$R=1.0$	$R=1.5$
1.00	∞	∞
1.01	163000	367000
1.02	42000	94000
1.05	7100	16000
1.07	3700	8400
1.10	1900	4400
1.15	940	2100
1.25	400	900
1.50	140	320
2.00	65	145

1.3.7　色谱定性与定量分析

对一个未知组分的试样进行色谱分析时，首先要进行分离，再作定性鉴定，然后进行定量分析，获得测定结果。

1.3.7.1　定性分析

定性分析就是要确定试样中含有什么组分。色谱定性分析就是要确定色谱图上各个峰的归属。理论分析和大量实验结果表明，当固定相和操作条件严格不变时，每种物质都有确定的保留值，据此可进行定性分析。但在同一色谱条件下，不同的物质也可能具有近似或相同的保留值，即保留值并非是专属的，故有时还需要其他一些化学分析或仪器分析手段相辅助，才能对某些组分准确定性。在进行定性分析前，要充分了解样品的来源、性质、合成方法、原料、副产物等相关信息，以对样品组分作出初步判断。常用的色谱定性方法如下：

（1）利用标准物对照定性

当具备标准物质时，可在相同色谱条件下将待测物质与标准物质分别进样，测定其保留值，若两者的保留值相同，则可能是同一种物质。该方法简便快捷，但在保留值测定过程中，要严格保持实验条件稳定、一致。若采用比保留体积 V_g 或相对保留值 $r_{i,s}$ 进行定性，只需严格控制柱温，提高了定性结果的准确性。

对于复杂样品，可在试样中加入少量标准物，然后在相同色谱条件下进样，对比标准物加入前后的色谱峰。若某色谱峰的峰高增加而半峰宽没变，则可认为此色谱峰代表该物质。

应注意，在同一色谱柱上不同物质也可能具有相同的保留值，故单柱定性有时不一定可靠。采用双柱、多柱定性则能消除单柱定性可能出现的差错，即在两根或多根性质（极性）不同的色谱柱上进行测定，若未知物与标准物的保留值始终相同，可判断为同一物质。

（2）利用文献保留值定性

在没有标准物的情况下，可利用文献提供的保留数据定性。即用测得的未知物的保留值与文献上的保留值进行对照定性。气相色谱发展过程中已积累了大量保留数据，能用作色谱定性的参考，其中最有实用价值的是保留指数。

1958 年，Kovats 提出了保留指数的概念。保留指数也称 Kovats 指数，用 I 表示，其意义在于：某组分的保留行为用前后两个紧靠它的正构烷烃来标定，即用正构烷烃系列作为被测组分的标准物。规定正构烷烃的保留指数为其碳原子数的 100 倍。可直接计算获得，如正戊烷、正己烷、正庚烷的保留指数分别为 500、600、700。

任意物质的保留指数等于与其具有相同调整保留时间的、假想的正构烷烃碳原子数的 100 倍。该值需以正构烷烃为基准测定获得，方法是：选择两个合适的正构烷烃作标准物，其碳原子数分别为 Z 和 $(Z+n)$，在指定色谱条件下测定正构烷烃和被测物质的调整保留时间，并要求 $t'_{R(Z+n)} > t'_{R(x)} > t'_{R(Z)}$。则被测物质的保留指数为：

$$I = 100 \left[Z + n \frac{\log t'_{R(x)} - \log t'_{R(Z)}}{\log t'_{R(Z+n)} - \log t'_{R(Z)}} \right] \tag{1.59}$$

式中，$t'_{R(x)}$、$t'_{R(Z)}$、$t'_{R(Z+n)}$ 分别为被测物质、碳数为 Z 和碳数为 $(Z+n)$ 的正构烷烃的调整保留时间，n 为两个正构烷烃的碳原子数之差，一般为 3~5。

保留指数具有标准物易得、测定的准确度高、重现性好等优点，是气相色谱中应用最多的定性数据。测定时只需将柱温和固定相与文献保持一致，就可利用文献上发表的保留指数数据进行定性。

（3）与其他仪器联用定性

色谱法是分离复杂混合物的有效工具，但不能对未知物进行定性鉴定。近年来发展的仪器联用技术，弥补了色谱法这一不足。其中的气相色谱-质谱联用（GC-MS）是分离、鉴定未知物最有效的手段。利用气相色谱的高分离能力和质谱的高鉴别能力，将多组分混合物先通过气相色谱仪分离成单个组分，然后逐一送入质谱仪中，获得质谱图。根据质谱图上碎片离子的特征信息和分子裂解规律，可推测出被测物的分子结构，还可利用计算机对谱图进行自动检索，使定性分析更加便捷。此外，还有气相色谱-傅里叶变换红外光谱联用（GC-FTIR）、气相色谱-电感耦合等离子体质谱联用（GC-ICP-MS）等方式，进一步拓宽了色谱分析的定性范围。

1.3.7.2 定量分析

定量分析就是确定样品中某组分的准确含量。色谱定量分析的依据是组分的量（m_i）与检测器的响应信号（峰面积 A_i 或峰高 h_i）成正比，即：

$$m_i = f_i A_i \tag{1.60}$$

式中，比例系数 f_i 称为定量校正因子，简称校正因子。由上式可知，色谱定量分析需要准确测量峰面积和校正因子。

（1）峰面积

对于分离较好且峰形对称的色谱峰，可采用峰高乘以半峰宽法，即 $A = 1.065hW_{1/2}$；对于不对称峰，可采用峰高乘以平均宽度法，即：

$$A = h \cdot \frac{1}{2}(W_{0.15} + W_{0.85}) \tag{1.61}$$

$W_{0.15}$、$W_{0.85}$ 分别表示 0.15 倍和 0.85 倍峰高处的峰宽。

目前，气相色谱仪大多带有自动积分仪或由计算机控制的色谱数据处理软件，无论是对称峰还是不规则峰，它们都能精确测定色谱峰的真实面积。此外，还能自动打印保留时间、峰高、峰面积等数据，并能以报告的形式给出定量分析结果。

（2）校正因子

色谱分析主要利用检测器给出的响应值定量。但由于同一检测器对不同物质具有不同的响应值，两个等量的不同物质得不到相等的峰面积；同一物质在不同检测器上也得不到相等的峰面积，这样就不能用峰面积直接计算物质的量，计算时需将峰面积乘上一个换算系数 f_i，使组分的峰面积转换为相应物质的量。f_i 定义为单位峰面积所相当的组分量，即：

$$f_i = \frac{m_i}{A_i} \tag{1.62}$$

f_i 又称为绝对校正因子，主要由仪器灵敏度决定。它不易准确测定，故无法直接应用。真正有实际意义的是相对校正因子 f'_i，定义为：待测组分的绝对校正因子与标准物的绝对校正因子之比，即：

$$f'_{iw} = \frac{f_i}{f_s} = \frac{m_i A_s}{m_s A_i} \qquad (1.63)$$

式中，m 和 A 分别为质量和峰面积；下标 i 和 s 分别代表待测组分和标准物；f'_{iw} 称为 i 组分的相对质量校正因子。此外，还有相对摩尔校正因子 f'_{iM}、相对体积校正因子 f'_{iv} 等。色谱定量分析中使用的都是相对校正因子。

相对校正因子 f'_i 一般由实验者自己测定，方法是：准确称量一定量的组分和标准物，配成均匀溶液。取一定体积注入色谱仪，分别测量相应的峰面积，利用式（1.63）进行计算。标准物可以是外加的，也可指定样品中某组分。相对校正因子与标准物的性质及检测器类型有关，与操作条件无关。组分的 f'_i 也可由文献数据获得，使用文献值时需注意检测器类型应与文献一致。

（3）定量方法

1）归一化法

归一化法是将样品中所有组分含量之和定为100%。设试样中含有 n 个组分，每个组分的质量分别为 m_1，m_2，…，m_n，各组分质量之和为 m，其中 i 组分的质量分数 p_i 可按下式计算：

$$p_i = \frac{m_i}{m} \times 100\% = \frac{m_i}{m_1+m_2+\cdots+m_n} \times 100\% = \frac{f'_i A_i}{f'_1 A_1 + f'_2 A_2 + \cdots + f'_n A_n} \times 100\% \quad (1.64)$$

式中，A_1，…，A_n 和 f'_1，…，f'_n 分别为试样中各组分的峰面积和相对校正因子。若各组分 f'_i 值相近，可直接将峰面积归一化，上式简化为：

$$p_i = \frac{m_i}{m} \times 100\% = \frac{m_i}{m_1+m_2+\cdots+m_n} \times 100\% = \frac{A_i}{A_1+A_2+\cdots+A_n} \times 100\% \quad (1.65)$$

归一化法简便、准确，不必称量和准确进样，操作条件变化对结果影响较小。但要求样品中所有组分必须全部出峰，且已知各组分的 f'_i 值。

2）内标法

将已知量的纯物质作为内标物，加入准确称量的试样中进行色谱分离，根据待测组分和内标物的峰面积以及内标物的质量，计算待测组分的含量。这种色谱定量方法称为内标法。

设样品质量为 m，加入的内标物质量为 m_s，则：

$$m_i = f'_i A_i$$
$$m_s = f'_s A_s$$
$$\frac{m_i}{m_s} = \frac{f'_i A_i}{f'_s A_s}$$

$$m_i = \frac{f_i' A_i}{f_s' A_s} \times m_s$$

待测组分的质量分数为：

$$p_i = \frac{m_i}{m} \times 100\% = \frac{f_i' A_i}{f_s' A_s} \times \frac{m_s}{m} \times 100\% \tag{1.66}$$

式中，A_i、A_s 分别为待测组分和内标物的峰面积；f_i'、f_s' 分别为待测组分和内标物的相对校正因子。测量相对校正因子时，常以内标物本身作为标准物，此时 $f_s' = 1$。

内标法中内标物的选择十分重要，应满足下列条件：内标物是样品中不存在的、稳定易得的纯物质；与样品互溶且无化学反应；色谱峰靠近被测组分或位于几个被测组分峰中间，并与这些组分完全分离；峰面积与被测组分接近。

内标法定量准确度高，可以抵消操作条件和进样量变化带来的误差。但需准确称量样品和内标物的质量。对于复杂样品，有时难以找到合适的内标物。该法适于只需对样品中某几个组分进行分析的情况。

3）外标法

外标法也叫标准曲线法。用被测组分的纯物质配制一系列不同质量分数的标准溶液，取固定量的标准溶液在稳定的色谱条件下进样分析，测得相应的响应值（峰高或峰面积），绘制响应值对质量分数的标准曲线。在相同条件下，测定试样的响应值，由标准曲线查出其质量分数。此法的优点是操作简单、计算方便，但要求操作条件稳定，进样量准确且一致。此法适用于样品色谱图中没有合适位置插入内标峰，或找不到合适内标物的情况。

当被测试样中各组分浓度变化范围不大时，可不必绘制标准曲线，而采用单点校正法。即配制一个与被测组分质量分数接近的标准溶液，在相同色谱条件下定量进样，被测组分的质量分数为：

$$p_i = \frac{A_i}{A_s} \times p_s \tag{1.67}$$

式中，A_i 与 A_s 分别为被测组分和标准物数次进样所得峰面积的平均值；p_s 为标准物的质量分数。也可用峰高代替峰面积进行计算。

1.4 常规气相色谱仪简介

气相色谱法是一种以气体作流动相的柱色谱分离分析方法，流动相（载气）是各种永久性气体。一般认为，气相色谱中起分离作用的主要是固定相，载气仅携带样品通过色谱柱，对分离作用的影响很小，可忽略。根据所用固定相状态的不同，气相色谱又可分为气−固色谱（GSC）和气−液色谱（GLC）两种类型。

气-固色谱以固体吸附剂为固定相，分离对象主要是一些永久性气体、无机气体和低分子碳氢化合物。其分离基础是各组分在固定相上吸附能的差异。

气-液色谱的固定相由固定液+载体两部分组成。固定液是在色谱工作条件下呈液态的高沸点有机化合物，用于分离样品组分。在气-液色谱中，固定液不能直接装柱使用，需将其涂覆在一种惰性固体支撑物的表面形成液膜，这种固体支撑物称为载体或担体。各组分在固定液中溶解度的差异是气-液色谱分离的基础。由于 GC 中的大多数样品在两相间表现为分配机制，且可供选择的固定液种类繁多，使气-液色谱成为 GC 分析的主流。

无论哪种色谱类型，样品的分离测定都要通过色谱仪来完成，了解其结构和功能十分必要。

1.4.1 气相色谱仪基本组成

气相色谱仪是实现色谱过程的仪器，它为 GC 分析提供所需的操作条件。图 1-8 为常规气相色谱仪的一般流程示意图。

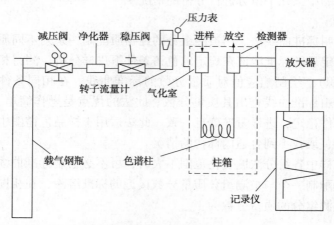

图 1-8 气相色谱仪的一般流程

载气由高压钢瓶中流出，通过减压阀、净化器、稳压阀、流量计，以稳定的流量连续不断地流经气化室，将气化后的样品带入色谱柱中进行分离，色谱柱安装于精确控温且绝热良好的柱箱内。经色谱柱分离后的组分随载气依次流入检测器，然后载气放空。检测器将组分的浓度或质量信号转换成电信号输出，经放大后由记录仪记录下来，得到色谱图。

气相色谱仪的型号和种类繁多，但它们均由气路系统、进样系统、分离系统、检测系统、记录系统等部分组成。组分能否分离开，关键在于色谱柱；分离后的组分能否鉴定出来则在于检测器，故分离系统和检测系统是色谱仪的核心组成部分。下面对气相色谱仪各主要系统进行讨论。

1.4.1.1 气路系统

气相色谱仪的气路系统是一个载气连续运行的密闭系统。它包括气源、净化器、流速控制和测量装置。通过该系统可获得纯净的、流速稳定的载气。常见的气路系统有单柱单气路和双柱双气路系统。前者适用于恒温分析，后者适用于程序升温分析。气路系统的作用就是为色谱分析提供连续、稳定的流动相。

气相色谱中常用的载气有氢气、氮气、氦气等。载气的性质主要由检测器性质和分离要求所决定。载气可由高压钢瓶或气体发生器供给。

载气在进入色谱仪之前，必须经过净化处理。使载气通过装有净化剂的净化管可达到净化的目的。常用的净化剂有分子筛、硅胶和活性炭，分别用来除去氧气、水分和烃类物质。

载气流量由稳压阀或稳流阀调节控制。在恒温色谱中，只用稳压阀就可使柱子进口的压力恒定，流速稳定。在程序升温中，由于柱阻力不断变化，需要在稳压阀后连接一个稳流阀，以保持恒定的流量。柱前流量由转子流量计指示，柱后流量用皂膜流量计测量。

1.4.1.2 进样系统

进样系统包括进样装置和气化室，其作用是定量引入样品并使样品瞬间气化。进样速度的快慢、进样量的大小、进样的准确性等对柱效和分析结果影响很大。

常用的进样装置有微量注射器和六通阀。液体样品用不同规格的微量注射器进样，气体样品则用六通阀进样。

液体样品在进入色谱柱之前必须在气化室内转变成蒸气。对气化室的要求是热容量大、死体积小、无催化效应。一般用金属块制成气化室，温控范围在 $50 \sim 500^\circ C$。在气化室内常衬有石英套管，以消除金属表面的催化作用。

1.4.1.3 分离系统

分离系统由色谱柱和柱箱组成。色谱柱安装在柱箱内，用于分离样品，是色谱仪的心脏。色谱柱主要有两种类型：填充柱和开管柱(毛细管柱)。

填充柱用不锈钢或玻璃材料制成，柱管内装有固定相。一般柱内径为 $2 \sim 4mm$，柱长 $1 \sim 10m$。形状有 U 形和螺旋形。

开管柱的材质为玻璃或石英，柱内径通常为 $0.1 \sim 0.5mm$，柱长 $30 \sim 300m$。其固定相是涂在毛细管内壁上或利用化学反应将固定相键合在管壁上。

1.4.1.4 检测系统

检测系统由色谱检测器和放大器等组成。一个多组分混合物经色谱柱分离后，顺序进入检测器，检测器就把各组分的浓度或质量变化转换成易于测量的电信号，如电压、电流等，经放大器放大后输送给记录仪记录下来。因而，检测器是一个换能装置，其性能的好坏直接影响到色谱分析的定性、定量结果。

对检测器的总体要求是：灵敏度高、响应速度快、噪声低、线性范围宽。

1.4.1.5 温控系统

温度是气相色谱最重要的操作条件之一，它直接影响柱效、分离选择性、检测灵敏度和稳定性。气化室、柱箱、检测器恒温箱（检测室）等都需要加热和控温。温控系统由一些温度控制器和指示器组成，用于控制和指示气化室、柱箱、检测室的温度，属于气相色谱仪辅助系统。

柱箱温度控制方式有恒温和程序升温两种。恒温操作时，要求温度分布均匀，柱箱内各处温差不能超过±0.5℃，控制点精度在±0.1℃以内。所谓程序升温，是指在一个分析周期内，柱温按预定的加热速度，随时间呈线性或非线性连续变化的操作。程序升温能改善分离，提高分析速度，适用于分析沸点范围很宽的混合物样品。

气化室和检测器通常都要求在恒定温度下操作。气化室温度一般比柱温高30~70℃，以保证样品能瞬间气化而不分解。

除氢火焰离子化检测器以外，许多检测器都对温度的变化敏感，因此必须精密地控制检测器温度。大多数色谱仪的检测器位于单独的检测室内，由单独的温度控制器加以控制，一般控制精度在±0.1℃以内。对检测室温度的要求为：恒温操作时，一般与柱温相同或略高于柱温；程序升温操作时，一般选在最高柱温下，以防止样品在检测器内冷凝而污染检测器。

1.4.1.6 记录及数据处理系统

由检测器产生的电信号，一般用长图形电子电位差计（即记录仪）进行记录，便可得到色谱图。现代色谱仪大都采用色谱工作站的计算机系统，不仅可对色谱仪实时控制，还可自动采集数据，进行数据处理，给出分析结果。

1.4.2 气相色谱固定相

在气相色谱分析中，决定色谱分离的主要因素是组分与固定相分子之间的作用力。所以，固定相的性质对分离起着关键作用，固定相在 GC 中占有重要地位。气相色谱固定相分为三大类：液体固定相、固体固定相、合成固定相。

1.4.2.1 液体固定相

液体固定相由固定液和载体构成，起分离作用的是固定液。其分离原理是组分在载气和固定液中的溶解分配平衡，依不同组分溶解度或分配系数的差异而分离。

（1）固定液

1）对固定液的基本要求

固定液一般为高沸点有机化合物，均匀地涂在载体表面，形成一层薄薄的液膜。用作固定液的有机物必须具备以下条件：

① 蒸气压低、热稳定性好。在使用温度下，固定液只能有很小的蒸气压，

否则由于固定液的流失或热分解，将影响柱寿命和使噪声增大。因此，每种固定液都有一个"最高使用温度"。

② 化学稳定性好。固定液不能与试样或载气发生不可逆化学反应。

③ 对样品有一定溶解度和选择性。

④ 黏度低、凝固点低。易于在载体表面分布均匀，且有利于降低传质阻力，提高柱效。

2）组分与固定液的相互作用

气−液色谱分离的基础是组分在固定液中溶解度的差异，而溶解度的大小取决于组分与固定液分子之间的作用力。这些作用力包括色散力、诱导力、定向力、氢键力以及其他特殊作用力。组分与固定液分子间的这些作用力，在色谱分离过程中起着重要作用。

3）固定液的分类

气相色谱固定液已有几百种，常用的也有几十种。为了研究固定液的色谱性能，根据样品性质选择合适的固定液，需要对固定液进行分类。

① 按固定液相对极性分类。

1959 年，罗胥耐德（Rohrschneider，罗氏）提出用相对极性来标志固定液的分离特征。

相对极性测定方法如下：规定非极性固定液角鲨烷的极性 $P=0$，强极性固定液 β,β'-氧二丙腈的极性 $P=100$。将角鲨烷、β,β'-氧二丙腈和待测固定液分别制成三根色谱柱，选择一对探测物环己烷−苯或正丁烷−丁二烯，分别测定它们在上述三根色谱柱上的相对保留值，并取对数，得：

$$q=\log\frac{t'_{\mathrm{R苯}}}{t'_{\mathrm{R环己烷}}} \qquad (1.68)$$

被测固定液的相对极性 P_x 为：

$$P_x=100-100\frac{q_1-q_x}{q_1-q_2} \qquad (1.69)$$

式中，q_1、q_2、q_x 分别代表探测物在 β,β'-氧二丙腈、角鲨烷、待测固定液柱上测得的相对保留值的对数。

按照上述方法，每种固定液都能测出其 P_x 值，结果分布在 0~100 之间。把 P_x 值从 0~100 分为五级，每 20 单位为一级，用"+"表示。P_x 值在 0~+1 之间为非极性固定液；P_x 值+2 者为弱极性固定液；P_x 值+3 者为中等极性固定液；P_x 值在+4~+5 之间为强极性固定液。

上述分类方法简单，但存在着不足。探测物仅两种，只能反映组分与固定液之间的诱导力和色散力，不能反映组分与固定液分子间的全部作用力。

② 按固定液特征常数分类。

1966 年，罗氏又改进了其评价固定液的方法。选用五种有代表性的探测物，用保留指数差值来表示固定液的相对极性。

罗氏提出的五种有代表性的探测物是：苯(电子给予体，易极化)、乙醇(质子给予体，形成氢键)、甲乙酮(定向偶极力，接受氢键)、硝基甲烷(电子接受体，接受氢键)、吡啶(质子接受体，易极化，接受氢键)。分别测定五种探测物在被测固定液上的保留指数 I_p 和在标准非极性固定液角鲨烷上的保留指数 I_s，以保留指数之差 $\Delta I = I_p - I_s$ 作为固定液极性的量度。ΔI 值越大，说明固定液极性越强，对该探测物的选择性越高。每种固定液都分别用这五种探测物来测定，能全面反映固定液与组分分子间各种作用力。

1970 年，麦克雷诺(McReynolds，麦氏)在罗氏方法的基础上提出改进方案。他认为罗氏采用乙醇、甲乙酮、硝基甲烷作探测物给出的 I 值接近或低于 500，这样需用 C_5 或 C_5 以下的气态烷烃来作标准物测定 I 值，准确性较差。他改用苯、丁醇、2-戊酮、硝基丙烷、吡啶、2-甲基-2-戊醇、碘丁烷、2-辛炔、二氧六环、顺八氢化茚十种探测物来表征固定液的相对极性。在 120℃柱温下，分别测定了它们在 226 种固定液和角鲨烷上的保留指数差值 ΔI，即固定液特征常数，也叫麦氏常数。实际工作中常用的是前五个麦氏常数，其计算方法为：

$$X' = I_p^{苯} - I_s^{苯}$$
$$Y' = I_p^{丁醇} - I_s^{丁醇}$$
$$Z' = I_p^{2-戊酮} - I_s^{2-戊酮}$$
$$U' = I_p^{硝基丙烷} - I_s^{硝基丙烷}$$
$$S' = I_p^{吡啶} - I_s^{吡啶}$$

下标 p、s 分别代表被测固定液和角鲨烷。麦氏常数 X'、Y'、Z'、U'、S' 分别表示固定液对相应探测物作用力的大小。例如 X' 值大，说明固定液与苯的作用力强，对易极化的一类物质选择性好。因而利用麦氏常数有助于固定液的评价、分类和选择。五种探测物 ΔI 值之和称为总极性，其平均值为平均极性。固定液总极性越大，其极性越强。将各种固定液按照其平均极性的大小排列成表，即为固定液特征常数表，又叫麦氏常数表，可从气相色谱手册上查到。Leary 利用"邻近技术法"从数百种固定液中筛选出了十二种典型的固定液，见表 1-3。

表 1-3　十二种典型固定液的麦氏常数

固定液	商品型号	苯 X'	丁醇 Y'	2-戊酮 Z'	硝基丙烷 U'	吡啶 S'	平均极性	总极性	最高使用温度/℃
角鲨烷	SQ	0	0	0	0	0	0	0	100
甲基硅橡胶	SE-30	15	53	44	64	41	43	217	300
苯基(10%)甲基聚硅氧烷	OV-3	44	86	81	124	88	85	423	350
苯基(20%)甲基聚硅氧烷	OV-7	69	113	111	171	128	118	592	350

续表

固定液	商品型号	苯	丁醇	2-戊酮	硝基丙烷	吡啶	平均极性	总极性	最高使用温度/℃
		X'	Y'	Z'	U'	S'			
苯基(50%)甲基聚硅氧烷	DC-710	107	149	153	228	190	165	827	225
苯基(60%)甲基聚硅氧烷	OV-22	160	188	191	283	253	219	1075	350
三氟丙基(50%)甲基聚硅氧烷	QF-1	144	233	355	463	305	300	1500	250
氰乙基(25%)甲基硅橡胶	XE-60	204	381	340	493	367	357	1785	250
聚乙二醇-20000	PEG-20M	322	536	368	572	510	462	2308	225
己二酸二乙二醇聚酯	DEGA	378	603	460	665	658	553	2764	200
丁二酸二乙二醇聚酯	DEGS	492	733	581	833	791	686	3504	200
三(2-氰乙氧基)丙烷	TCEP	593	857	752	1028	915	829	4145	175

可见，这十二种固定液的极性均匀递增，反映了分子间全部作用力，是数百种固定液的典型代表，为固定液的选择提供了有用的依据。

4）固定液的选择

在实际工作中，固定液的选择是实现样品成功分离的关键。但到目前为止，固定液的选择尚无严格规律可循，往往凭借实践经验或参考文献选择固定液。在选择固定液之前，应对样品性质有尽可能多的了解，如样品组成、分子式、官能团、沸点范围、极性大小等，比较各组分的差异，找出难分物质对。选择固定液的方法大致如下：

① 依据麦氏常数表：对于含不同官能团的化合物的分析，先根据组分性质，分别找出与之对应的探测物，再比较相应麦氏常数的差异。例如，欲分离正丙醇与正丁基乙醚的混合物。它们相应的探测物分别是丁醇与2-戊酮，需比较 Y' 与 Z' 的差异。如要求正丁醇先流出，应该选择 $Z'>Y'$ 的固定液，且 Z' 与 Y' 的比值越大，分离得越好。从麦氏常数表查得固定液 QF-1 的 $\frac{Z'}{Y'}=\frac{355}{233}=1.52$，此值较大，可选作固定液。

② 依据"相似相溶"原理：组分与固定液化学结构相似、极性相近时，组分在固定液中溶解度大，分配平衡次数多，易实现分离。

分离非极性组分，一般选择非极性固定液，各组分按沸点顺序流出，即沸点低的先出峰，沸点高的后出峰。

分离极性组分，选用极性固定液，各组分主要按极性顺序分离，极性小的先流出，极性大的后流出。

分离能形成氢键的组分，一般选氢键型或极性固定液。此时，组分按其与固定液分子间形成氢键能力的大小顺序出峰，不易形成氢键的先流出，易形成氢键的后流出。

③ 利用特殊作用力：某些固定液与组分之间存在特殊作用力，因而具有选择性。例如，分析低分子量的伯胺、仲胺、叔胺时，采用三乙醇胺作固定液，由于不同的胺与固定液形成氢键的能力不同，从而得到分离。再如有机皂土、液晶等对芳香性异构体也存在特殊选择性。

④ 利用优选固定液：人们通过大量实践筛选出了五种最具代表性的固定液，称为"优选固定液"，它们是 SE-30、OV-17、QF-1、PEG-20M、DEGS。将样品分别在这五种固定液上进行初步分离，根据分离情况选出最好的一种，再作适当调整。

⑤ 采用混合固定液：在实际工作中，有时采用一种固定液难以满足对复杂样品的分离，此时可采用两种或两种以上的固定液，称混合固定液。方式主要有联合柱、混涂柱、混装柱。

（2）载体

载体又叫担体，是一种多孔性的、化学惰性的固体颗粒，其作用是为涂渍固定液提供适宜的表面性质。理想的载体应具有大的惰性表面，使固定液能在其表面铺展成薄而均匀的液膜。

1）对载体的要求

① 有较大的比表面积与合适的孔隙结构，以便使固定液与试样间有较大的接触面积，形成薄液膜，利于进行快速传质。

② 化学惰性。载体不得与固定液或试样发生化学反应，不得对试样有吸附活性。

③ 机械强度与热稳定性好。使得装柱过程中不易破碎，在工作温度下不变质。

④ 浸润性好，形状规则，粒度均匀。

2）载体的分类

气-液色谱载体可分为硅藻土型与非硅藻土型两大类。硅藻土型载体是目前常用的载体，根据制造方法不同，又可分为红色载体与白色载体。

红色载体由天然硅藻土与黏合剂在 900℃煅烧后，粉碎过筛而得，因含有氧化铁呈红色。该类载体表面孔穴密集、孔径小、比表面积大、机械强度好，但有表面活性，对强极性化合物有吸附作用。因此，红色载体适于涂渍非极性固定液，分析非极性和弱极性物质。

白色载体是将硅藻土与少量助剂碳酸钠混合后煅烧而成，呈白色。白色载体表面孔径大、比表面积小、机械强度较差，但表面活性中心显著减少，适于涂渍极性固定液，分析极性或氢键型化合物。

非硅藻土型载体有氟载体、玻璃微球载体等。

3）载体的表面处理

硅藻土型载体由于表面存在无机杂质、硅醇基团、微孔结构等，使其具有表面活性，从而导致色谱峰拖尾。为消除载体的表面活性，需对载体进行处理，以改进孔隙结构，屏蔽活性中心。常用的处理方法有：酸洗(除去碱性基团)、碱洗(除去酸性基团)、硅烷化(消除硅醇基的氢键结合力)、釉化(形成表面釉层，屏蔽活性中心)。

1.4.2.2 固体固定相

固体固定相是一种具有表面活性的固体吸附剂，用于气-固色谱。虽然气-液色谱因选择性好、峰形对称等优点获得了广泛应用，但分离气体样品时效果不佳。因为气体一般在固定液中溶解度小，目前还没有一种满意的固定液能很好地分离它们。而气体样品在吸附剂上的吸附能差别较大，可得到满意分离。故气-固色谱在分离永久性气体、无机气体和低分子碳氢化合物方面是不可缺少的手段。

固体吸附剂具有吸附容量大、热稳定性好、廉价等优点，但也有其固有的缺点，主要是结构和表面的不均匀性、吸附等温线非线性，形成不对称的拖尾色谱峰。常用的吸附剂有非极性炭质吸附剂、中等极性的氧化铝、强极性的硅胶及特殊吸附作用的分子筛。

（1）炭质吸附剂

炭质吸附剂有活性炭、石墨化炭黑、炭分子筛等。

1）活性炭

活性炭比表面积大，吸附活性强，通常用于分析永久性气体和低沸点烃类。如分析空气、CO、CO_2、CH_4、乙炔、乙烯等混合物。

2）石墨化炭黑

把炭黑在惰性气体中加热到3000℃，使其表面结构石墨化，可得到高度非极性的均匀表面。这种吸附剂称为石墨化炭黑，国外商品名为Carbopack。组分在石墨化炭黑上按几何形状和极化率分离，因此，它特别适用于分离空间异构体和位置异构体。用它作吸附剂分离极性物质也能得到对称峰。其突出能力是分离$C_1 \sim C_{10}$醇、游离脂肪酸、酚、胺、烃以及痕量硫化氢和二氧化硫。

3）炭分子筛

以偏聚二氯乙烯为原料，经热降解反应制成多孔性炭黑，又称炭分子筛。国内商品名为TDX，国外的Carbon Sieve B属此类。炭分子筛具有耐高温、填充简便、柱效高等优点，主要用于分析稀有气体、永久性气体、$C_1 \sim C_3$烃等。

（2）氧化铝

氧化铝是一种中等极性的吸附剂，比表面积$100 \sim 300 m^2/g$，热稳定性和机械强度都很好，一般用来分析$C_1 \sim C_4$烃类及其异构物。

（3）硅胶

硅胶是一种氢键型强极性吸附剂，其分离能力取决于孔径大小和含水量。一般用来分析 $C_1 \sim C_4$ 烃类、NO_2、SO_2、H_2S、SF_6、CF_2Cl_2 等。DG 系列多孔硅珠、Chromosil、Porasil 等均属此类。

（4）分子筛

分子筛是一种具有特殊吸附活性的吸附剂，属于合成硅铝酸钠盐或钙盐。分子筛具有均匀孔隙结构和大的表面积，一般用来分离永久性气体和无机气体，例如 He、Ar、H_2、O_2、N_2、CH_4、CO、NO、NO_2 等，特别是常见的 O_2、N_2 分离。

1.4.2.3　合成固定相

用于气相色谱的合成固定相主要是高分子多孔小球，一般以苯乙烯和二乙烯苯交联共聚物为主体。由于合成条件与添加原料的不同，可获得不同极性、不同孔径的产品。国产牌号是 GDX 系列，现已有 GDX101 ~ GDX601 多种牌号。国外同类固定相有 Chromosorb 和 Porapak 系列。这类固定相的特点是孔径大小和表面积可人为控制，无固定液流失问题，所得色谱峰的峰形对称，有较强的疏水性，特别适用于有机物中微量水的分析。可依据样品性质，选择合适的极性与孔径。

1.4.2.4　填充柱的制备

填充柱的制备包括三个步骤：固定液涂渍、色谱柱填充、色谱柱老化。

（1）固定液涂渍

固定液涂渍是制备色谱柱的关键步骤，涂渍质量的优劣直接影响色谱柱的性能。根据色谱理论，应使固定液均匀分布在载体表面，形成厚度一致的薄膜。涂渍方法有常规法、抽空盘涂法、抽空蒸发法，可根据固定液用量和性质合理选择。

（2）色谱柱填充

色谱柱填充也是柱子制备中一个重要环节。为了获得高效柱，要求固定相装填得均匀、紧密，载体不能破碎。根据柱子形状和材料不同，一般采用抽吸、振动或敲击柱管等方式进行填充。

（3）色谱柱老化

新装填的色谱柱不能直接使用，必须经过老化处理。方法是：将装填好的柱子接通载气，流速控制在 5 ~ 10mL/min，在高于使用温度 5 ~ 10℃（低于固定液最高使用温度）条件下老化 8 ~ 24h。目的是除去残存溶剂，使固定液进一步分布均匀，提高柱效。老化时柱子要与检测器断开，以免造成污染。

1.4.3　气相色谱检测器

检测器是气相色谱仪的重要组成部分。已知的气相色谱检测器有 30 多种，常用的是热导池检测器、氢火焰离子化检测器、电子捕获检测器、火焰光度检测器。根据检测原理不同，可分为浓度型和质量型检测器。浓度型检测器测量的是载气中组分浓度的瞬间变化，即响应值正比于组分在载气中的浓度，如热导池检测器。质量型检测器测量的是载气中组分进入检测器的速度变化，即响应值正比于单位时间内组分进入检测器的质量，如氢火焰离子化检测器。

1.4.3.1 检测器的性能指标

（1）灵敏度

一定量的组分进入检测器后，就会产生一定的响应信号 R。如果以响应信号 R 对进入检测器的组分量 Q 作图，得到一条通过原点的直线，直线的斜率就是检测器的灵敏度，以 S 表示，如图 1-9。

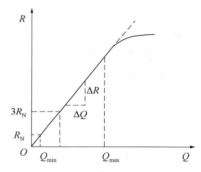

图 1-9　检测器响应曲线

灵敏度定义为响应值对进入检测器的组分量的变化率，即：

$$S = \frac{\Delta R}{\Delta Q} \qquad (1.70)$$

对于浓度型检测器，灵敏度计算公式为：

$$S_c = \frac{F_d A C_1}{C_2 m} \qquad (1.71)$$

式中　C_1——记录仪灵敏度，mV/cm；

　　　C_2——记录纸速，cm/min；

　　　A——峰面积，cm^2；

　　　F_d——校正到检测器温度和大气压下载气的流量，mL/min；

　　　m——进样量，mg 或 mL。

S_c 为灵敏度，对液体、固体样品单位为 mV/（mg·mL^{-1}），气体样品单位为 mV/（mL·mL^{-1}）。可理解为每毫升载气中含有 1mg（或 1mL）的组分，在检测器上产生的电信号的大小。

对质量型检测器，其灵敏度计算公式为：

$$S_m = \frac{60 A C_1}{C_2 m} \qquad (1.72)$$

式中，m 为进样量，单位为 g，其他符号单位同式（1.71）。S_m 的单位为 mV/（g·s^{-1}），表示每秒钟有 1g 组分进入检测器所产生的信号大小。

（2）检出限

检出限又称敏感度，是指检测器恰能产生和噪声相鉴别的信号时，在单位体积或时间内进入检测器的物质的质量，用 D 表示。通常认为恰能辨别的响应信号至少应等于检测器噪声的 3 倍，即：

$$D = \frac{3R_N}{S} \tag{1.73}$$

式中，R_N 为检测器噪声，单位为 mV。指当纯载气通过检测器时，基线起伏波动的平均值。浓度型检测器 D 的单位为 mg/mL，质量型检测器 D 的单位为 g/s。

可见，检出限不仅反映检测器对某组分产生信号的大小，还反映了噪声的高低，是衡量检测器性能好坏的综合指标。检出限越低，说明检测器越敏感，越利于痕量分析。

（3）最小检出量

指检测器恰能产生和噪声相鉴别的信号时所需进入色谱柱的最小物质量（或最小浓度），用 Q_0 表示。

由于 $A = 1.065 h \times W_{1/2}$，$h$ 为峰高，单位为 cm。式（1.71）可写作：

$$m = \frac{1.065 \cdot W_{1/2} \cdot F_d \cdot h \cdot C_1}{C_2 \cdot S_c}$$

当 $h \cdot C_1 = 3R_N$ 时的进样量，即为最小检出量，故：

$$Q_0 = \frac{1.065 \cdot W_{1/2} \cdot F_d \cdot 3R_N}{C_2 \cdot S_c}$$

对于浓度型检测器，最小检出量为：

$$Q_0 = \frac{1.065 \cdot W_{1/2} \cdot F_d \cdot D}{C_2} \tag{1.74}$$

对于质量型检测器，最小检出量为：

$$Q_0 = \frac{1.065 \cdot W_{1/2} \cdot 60 \cdot D}{C_2} \tag{1.75}$$

式中，$W_{1/2}$ 为色谱峰半峰宽，单位为 cm，其他符号单位同前。浓度型检测器 Q_0 的单位为 mg，质量型检测器 Q_0 的单位为 g。

由式（1.74）及式（1.75）可见，Q_0 与检出限 D 成正比，但两者有所不同。检出限只是检测器的性能指标，与柱操作条件无关；最小检出量不仅与检测器的性能有关，还与柱效能及操作条件有关。

（4）响应时间

指组分进入检测器到真实信号输出 63% 所需时间，一般都小于 1s。检测器死体积越小，响应时间越短。

（5）线性范围

指检测器响应信号与被测组分质量或浓度呈线性关系的范围。

1.4.3.2 热导池检测器

热导池检测器（thermal conductivity detector，TCD）是利用热敏元件对温度的

敏感性以及被测组分与载气具有不同的热传导能力的性质制成的检测器。它结构简单、稳定性好、灵敏度适中，对有机物和无机物都有响应，是应用最广、最成熟的一种检测器。

（1）结构与原理

热导池检测器主要由池体和热敏元件构成，利用惠斯通电桥进行测量。TCD池体一般由不锈钢材料制成，池体上钻有两个或四个孔道，内装热敏元件。目前，热敏元件多用电阻率大、电阻温度系数高、机械强度好、耐高温、抗腐蚀、对被测组分浓度变化响应线性宽的热丝型材料制成，如铂丝、钨丝、铼钨丝等，其中使用最多的是铼钨丝。通常将热丝固定在一个与池体绝缘的支架上，放在池体的孔道内，纯载气或者载气携带着样品流过孔道，见图 1-10（a）。若孔道接在进样口前，该孔道自始至终只有纯载气通过，称之为参比池，其中的热敏元件称为参比臂；若孔道接在色谱柱后，载气携带样品通过，则热丝处在样品与载气的混合气流中，这个孔道称为测量池，其中的热敏元件称为测量臂。

将热敏元件与固定电阻连接成惠斯通电桥，通入恒定的电流，组成 TCD 测量线路。如果电桥中有两个臂是热敏元件（R_1、R_3），另两个臂是固定电阻（R_2、R_4），称为双臂热导池，如图 1-10（b）所示；若电桥的四个臂均由热敏元件构成，则称为四臂热导池，如图 1-11。色谱仪中常用的是四臂热导池，其灵敏度是双臂热导池的 2 倍。

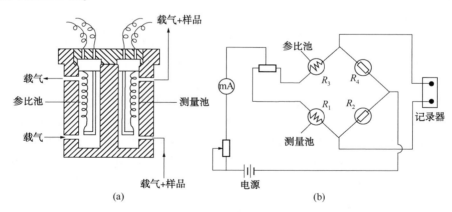

图 1-10　热导池检测器基本结构

在图 1-11 所示的四臂热导池中，R_2、R_3 为参比臂，R_1、R_4 为测量臂，且 $R_1 = R_2$，$R_3 = R_4$。

进行色谱分析时，载气连续通过热导池，热敏元件通电而产生一定的热量。进样前，通过参比池和测量池的均为纯载气，热丝产生的热量与载气带走的热量建立热动平衡，参比臂和测量臂的温度相同，$R_1 \times R_4 = R_2 \times R_3$，电桥处于平衡状态，无信号输出，此时记录仪走基线。

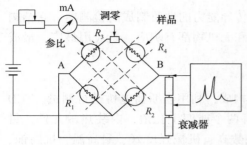

图 1-11 热导池惠斯通电桥测量线路

进样后，由色谱柱分离的组分随载气通过测量池。由于组分与载气组成的二元体系的热导率与纯载气的热导率不同，则由热传导带走的热量就不同，使测量臂的温度发生变化，引起热丝阻值的变化；而通过参比池的仍为纯载气，参比臂的阻值保持不变。这时，$R_1 \times R_4 \neq R_2 \times R_3$，电桥失去平衡，有信号输出到记录仪。将此信号随时间的变化记录下来，就得到了该组分的色谱峰。载气中组分的浓度越大，测量臂与参比臂间产生的温差越大，输出的不平衡电压信号越大，在记录仪上描绘出的色谱峰面积也越大。故 TCD 是典型的浓度型检测器。

（2）TCD 操作条件的选择

1）桥电流

桥电流（I）是 TCD 一个重要的操作参数，增加桥电流会使灵敏度（S）迅速增大，一般地，$S \propto I^3$。但桥电流太大，会使噪声增大，还会影响热丝寿命，故应合理选择桥电流。在保证灵敏度足够的情况下，应尽量使用低的桥电流。一般桥电流控制在 100～200mA，N_2 作载气时为 100～150mA，H_2 作载气时为 150～200mA。

2）载气种类

载气与组分热导率相差越大，检测灵敏度越高。选择热导率大的氢气或氦气作载气有利于提高灵敏度。

3）池体温度

TCD 对温度十分敏感，池体温度波动将导致噪声增大。一个高性能的热导池检测器，要求柱温变化在 ±0.01℃ 以内，检测器温度变化要控制在 ±0.05℃ 以内。

池体温度的高低，直接影响检测器灵敏度。池体温度升高，允许的最高桥电流相应降低，使灵敏度下降；降低池体温度，有利于提高灵敏度。但池体温度不能太低，否则被测组分将在检测器内冷凝，造成污染，故一般检测器温度应略高于柱温。

4）使用注意事项

为了避免热丝高温烧断或氧化，操作时必须先通载气，后加桥电流。测定工作完成后，则需先关桥电流，待检测室温度降至 60～70℃，再停载气。

1.4.3.3 氢火焰离子化检测器

氢火焰离子化检测器（flame ionization detector，FID），简称氢焰检测器，是气相色谱中最常用的检测器之一。它结构简单、死体积小、响应快、灵敏度高、线性范围宽，尤其适用于含碳有机物的测定，一般比 TCD 的灵敏度高几个数量级，检出限达 10^{-13} g/s。FID 属选择性检测器，只对含碳有机物有响应，不能检测永久性气体、无机物等样品。

（1）结构与原理

FID 是以氢气在空气中燃烧的火焰为能源，当含碳有机物进入火焰时发生离子化，生成大量带电体，在外加电场作用下形成离子流，将该离子流通过高电阻转换成电压信号，经放大后记录下来，从而得到色谱图。

FID 的主要部件是离子室，由喷嘴、发射极、收集极、气体入口、外罩等组成，如图 1-12 所示。离子室由金属圆筒作外罩，上方有排气孔，底座中心有喷嘴（兼作发射极），上端有筒状收集极。载气、燃气、助燃气及其他辅助气体由底座引入。

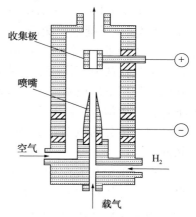

图 1-12　氢火焰离子化检测器

载气携带组分流出色谱柱后，与氢气预先混合，从离子室下部进入喷嘴，空气从喷嘴四周导入。氢气在空气助燃下经引燃后产生氢火焰，被测组分在火焰作用下发生电离，生成带电体。在火焰上方的收集极（正极）和下方的发射极（负极）间施加恒定的直流电压，形成一个静电场。产生的带电体在电场作用下定向移动，形成电流。此电流很微弱，只有 $10^{-13} \sim 10^{-8}$ A，让它通过高电阻（$10^7 \sim 10^{10}$ Ω）产生电压降，再输入放大器放大后，由记录系统记录下来。产生的带电体的数目与单位时间内进入火焰的碳原子数量有关，故 FID 是质量型检测器。由于 FID 对空气和水无响应，因此特别适合于大气和水中污染物的分析。

（2）FID 操作条件的选择

1）气体流量

① 载气流量：使用 FID 一般用氮气作载气，载气流量由色谱最佳分离条件确定。

② 氢气流量：当载气流量一定时，氢气流量对响应值的影响存在一个最佳值，载气与氢气的最佳流量比（$N_2 : H_2$）为 1～1.5。

③ 空气流量：当空气流量较低时，响应值随空气流量的增加而增大，增大到一定数值后（一般为 400mL/min）则不再受空气流量的影响。一般氢气与空气流量之比为 1∶10。

使用填充柱时，柱出口处不用尾吹气。使用开管柱时，应用氮气或氢气作尾吹气。这样既能减少柱后死体积对组分分离的影响，又可保证进入离子室所需氮气与氢气的量及比例。

2）极化电压

在极化电压较低时，响应值随极化电压的增加而增大，然后趋于一个饱和值。通常极化电压的取值范围为50~300V。

3）检测器温度

相对于其他检测器而言，FID对温度变化不敏感。一般FID的温度应略高于柱温，且不可低于100℃，以免样品或水蒸气在离子室冷凝，污染检测器。此外，FID停机时必须在100℃以上灭火，通常是先关氢气，后关检测器加热装置。

1.4.3.4　电子捕获检测器

电子捕获检测器(electron capture detector，ECD)是一种放射性离子化检测器。它是在放射源作用下，使通过检测器的载气分子发生电离，产生自由电子，在电场作用下形成基流。当电负性化合物进入检测器时，捕获这些电子，使基流下降，产生信号。ECD是一种具有选择性的高灵敏度检测器，它只对电负性物质有响应，组分的电负性越强，检测的灵敏度越高，能测出10^{-14}g/mL的电负性物质。

ECD的结构有两种，一种是早期使用的平板电极，另一种是圆筒状同轴电极。前者池体积太大，已被淘汰，目前普遍采用后者。典型的同轴电极ECD结构见图1-13。在检测器池体内有一个圆筒状阴极，β放射源(Ni^{63}或H^3)涂在阴极内壁上，中心是一根与它同轴的不锈钢棒作阳极。在两极间施加直流或脉冲电压，电场强度呈轴对称分布。检测器要求有很好的气密性和绝缘性。

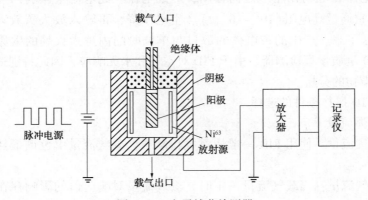

图1-13　电子捕获检测器

当载气(一般采用高纯氮)进入检测器时，在放射源发射的β射线作用下发生电离：

$$N_2 \xrightarrow{\ \beta\ 射线\ } N_2^+ + e$$

生成的正离子和电子在电场作用下定向移动，形成恒定的电流($10^{-9} \sim 10^{-8}$A)，即基流。

当具有电负性的组分随载气进入检测器时，立即捕获这些自由电子而生成负离子，负离子再与载气电离产生的正离子复合成中性化合物：

$$AB+e \longrightarrow AB^-$$
$$AB^- + N_2^+ \longrightarrow AB + N_2$$

由于组分捕获电子以及正负离子的复合，使带电体数目急剧减少，基流下降，产生负信号而形成倒峰。组分浓度越大，色谱峰越大。

电子捕获检测器是检测电负性化合物的最佳气相色谱检测器，由于它的高灵敏度和高选择性，目前已广泛应用于环境样品中痕量农药、多氯联苯等的分析。

1.4.3.5 火焰光度检测器

火焰光度检测器(flame photometric detector, FPD)是一种对含硫、磷化合物具有高灵敏度和高选择性的检测器，检出限可达 10^{-13} g/s(对磷)或 10^{-11} g/s(对硫)。适合于分析含硫、磷的有机化合物和气体硫化合物，在大气污染和农药残留分析中应用广泛。

FPD 是根据硫、磷化合物在富氢火焰中燃烧时能发射出特征波长的光而设计的，由燃烧系统和光学系统组成，其结构见图 1-14。

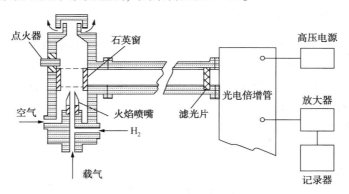

图 1-14 火焰光度检测器

当含硫(磷)的化合物在富氢火焰中燃烧时，产生化学发光效应，其机理一般认为：

$$RS + 2O_2 \longrightarrow SO_2 + CO_2$$
$$SO_2 + 4H \longrightarrow S + 2H_2O$$
$$S + S \longrightarrow S_2^*$$
$$S_2^* \longrightarrow S_2 + hv$$

即含硫化合物(RS)首先被氧化成 SO_2，然后被 H 还原成 S 原子，S 原子在外围冷焰区(约 390℃)生成激发态 S_2^* 分子，当其跃迁回基态时，发射出 350～430nm 的特征分子光谱。

含磷化合物则被氧化生成氧化物 PO，然后被 H 还原成激发态的 HPO^*，同时发射出 480~600nm 的特征光谱。

其中，394nm 和 526nm 分别为含硫、磷化合物的特征波长，通过相应波长的滤光片获得。含硫、磷化合物发射的特征波长的光通过滤光片后照射到光电倍增管上，转变为光电流，经放大后由记录仪记录下来，得到含硫、磷化合物的色谱图。

四种常用气相色谱检测器的性能列于表 1-4 中。

表 1-4　常用气相色谱检测器的性能

检测器	类型	选择性	检出限	线性范围	响应时间	适用范围
TCD	浓度	无	10^{-8} mg/mL	10^5	<1s	有机物和无机物
FID	质量	有	10^{-13} g/s	10^7	<0.1s	含碳有机物
ECD	浓度	有	10^{-14} g/mL	$10^2 \sim 10^4$	<1s	含卤、氧、氮化合物
FPD	质量	有	10^{-13} g/s(P) 10^{-11} g/s(S)	10^4(P) 10^3(S)	<0.1s	含硫磷化合物、农药

1.4.4　气相色谱操作条件的选择

在气相色谱实际应用工作中，色谱操作条件的选择非常重要。为了在较短的时间内获得满意的分析结果，最关键的是要选择合适的固定相和色谱柱，其次是选择最佳色谱操作条件。以上这些可以在色谱理论指导下，根据速率理论和色谱分离方程进行选择和优化。

1.4.4.1　固定相的选择

固定相是对样品分离起决定作用的因素，是进行色谱分析要考虑的首要问题。有关固定相性质的选择已在 1.4.2.1 中进行了阐述，这里着重讨论一下固定液用量的问题。固定液用量是指固定液与担体的质量之比，称为液担比。固定液用量的选择与被测组分的极性、沸点、固定液性质、担体性质等诸多因素有关，需综合考虑。由速率理论可知，固定液的液膜越薄，传质阻力越小，柱效越高。故使用低液担比的柱子有利于提高柱效。但如果液担比太小，固定液不能覆盖担体表面的吸附中心，反而会使柱效下降。对于低沸点样品，液担比应高一些；对高沸点样品，液担比要低一些。对于表面积大的担体，可适当提高液担比。

综上所述，实际工作中常用的液担比为 3%~20%。随着担体表面处理技术的发展和高灵敏度检测器的采用，现多用低配比固定液，一般填充柱的液担比<10%。

1.4.4.2　担体的选择

由 Van Deemter 方程得知，担体粒度直接影响涡流扩散和气相传质阻力，对液相传质也有间接影响。担体粒度越小，筛分范围越窄，柱效越高。但粒度过细、会使柱阻力和柱压降增大，对操作不利。一般来讲，柱内径为 3~4mm 时，使用粒度为 60~80 目或 80~100 目的担体较为合适。

1.4.4.3 柱管的选择

柱管的形状一般随仪器而定不容选择，有 U 形、螺旋形等。柱长主要依据样品的性质选择。增加柱长，可使理论塔板数增大，但同时也会使分析时间延长。一般来说，柱长的选择以使分离度达到所期望的数值为准，也可根据在短柱(L_1)上测得的分离度数据(R_1)，由式(1.58)求出预期分离度下所需的柱长。

$$L_2 = L_1 \left(\frac{R_2}{R_1} \right)^2$$

增大柱内径可增加柱容量，但由于径向扩散路径也随之增加，导致柱效下降。对于一般的色谱分析，填充柱的内径尺寸为 2~4mm。

1.4.4.4 载气及其流速的选择

选择何种载气，首先应考虑是否适合所用检测器。如对于 TCD，一般选用热导率较大的 H_2 或 He；对于 FID，一般选用 N_2；对于 ECD 则需使用高纯氮。载气性质影响组分在气相中的扩散系数 D_g，从而影响柱效。当在低流速区操作时，分子扩散占主导地位，宜用相对分子质量较大的载气，如 N_2；当在高流速区操作时，传质阻力占主导地位，这时应选用扩散系数大，即相对分子质量小的气体，如 H_2、He 等作载气。

载气流速严重影响分离效率和分析时间。由速率理论可知，为获得高柱效，应选用最佳流速，但在此流速下操作分析时间较长。在实际色谱分析中，为保证必要的分析速度，很少选用最佳流速，而是稍高于最佳流速。这样既缩短了分析时间，又不会损失太多柱效。

1.4.4.5 柱温的选择

柱温是一个重要的操作参数，直接影响分离度和分析时间。选择柱温时，首先要考虑到每种固定液都有一定的适用温度范围，所选柱温不能高于该固定液的最高使用温度，否则会引起固定液流失。

提高柱温，可加快气液两相间的传质速率，有利于提高柱效，但同时会使纵向扩散加剧，导致柱效下降。可见，柱温的影响是复杂的，要兼顾多方面因素进行选择。柱温选择的一般原则是：在使难分物质对的分离度能够满足要求的前提下，尽可能采取较低柱温，但以保留时间适宜、峰形不拖尾为度。对于复杂样品，尤其是沸点范围很宽的样品，宜选用程序升温分析。

1.4.4.6 进样条件的选择

无论是用微量注射器进样还是六通阀进样，进样时间越短越好，一般应在 1s 之内。若进样时间过长，会导致色谱峰的扩展，甚至变形。

进样量的多少主要影响柱效和检测。进样量太大，会使保留时间变小，峰形不对称，柱效下降；进样量太小，检测器又不易检测而使分析误差增大。最大允许进样量应控制在峰面积或峰高与进样量呈线性关系的范围内。一般液体试样的进样量在 $0.1\sim10\mu L$ 之间，气体试样在 $0.1\sim10mL$ 之间。

1.5　开管柱气相色谱简介

1957 年，美国的 Golay 在色谱动力学理论指导下，发明了柱效能极高的开管柱（open tubular column）。他将固定液直接涂在毛细管内壁上代替填充柱进行试验，结果发现其分离能力远高于填充柱。由于固定液附着在柱管的内壁上，中心是空的，故称为开管柱，习惯上又叫做毛细管柱（capillary column）。这种色谱柱比经典填充柱的柱效率高出几十倍~上百倍，广泛应用于石油化工、环境科学、食品科学、医药卫生等领域，用来分析组成极为复杂的混合物和痕量物质，从此开创了气相色谱的新纪元。

1.5.1　开管柱的类型

开管柱可由不锈钢、玻璃、石英等材料制成。早期的开管柱多用不锈钢材料，但由于其表面具有催化活性，现已很少使用。20 世纪 70 年代主要使用玻璃材料，其表面惰性较好、透明，易于观察固定液涂渍情况，缺点是易折碎、安装困难。1979 年，Dandeneau 等研制成熔融石英毛细管柱，因具有惰性好、机械强度高、柔韧性好、易于操作等优点，使其成为毛细管色谱柱的主流，毛细管色谱也因此进入了大发展时期。

开管柱按其固定液的涂渍方法可分为以下几种类型。

（1）壁涂开管柱（wall coated open tubular column，WCOT）

将固定液直接涂在毛细管内壁上，这是 Golay 最早提出的毛细管柱。这种柱子由于表面积有限，可承载的固定液量很少，再加上管壁表面光滑、浸润性差，造成液膜不易涂布均匀、重现性差、寿命短。现在的 WCOT 柱，其内壁通常都先经过表面处理，使表面粗糙化，以减小固定液液滴的接触角，增加润湿性，使固定液能够铺展开来，获得均匀的液膜。

（2）多孔层开管柱（porous layer open tubular column，PLOT）

在管内壁上沉积载体、吸附剂（如分子筛、氧化铝等）或熔融石英等固体颗粒，就构成了多孔层开管柱。该类开管柱既可直接作吸附色谱，又可涂上固定液作分配色谱。

（3）涂载体开管柱（support coated open tubular column，SCOT）

为了增大开管柱内固定液的涂渍量，先将载体沉积于毛细管内壁上，在此载体上再涂渍合适的固定液，就制成分配型 SCOT 柱。可见，所有的 SCOT 柱都属于 PLOT 柱，但并非所有的 PLOT 柱都是 SCOT 柱。与 WCOT 柱相比，SCOT 柱与 PLOT 柱的柱容量大，固定液流失少。

（4）固定化固定相开管柱

涂渍型开管柱 WCOT、SCOT，热稳定性和耐溶剂性较差，使用过程中存在着固定液流失现象，影响柱效率和柱寿命。为此，发展了固定化固定相开管柱。包括键合型开管柱和交联型开管柱。

键合型开管柱：使固定液与玻璃表面的硅醇基团发生化学反应而键合到开管柱内壁上。这类柱子的热稳定性好，固定液使用温度得到大幅度提高。

交联型开管柱：由交联引发剂将固定液交联到毛细管内壁上。固定液通过交联后，具有耐高温、抗溶剂冲洗、化学稳定性好、柱寿命长等优点。

1.5.2 开管柱的特点

与填充柱相比，开管柱具有以下特点：

（1）渗透性好

渗透性表示流动相通过柱子的难易程度，用渗透性常数 K_0 描述。K_0 值越大，说明柱的渗透性越好，即流动相通过色谱柱时所受的阻力越小。

$$K_0 = \frac{\eta u L}{\Delta p} \tag{1.76}$$

式中 K_0——渗透性常数，cm^2；

$\quad\quad L$——色谱柱柱长，cm；

$\quad\quad \eta$——流动相黏度，$Pa \cdot s$；

$\quad\quad u$——流动相平均线速，cm/s；

$\quad\quad \Delta p$——柱压降，Pa。

对于填充柱，K_0 值可用式（1.77）估算：

$$K_0 = \frac{d_p^2}{1012} \tag{1.77}$$

式中，d_p 为载体的平均粒径。

开管柱的 K_0 值可用式（1.78）估算：

$$K_0 = \frac{r^2}{8} \tag{1.78}$$

式中，r 为毛细管半径。

开管柱是一根空心柱，对气流的阻力比填充柱要小得多。比较式（1.77）和式（1.78）可见，两柱的 K_0 值相差两个数量级以上。开管柱的高渗透性，决定了在其他因素相同情况下，其柱长比填充柱长得多，在同样的柱压降下，开管柱可使用柱长 100m 以上的柱子，而载气线速仍可保持不变。

（2）相比大

相比大，即 β 值大。填充柱的 β 值一般在 6~35，而开管柱在 50~1500。β 值大，液膜厚度小，传质快，有利于提高柱效率和实现快速分析。

（3）柱容量小

柱容量取决于柱内固定液的含量。开管柱涂渍的固定液仅几十毫克，液膜厚度为 0.35~1.50μm，柱容量小，使最大允许进样量受到很大限制。对液体试样，进样量通常为 $10^{-3} \sim 10^{-2} \mu L$。因此，开管柱气相色谱在进样时需要采用分流进样技术。

（4）总柱效高

从单位柱长的柱效率看，开管柱和填充柱处于同一个数量级，但开管柱的长度比填充柱大 1~2 个数量级，因此其总柱效率要比填充柱高得多，可解决很多极复杂混合物的分离分析问题。

1.5.3 开管柱速率理论方程

根据开管柱的结构特性，Golay 于 1958 年提出了开管柱速率理论，指出影响开管柱色谱峰扩展的主要因素是：纵向分子扩散、气相传质阻力、液相传质阻力，并导出了类似于填充柱的速率方程，称为 Golay 方程，阐明了开管柱参数和载气线速 u 对柱效率的影响。Golay 方程为：

$$H = \frac{B}{u} + C_g u + C_1 u \tag{1.79}$$

式中，B 是分子扩散系数，C_g 是气相传质阻力系数，C_1 是液相传质阻力系数。这三项可用溶质在气相中扩散系数 D_g、溶质在液相中扩散系数 D_1、开管柱半径 r、固定相液膜厚度 d_f、分配比 k 来表示：

$$B = 2D_g \tag{1.80}$$

$$C_g = \frac{(1+6k+11k^2)r^2}{24(1+k)^2 D_g} \tag{1.81}$$

$$C_1 = \frac{2kd_f^2}{3(1+k)^2 D_1} \tag{1.82}$$

完整的 Golay 方程为：

$$H = \frac{2D_g}{u} + \frac{1+6k+11k^2}{24(1+k)^2} \cdot \frac{r^2}{D_g} \cdot u + \frac{2k}{3(1+k)^2} \cdot \frac{d_f^2}{D_1} \cdot u \tag{1.83}$$

与填充柱速率方程比较，它们之间的差别是：

① 开管柱只有一个气体流路，无涡流扩散项，即 $A=0$。

② 分子扩散项与填充柱相似，但开管柱无分子扩散路径弯曲，$\gamma=1$。

③ 传质项与填充柱相似，以柱半径 r 代替载体粒径 d_p，且 C_1 项一般比填充柱小。

1.5.4　开管柱气相色谱操作条件的选择

1.5.4.1　柱效率

开管柱的 $H-u$ 关系图与填充柱类似，也是一条双曲线，其最低点对应的是最小塔板高度：

$$H_{\min} = 2\sqrt{BC} = 2\sqrt{B(C_g+C_1)} \tag{1.84}$$

对于薄液膜柱，d_f 很小，C_1 可忽略，此时：

$$H_{\min} = 2\sqrt{BC_g} = r\sqrt{\frac{1+6k+11k^2}{3(1+k)^2}} \tag{1.85}$$

式（1.85）指出，当 k 值相同时，柱内径越细，柱效率越高。理论上讲，要尽量采用细内径色谱柱，但在实用上，内径太细，导致阻力增大，液膜变薄，样品容量减小，操作不方便。现有条件下，柱内径以 0.1mm 为下限。

1.5.4.2　载气线速

由速率方程可知，最小板高时的最佳载气线速为：

$u_{\text{opt}} = \sqrt{\dfrac{B}{C_g+C_1}}$，如果 C_1 很小，则有：

$$u_{\text{opt}} = \sqrt{\frac{B}{C_g}} = \frac{4D_g}{r}\sqrt{\frac{3(1+k)^2}{1+6k+11k^2}} \tag{1.86}$$

上式表明，u_{opt} 与 D_g 成正比，而与 r 成反比。当 $u>u_{\text{opt}}$ 时，因开管柱液膜厚度小，液相传质阻力小，H 随 u 的增大而缓慢增加。开管柱 $H-u$ 曲线上升的斜率总小于填充柱。在高载气流速下，开管柱的柱效率降低并不多，比填充柱更适合做快速分析。因在开管柱操作中一般 $u>u_{\text{opt}}$，故宜选用轻载气，获得的柱效率更高。

1.5.4.3　液膜厚度

对于开管柱来说，液膜厚度是最重要的柱参数。因 $C_1 \propto d_f^2$，减小液膜厚度有利于提高柱效。但 d_f 不能无限降低，由于 d_f 降低，k 值变小，则达到同样分离度所需理论塔板数将增高；其次，d_f 降低，会使柱容量减小，对进样和检测系统提出了更高要求。而液膜过厚，液膜稳定性下降（固定液挂不住）。故液膜厚度的选择要兼顾柱效率、柱容量和柱稳定性。一般 WCOT 柱 d_f 为 0.1～1μm；SCOT 柱 d_f 为 0.8～2μm。

1.5.4.4　柱温

在恒温操作时，柱温主要影响分配系数和选择性。降低柱温，有利于提高选择性。但降低柱温，分析时间加长，峰形变差，故降低柱温有一定限度。同样，升高柱温，分析时间缩短，峰形改善，但选择性降低。可见，柱温的选择是一个复杂问题，要兼顾分析时间和选择性。

1.5.4.5 进样量

进样量取决于色谱柱的固定液含量。当进样量超过柱容量后，会导致柱效下降。最大允许进样量定义为柱效下降 10% 时的进样量。

最大允许进样量与柱长、柱内径及固定液含量有关。柱子越长，内径越粗，固定液含量越高，允许进样量就越大。增加固定液含量是增大柱容量的关键。其主要途径有：采用交联法增加液膜厚度；增加柱径，即采用大口径厚液膜柱；增大柱子内表面积，采用多孔层柱。

开管柱与填充柱的比较见表 1-5。

表 1-5 开管柱与填充柱的比较

项 目		填充柱	开管柱	
			WCOT	SCOT
色谱柱	内径/mm	2~4	0.1~0.8	0.5~0.8
	长度/m	0.5~5	10~150	10~100
	液膜厚度/μm	10	0.1~5	0.5~0.8
	渗透性常数 K_0	1~20	50~800	200~1000
	相比 β	6~35	100~1500	50~300
	总塔板数 n	~10^3	~10^6	
动力学方程式	方程式	$H=A+\dfrac{B}{u}+(C_g+C_1)u$	$H=\dfrac{B}{u}+(C_g+C_1)u$	
	涡流扩散项	$A=2\lambda d_p$	$A=0$	
	分子扩散项	$B=2\gamma D_g;\ \gamma=0.5\sim0.7$	$B=2D_g;\ \gamma=1$	
	气相传质项	$C_g=\dfrac{0.01k^2}{(1+k)^2}\cdot\dfrac{d_p^2}{D_g}$	$C_g=\dfrac{1+6k+11k^2}{24(1+k)^2}\cdot\dfrac{r^2}{D_g}$	
	液相传质项	$C_1=\dfrac{2k}{3(1+k)^2}\cdot\dfrac{d_f^2}{D_1}$	$C_1=\dfrac{2k}{3(1+k)^2}\cdot\dfrac{d_f^2}{D_1}$	
其他	进样量/μL	0.1~10	0.01~0.2	
	进样器	直接进样	附加分流装置	
	检测器	TCD，FID 等	常用 FID	
	柱制备	简单	复杂	
	定量结果	重现性较好	与分流器性能有关	

1.6 全二维气相色谱简介

常规气相色谱系统中使用一根色谱柱进行分离，属于一维气相色谱模式（1D-GC），适合于含有几十至几百个组分的样品分析。对于复杂体系的分离分析，使用常规的一维色谱分析法，仅仅通过提高柱效率或选择性都难以获得满意的分析结果。

全二维气相色谱（comprehensive two-dimensional gas chromatography，GC×GC）是 20 世纪 90 年代初发展起来的具有高分辨率、高灵敏度、高峰容量等优势的多维色谱分离技术，是传统气相色谱技术的一个重大突破。1990 年，Bushey 和 Jorgensen 等首次提出全二维色谱，并实现了排阻色谱-反相 HPLC 构建的全二维液相色谱，以及全二维液相色谱-毛细管电泳联用方法。1991 年，Liu 和 Phillips 使用在线热解吸调制器，开发出了一种新的二维气相色谱系统。由于该系统是将第一根色谱柱分离出的全部组分送入第二根色谱柱进行再次分离，而不是仅仅将被中心切割的部分组分送入第二柱，为了与传统的二维气相色谱（GC+GC）相区别，故将这个色谱分析系统命名为"全二维气相色谱（GC×GC）"。

全二维气相色谱是目前最强大的分离工具，在多成分复杂混合物的分析方面有着其他方法无法比拟的优势，越来越受到广大色谱工作者的重视。该技术出现后得到迅速发展，在石油化工、环境科学、香精香料、中医药、烟草、法医和新兴的代谢组学等领域发挥了独特作用。

1.6.1 全二维气相色谱原理

全二维气相色谱是把分离机理和尺寸各不相同的两根色谱柱以串联方式结合成二维气相色谱，在两根色谱柱之间装有一个调制器，对馏分起浓缩、聚焦、再进样的作用。经第一根色谱柱分离后的每一个馏分都要先进入调制器，在调制管中被厚液膜或低温保留，调制器根据设定的时间对馏分进行聚焦后，再以窄脉冲的方式快速发送到第二根色谱柱进行二次分离，具有快速响应和高频数据采集特质的检测器对第二根柱流出的组分进行检测，经专用软件处理后得到全二维气相色谱图，从而实现对极其复杂样品的高效分析。

通常情况下，两根色谱柱被安装在同一个柱箱内，使用完全相同的温度程序。但近几年一种双柱箱系统被引入到 GC×GC 中来，也就是将分离机理不同的两根色谱柱分别安装在两个柱箱内，使用各自独立的温度程序升温，见图 1-15。这样可以更灵活地控制每根色谱柱的温度，在分离方面有更多的选择，有利于获得更佳的分析效果。

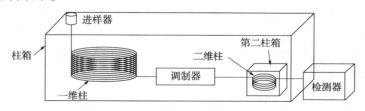

图 1-15 全二维气相色谱系统示意图

在常规的 1D-GC 色谱图中，是以保留时间为横坐标，信号强度为纵坐标，色谱流出曲线为山峰状，所有组分的色谱峰排列在一条保留值直线上。而在 GC×GC 中，谱图的生成过程要比 1D-GC 复杂得多，色谱图外观也有很大差别，是以第一根色谱柱上的保留时间为第一横坐标，第二根柱上的保留时间为第二横坐标，信号强度为纵坐标，构成的二维轮廓图或三维色谱图。根据图中色谱峰的位置和峰体积(或总峰面积)，对各组分进行定性和定量分析。

1.6.2　全二维气相色谱特点

与常规气相色谱相比，全二维气相色谱具有许多自身特点，主要体现在：

(1) 更高的分辨率和灵敏度

全二维气相色谱中的调制器能够连续捕获第一根色谱柱的流出物，经切割、聚焦后再以脉冲方式发送到第二根色谱柱进行快速分离，调制器相当于第二维进样器。因调制周期很短，发送频率很高，经聚焦调制后的馏分进入二维柱时类似于快速的塞式进样，由此消除了第二维谱带的展宽，再加上二维柱的分析速度非常快，使得出峰很窄(典型的基线峰宽是 100~600ms)，峰形更尖锐，因而可大幅度提高色谱分辨率和检测灵敏度。与通常的一维色谱相比，灵敏度提高 20~50 倍。

(2) 正交分离

正交分离能够充分利用两维的分离空间，使色谱分析的峰容量最大化。在全二维气相色谱中，各化合物首先在第一根非极性色谱柱上根据沸点不同进行第一维分离。在线性程序升温条件下，高沸点物质由于得到了温度补偿，且沸点越高获得的温度补偿越大，在一维柱上的保留值减小越多，会提早进入二维柱分离。在一维柱中因沸点相近而未分离的化合物，再根据极性大小进行第二维分离。此时，化合物得到了彻底的分离，这样就消除了两维相关，实现了真正的正交分离，同时充分利用了二维分离空间。全二维气相色谱的峰容量为两维柱峰容量的乘积，这也是其重要优势之一。如此高的峰容量为复杂样品的全分析奠定了基础，人们已用此技术一次进样从煤油中成功地分离出了 1 万多个色谱峰。

(3) 族分离特性和瓦片效应

在 GC×GC 独特的结构化色谱图上，组分的色谱峰按照同系物或异构体的不同，有规律地分布成容易识别的模式，整个谱图被明显地分割成不同的区带，每一区带代表特定的某一类化合物，不同类型的化合物分布在谱图的不同区域。具有相近的两维性质的化合物会在二维平面上聚成一族，即 GC×GC 的"族分离"特性。

同系物在第二维具有类似的保留值，在水平方向按沸点由低到高的顺序从左至右依次排列成直线；不同的族在垂直方向按照极性由小到大排列成自下而上的平行线；异构体成员则排列成一条斜线，并且随碳数的增加斜线位置向右平移，呈瓦片状分布，即"瓦片效应(tile effect)"，同一瓦片内极性自下而上增强。参见图1-16。

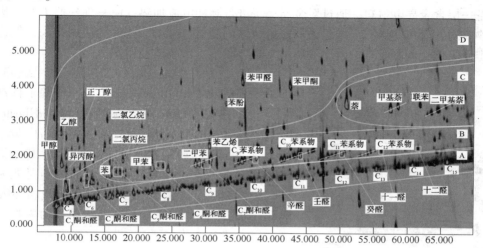

图1-16 大气样品GC×GC-FID谱图[7]

（化合物分布区域：A—烷烃和烯烃；B—芳香烃、醛和酮；C—多环芳烃；D—含氧有机物和卤代烃）

族分离特性和瓦片效应能够在色谱定性中起到重要的提示作用，有助于推断分子的立体构型、挥发性和极性等，且双保留值定性比单保留值定性的结果可靠，故GC×GC谱图的定性比1D-GC更加简单和准确，在族分离和未知物分类定性方面更具优势。

1.6.3 全二维气相色谱系统

全二维气相色谱系统主要由一维色谱柱、二维色谱柱、调制器、检测器等构成，其核心部件是两维色谱柱之间的接口，即调制器。

1.6.3.1 GC×GC调制器

在全二维气相色谱中，调制器起到对馏分捕集、聚焦、再传送的作用，相当于第二维色谱柱的连续脉冲进样器，其性能的优劣直接影响到全二维气相色谱分析优势的发挥。在GC×GC的发展进程中，调制器一直是研究重点，仪器的硬件开发主要集中在发展更可靠并易于操作的调制技术上。随着研究的深入，调制器也在不断更新和发展。这里简要介绍几种典型的调制器。

（1）热调制器

热调制器是全二维气相色谱中最早出现的调制形式。采用厚液膜固定相对一维柱的流出物进行捕集，通过瞬时升温的方法使被捕集的馏分快速脱附并导入二维色谱柱，达到再进样的目的。根据调制加热方式的不同，可分为脉冲电流加热的阻热式调制器和移动加热器加热的狭槽式调制器。

1991 年，Liu 等最初开发的 GC×GC 系统中采用的是脉冲电流加热的阻热式调制器。以一段载有厚液膜固定相的弹性石英毛细管作为调制管，在其外表面制备一层含金导电材料，通过对金属涂层进行脉冲电流加热，使一维柱捕集的分析物脱附并聚焦，导入二维色谱柱。虽然该调制器取得了一些好的应用结果，但稳定性欠佳，调制管外的金属涂层经常烧坏脱落，影响了使用寿命。

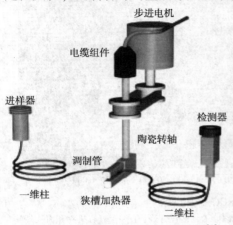

图 1-17　狭槽式调制器立体模型[9]

为克服金属涂层调制器的缺陷，1999 年，Phillips 等设计了一种基于移动加热技术的狭槽式调制器（slotted heater modulator），这是全二维气相色谱中最早的商品化调制器，其结构见图 1-17。该装置采用一个移动的狭槽加热器对调制管加热，由计算机控制的步进电机带动槽型加热器以一定速度转动，均匀扫过调制管并作短暂停留，此时调制管中被捕集的分析物在加热器和载气作用下迅速脱附，以"化学脉冲"的方式导入二维色谱柱。该调制器的优点是加热器热量足够大，加热温度稳定、可控。其主要缺点是一维柱的使用温度受限，调制参数的优化耗时较长。

（2）冷阱调制器

1998 年，Marriott 和 Kinghorn 在热调制基础上开发了纵向调制冷却系统（longitudinally modulated cryogenic system，LMCS），如图 1-18 所示。该系统主要由移动冷阱组成，将二维柱前端的一段毛细管用作调制管，以液态 CO_2 作为冷却剂，利用冷阱在调制管上的往复移动进行调制。当冷阱位于 T（trap，捕集）位时，从一维柱流出的一

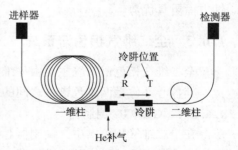

图 1-18　纵向调制冷却系统示意图[10]

小段分析物被捕集和聚焦在调制管的右端，每隔几秒钟，冷阱从 T 位快速移动到 R（release，释放）位，此时，调制管右端的冷却部位受到柱箱加热而迅速升温，被捕集的分析物立即释放出来进入二维柱分离；同时，从一维柱流出的第二段分析物在调制管左端被 R 位的冷阱捕集，避免了与前一周期中被释放的分析物在二维柱上重叠。此过程不断重复，直到一维柱的分析结束。该技术的优点是不需要对调制管进行额外加热，利用正常的色谱炉温即可使被捕集的分析物脱附。与狭槽式调制器相比，一维色谱柱的使用温度不受限制，能分析沸点更高的样品。缺

点是对挥发性物质的捕集不够理想，移动部件给使用带来了不便。

（3）冷喷调制器

2000 年，Ledford 和 Billesbach 发展了冷喷调制器（jet-cooled thermal modulation）。他们摒弃了移动部件，改用喷气调制，在调制管上分别设有两个冷喷口和两个热喷口（四喷口），以氮气为工作介质，将分析物在两个区域聚焦，利用冷、热气流交替喷射，实现对分析物的捕集、释放、再聚焦和二维进样。四喷口调制器的主要优点是：没有移动部件，调制效果好，分析柱的允许温度范围宽。不足之处在于：氮气消耗量高，对柱箱温度扰动大。

2000 年，ZOEX 公司根据该原理推出了第二代商品化调制器——直线型冷喷调制器 KT-2001。2002 年，该公司推出 KT-2003 环形冷喷调制器，设有一个冷喷口和一个热喷口（两喷口），结构简单，操作方便，降低了氮气消耗。之后又推出 ZX-1 和 ZX-2 两款升级产品。ZX-1 用液氮冷却，可以调制 $C_3 \sim C_7$ 的化合物；ZX-2 是冷却循环制冷，无需液氮，最低温度-90℃，可以调制 C_7 以上的化合物。

2001 年，Beens 报道了以液体 CO_2 为冷源的两级冷喷调制器（dual-stage CO_2 jet modulator），结构见图 1-19，主要由电磁阀、毛细管、喷嘴等组成。二维柱前端的一段毛细管用作调制管，通过两路电磁阀的定时交替开关控制液体 CO_2 的喷射，达到对作用点部位调制管的迅速冷却，实现对一维柱分析物的冷捕集。该调制器利用色谱炉温对冷捕集的馏分进行热脱附，省去了额外的加热装置，且冷却介质 CO_2 更廉价易得，降低了运行费用。

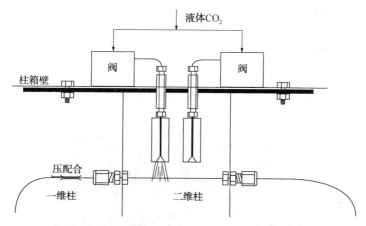

图 1-19　液体 CO_2 两级冷喷调制器示意图[14]

2002 年，Hyotylainen 等报道了具有旋转结构的两步冷捕集-电热解吸调制器。以液体 CO_2 为冷却介质，通过旋转结构以及两个喷嘴呈一定夹角的设置，使液体 CO_2 交替喷射到调制管上进行两步冷捕集，实现对分析物的聚焦；再利用程

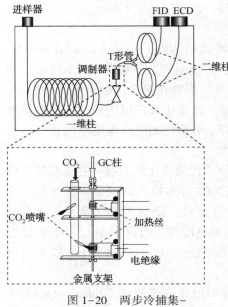

图 1-20 两步冷捕集-
电热解吸调制器示意图[15]

序控制的线圈电阻对冷却部位实施额外加热，使被捕集的分析物迅速解吸，完成冷捕集-电热解吸的两级调制过程。调制器的主要部件是一根可旋转的带有两个喷嘴的金属冷喷管，在调制管上设置了两个加热丝，用于强化解吸加热，装置结构见图1-20。该调制器优点在于液体 CO_2 的喷射没有延迟时间，捕集点周围加热丝的增设，使色谱峰变得更高、更窄、更对称。缺点是 CO_2 持续喷射的消耗量很大。

（4）固态热调制器

2012 年，Guan 等研制出基于半导体固态制冷（thermoelectric cooling）的热调制器，摒弃了液氮、液体 CO_2 等传统制冷剂，简化了色谱仪附属设备。2016 年，Luong 和 Guan 等报道了热独立调制器（thermal independent modulator，TiM），见图 1-21。该调制器整体安装在色谱柱箱外，具有独立的冷却（半导体制冷）与加热（云母片加热）系统，配合特别涂覆的移动式调制柱，实现了无制冷剂条件下的两级调制。TiM 设有一个冷区和两个热区（入口热区与出口热区）用于馏分的捕集和脱附。在位于中间的冷区内，两个半导体制冷片将一个铜块夹住，通过传导对其进行制冷，位于两侧的热区由云母片加热。调制柱穿过冷区和热区，两端分别与一维柱和二维柱连接，在电磁阀和抓手作用下，调制柱在三个温区内做往复运动，实施对一维柱馏分的两级调制。

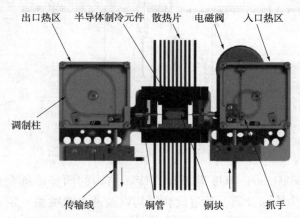

图 1-21 热独立调制器关键部件示意图[18]

2016 年，我国雪景科技（J&X Technologies）公司正式推出了基于上述原理的商品化固态热调制器（solid state modulator，SSM）SSM1800。该产品只使用一个半导体制冷片进行制冷，有多种适合不同沸点范围的调制柱可供选择，优化了运动和防磨损部件，提高了调制柱使用寿命。另一特点是增加了补气模式，允许对两维柱的流量条件进行独立优化，实现了两维柱流量完全解耦。SSM1800 是一款简捷、高效、便携、经济的模块化全二维气相色谱热调制器。2019 年，其升级产品 SSM1810 面世，结构更合理，调制方式更加多样化。

（5）阀调制器

1998 年，Bruckner 等提出了一种非热调制技术，即阀调制器（diaphragm-valve modulation）。采用一个六通隔膜阀作为调制器，通过隔膜阀的快速切换，把一维柱的一小段馏分经分流后送入二维柱。由于大部分馏分被分流放空，故检测灵敏度比其他调制技术低得多，不适用于微量分析。

2000 年，Seeley 等提出了差流调制技术（differential flow modulation）。该调制装置的主要部件是一个高速六通隔膜阀，由色谱仪主板控制的加热器为其加热，用一个三通电磁阀驱动六通隔膜阀的切换。差流调制装置简单、耐用，所需部件容易购得且不昂贵。但上述两种阀调制器的最高使用温度较低，只适于分析挥发性有机物，应用范围受限。

1.6.3.2　GC×GC 色谱柱

（1）色谱柱的组合

全二维气相色谱的分离系统由第一维和第二维两根色谱柱组成，为了建立正交分离条件，必须使用具有独立分离机制的第一维柱和第二维柱。在选择色谱柱时，主要考虑两个因素：一是分析物的挥发度；二是分析物与固定相之间的相互作用力，如氢键作用、π-π 作用、空间作用等。在一根非极性色谱柱上，挥发度是决定分离的唯一参数，因此组分会按照沸点顺序分离；而在其他性质的色谱柱上，分离既受组分与固定相之间的特殊相互作用力影响，又与沸点有关。因此，为了获得正交分离，第一维色谱柱必须是非极性的，从该柱流出的每一小段馏分中所包含的组分都具有非常相近的挥发度，它们在随后第二维柱的分离过程只需几秒钟，如此快速的分离相当于在恒温条件下进行。换句话说，因为每段馏分中组分的挥发度相等，在第二维的分离中没有沸点的贡献，只有组分与固定相的相互作用控制着保留，这就是真正的正交分离。

用于第一维色谱柱典型的固定相是：100%二甲基聚硅氧烷，或5%亚苯基-95%二甲基聚硅氧烷。实际工作中，第一维柱的选择还会参考常规的 1D-GC 优化出的色谱柱以及某些特殊柱子的保留指数数据库。用于第二维色谱柱典型的固定相是：35%～50%亚苯基-65%～50%二甲基聚硅氧烷、聚乙二醇（Carbowax）、碳硼烷(HT-8)和氰丙基苯基二甲基聚硅氧烷。

在全二维气相色谱中，若一维柱采用非极性柱，二维柱采用中等极性柱或极性柱，这种搭配方式称为"正向搭配"，是常用的柱组合方式；相反，若一维柱采用极性柱，二维柱采用非极性柱，称为"反向搭配"。针对同一样品采用不同的分析柱组合方式可得到不同的分离效果，在实际工作中可根据分析对象以及分析目的灵活选择。

（2）色谱柱的尺寸

一般来说，第一维柱使用常规毛细管柱的尺寸，其典型尺寸为$(15\sim30)$m×0.25mm i.d.。柱尺寸的选择还取决于所期望的分离度，通常可参考已有的1D-GC中优化出的色谱柱尺寸。由于第二维色谱柱上的分离必须在几秒钟内完成，且色谱峰的宽度要最小化，因此，要用细内径的毛细管短柱作第二维柱，其典型尺寸是$(0.5\sim2)$m×$(0.05\sim0.1)$mm i.d.。

（3）色谱柱载气流速与温度程序

由于GC×GC中两根柱子被串联，载气流速不能独立选择，所选用的载气流速必须两根柱子都要兼顾。一维柱的线速度通常较低，典型流速为30cm/s。在第二根细毛细管柱上的线速度往往高于100cm/s，即远高于最佳线速度，但并不会使柱效率明显下降，因Van Deemter曲线对于细管柱的斜率较为平坦。为了使第一维柱流出的每个色谱峰至少被调制4次，GC×GC中程序升温速率通常低于常规的1D-GC，仅为0.5~5℃/min。在两个柱子带有独立温控的GC×GC系统中，第二维柱通常采用同样的温度程序，但一般比第一维柱的温度高20~30℃。

1.6.3.3 GC×GC 检测器

全二维气相色谱系统对检测器提出了更高的要求。由于GC×GC中第二根柱很短且线速度高，在二维柱上的分离相当快，流出物典型的基线峰宽一般在100~600ms。检测如此窄的色谱峰，必须使用死体积小、信号响应快、数据采集频率足够高的快速检测器，以确保第二维色谱图的准确构建。

现代FID的死体积几乎可以忽略，并且能以50~200Hz的频率采集数据，符合GC×GC对于检测器特质的要求，是最早应用于GC×GC系统的检测器。微型电子捕获检测器(μECD)也被用于GC×GC系统，但其内部体积约为30~150μL，会引起一定的谱带展宽。上述两种检测器均可用于GC×GC系统，但不能获得物质的结构信息。

质谱仪是GC中最好的结构鉴定工具，能大幅度提高对分析物的定性能力。传统的四极杆质谱扫描速度慢，不能满足GC×GC的检测要求。飞行时间质谱(TOF-MS)能产生50张/s以上的质谱谱图，最快可达500次/s的扫描速度，能精确处理快速GC得到的窄峰，是目前最理想的GC×GC检测器。

参 考 文 献

［1］魏福祥，韩菊，刘宝友. 仪器分析［M］. 北京：中国石化出版社，2018.

［2］刘虎威，傅若农. 色谱分析发展简史及其给我们的启示［J］. 色谱，2019，37（4）：348-357.

［3］李启隆，迟锡增，曾泳淮，等. 仪器分析［M］. 北京：北京师范大学出版社，1990.

［4］傅若农. 色谱分析概论(第二版)［M］. 北京：化学工业出版社，2005.

［5］傅若农. 气相色谱近年的发展［J］. 色谱，2009，27(5)：584-591.

［6］许国旺，叶芬，孔宏伟，等. 全二维气相色谱技术及其进展［J］. 色谱，2001，19（2）：132-136.

［7］王瑛，徐晓斌，毛婷，等. 大气有机物热脱附-全二维气相色谱-火焰离子化分析方法［J］. 中国科学：化学，2012，42(2)：164-174.

［8］Liu Z, Phillips J B. Comprehensive two-dimensional gas chromatography using an on-column thermal modulator interface［J］. Journal of Chromatographic Science, 1991, 29：227-231.

［9］Phillips J B, Gaines R B, Blomberg J, et al. A robust thermal modulator for comprehensive two-dimensional gas chromatography［J］. Journal of High Resolution Chromatography, 1999, 22（1）：3-10.

［10］Kinghorn R M, Marriott P J. Comprehensive two-dimensional gas chromatography using a modulating cryogenic trap［J］. Journal of High Resolution Chromatography, 1998, 21（11）：620-622.

［11］Kinghorn R M, Marriott P J. High speed cryogenic modulation-a technology enabling comprehensive multidimensional gas chromatography［J］. Journal of High Resolution Chromatography, 1999, 22(4)：235-238.

［12］Kinghorn R M, Marriott P J. Design and implementation of comprehensive gas chromatography with cryogenic modulation［J］. Journal of High Resolution Chromatography, 2000, 23（3）：245-252.

［13］Ledford E B, Billesbach C. Jet-cooled thermal modulator for comprehensive multidimensional gas chromatography［J］. Journal of High Resolution Chromatography, 2000, 23(3)：202-204.

［14］Beens J, Adahchour M, Vreuls R J J, et al. Simple, non-moving modulation interface for comprehensive two-dimensional gas chromatography［J］. Journal of Chromatography A, 2001, 919：127-132.

［15］Hyotylainen T, Kallio M, Hartonen K, et al. Modulator design for comprehensive two-dimensional gas chromatography：quantitative analysis of polyaromatic hydrocarbons and polychlorinated biphenyls［J］. Analytical Chemistry, 2002, 74(17)：4441-4446.

［16］Guan X, Xu Q. Thermal modulation device for two dimensional gas chromatography［P］. United States Patent 8277544B2, 2012.

［17］官晓胜. 用于全二维气相色谱的半导体制冷固态热调制器［C］. 第二十届全国色谱学术报告会及仪器展览会论文集(第二分册)，西安，2015.

［18］Luong J, Guan X, Xu S, et al. Thermal independent modulator for comprehensive two-dimensional gas chromatography[J]. Analytical Chemistry, 2016, 88: 8428-8432.

[19] Bruckner C A, Prazen B J, Synovec R E. Comprehensive two-dimensional high-speed gas chromatography with chemometric analysis [J]. Analytical Chemistry, 1998, 70 (14): 2796-2804.

[20] Seeley J V, Kramp F, Hicks C J, et al. Comprehensive two-dimensional gas chromatography via differential flow modulation[J]. Analytical Chemistry, 2000, 72(18): 4346-4352.

[21] Bahaghighat H D, Freye C E, Synovec R E. Recent advances in modulator technology for comprehensive two dimensional gas chromatography[J]. Trends in Analytical Chemistry, 2019, 113: 379-391.

第2章　微型气相色谱概述

自 20 世纪 50 年代以来，气相色谱得到了迅速发展，色谱仪器在分辨率、灵敏度、分析速度、自动化程度等方面都已发展得相当成熟，作为一种功能强大的分析仪器，在科研和生产中获得了广泛应用。但常规气相色谱仪体积大、重量沉、功耗高，只适用于在实验室中使用，而某些行业，如工业生产中气体原料的质量控制、油气田野外勘探中气体组成的分析、环境监测中突发污染事件的应急监测、太空探测中化学物质的原位分析、航天器舱室中的气体监测、国防安全中战地化学武器的现场快速分析等，实验室常规气相色谱仪不能满足要求，这就需要使用小型、轻便、快速的气相色谱仪进行分析。在现代高科技和实际需要的推动下，色谱仪的小型化、微型化、便携化成为一个重要的发展趋势。航空航天领域对气体和挥发性物质测定的需求，促进了高效、快速、小体积、低功耗和低物耗的微型气相色谱（μGC）的发展。

微型气相色谱就是将微加工技术与色谱仪器原理相结合，用新概念、新材料和集成化方法来设计和制造色谱仪，其研究目标是在保留气相色谱强大的分离、定量能力的同时，摒弃常规气相色谱仪具有的体积庞大、笨重、功耗高的仪器特征，利用现代微加工技术，实现仪器的微型化、便携化，并消除由于样品在时间和空间上的改变而带来的分析误差，满足野外、在线、快速分析的要求[1]。

1979 年，美国斯坦福大学的 Terry 等[2] 对 μGC 进行了开创性的工作，利用微加工技术研制出世界上第一个微型气相色谱系统，仪器尺寸比实验室常规气相色谱仪缩减了近 3 个量级，在不到 10s 的时间内快速分离了 8 组分的混合物，使气相色谱仪的微型化成为可能，由此开启了一个 GC 分析的新时代[3]。

他们研制的 μGC 系统由四部分构成：载气系统、进样系统、色谱分离柱、检测器及数据处理系统，其主要部件实现了微型化，加工、集成在一块直径 5cm 的主体硅片上，见图 2-1。首先采用标准光刻和化学刻蚀工艺，在直径 5cm、厚 200μm、(100) 晶面的主体硅片上加工出微型色谱柱的圆形螺旋沟槽（深 30μm×宽 200μm×长 1.5m），随后将硅片与 Pyrex 玻璃盖片阳极键合，密封通道，获得横截面大致为矩形的微型气相色谱柱，通道内涂覆 OV-101 固定相 [图 2-1(b)]。在主体硅片的背面制备微型进样阀，进样体积为 4nL。在另一块硅片上单独加工微型热导池检测器芯片（μTCD），热敏元件为 0.1μm 厚的镍薄膜电阻，然后将其集成到主体硅片上，构建成微型气相色谱系统。以氦气作载气，该系统在约 5s

的时间内使氮气、戊烷和己烷混合物完全分离；在不到 10s 的时间内分离了由直链和支链碳氢化合物及氯代烃构成的 8 组分混合物[图 2-1(c)]，检出限约为 10×10^{-6}。

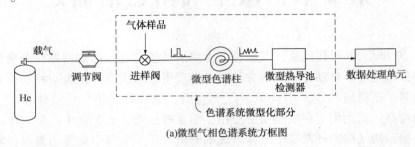

(a)微型气相色谱系统方框图

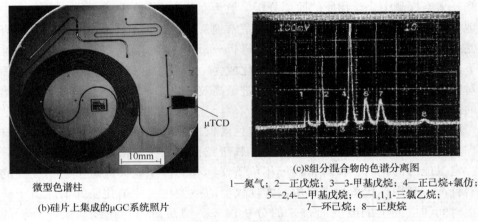

微型色谱柱

(b)硅片上集成的μGC系统照片

(c)8组分混合物的色谱分离图

1—氮气；2—正戊烷；3—3-甲基戊烷；4—正己烷+氯仿；
5—2,4-二甲基戊烷；6—1,1,1-三氯乙烷；
7—环己烷；8—正庚烷

图 2-1 第一个微型气相色谱系统[2,3]

20 世纪 90 年代，微型气相色谱引起了广泛重视并得到快速发展。1994 年，Reston 等[4]报道了一个分离检测气态混合物 NH_3 和 NO_2 的微型气相色谱系统，称为 MMGC(micromachined gas chromatography)，见图 2-2。该系统由五部分构成：载气系统、进样系统、色谱柱、检测器、数据处理系统，其中的色谱柱、检测器、进样器接口均采用硅微加工技术和集成电路工艺制备，实现了微型化。首先采用不同的化学刻蚀工艺，分别在硅晶片和硼硅玻璃晶片上刻蚀色谱柱的螺旋形沟槽(深 10μm×宽 300μm×长 0.9m)，随后在沟槽内升华沉积 0.2μm 厚的铜酞菁(CuPc)固定相，再将硅片与玻璃盖片阳极键合，获得固定相均匀分布的微型气相色谱柱。采用双检测器(CuPc 化学阻抗检测器和热导池检测器)配置，以集成电路工艺制备化学阻抗检测器，并在该检测器腔体内升华沉积 CuPc 敏感膜作为主检测器；在色谱柱硅片上化学刻蚀 20nL 的 μTCD 腔体，装入直径 125μm 的热敏电阻珠作为二次检测器，再将两个检测器集成在一起。进样器接口刻蚀在色谱柱硅片的背面，然后装配商品气体进样阀(定量环体积 10μL)。该微型气相色谱系统整机尺寸约 10cm×10cm×2.5mm，能够在 30min 内分离和检测 10^{-6} 量级的 NH_3 和 NO_2。

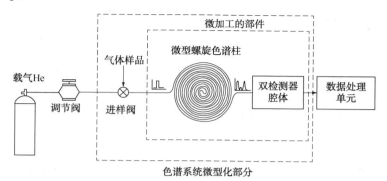

图 2-2 MMGC 系统方框图[4]

随着社会对微型气相色谱需求的不断提升，众多不同专业的研究人员加入微型气相色谱的研究行列，有力地促进了 μGC 的发展。特别是近十几年，随着微加工技术的快速发展，以及新材料的不断出现，微型气相色谱得到了广泛研究并取得了长足进步，新的研究成果不断出现，使其成为极富活力的研究领域之一。

与常规气相色谱仪的组成类似，μGC 系统一般也由气路系统、进样系统、分离系统、检测系统、数据处理系统等子系统构成，其中的重要部件有：微型气相色谱柱、微型气相色谱检测器、微型进样器/气体富集器等，将这些微型器件按照一定的工艺进行混合集成或单片集成，即构成完整的 μGC 系统。目前，微型气相色谱的研究热点主要集中于各部件的加工制造与系统集成，包括各部件的结构设计、材料选择、微加工技术与工艺、集成技术与方式等，研究目标是在高速度、高效能、低能耗、低物耗、自动化的基础上，实现 μGC 系统的微型化、集成化、智能化。

微型气相色谱在我国也得到重视和发展。中国科学院大连化学物理研究所自 1992 年开始研究微型气相色谱，于 1996 年研制出国内首台微型气相色谱仪，主机尺寸为 16cm×16cm×2cm，重 200g[5]。2012 年，他们承担了"空间站在线 VOC（挥发性有机化合物）分析仪器"科研项目。该装置用于连续在线地监测空间站密封舱内的空气质量，分析舱内的痕量挥发性有机组分，为空间站内工作的宇航员提供安全的环境保障。在攻克了小样品量样品富集、低功耗热解吸、低功耗毛细管色谱程序升温、高灵敏抗氧化固态热导检测器等一系列关键技术后，于 2017 年成功研制出空间站舱内在线气相色谱仪，仪器的重量仅为 8kg，功耗为 40W，检测下限为 $0.03×10^{-6}$，达到了国际最高水准[6]。除此之外，中国科学院电子学研究所、中国科学院上海微系统与信息技术研究所、中国人民解放军防化研究院第四研究所、中国科学院大学、清华大学、电子科技大学等众多科研院所和高等

院校都在积极开展 μGC 方面的研究，并取得了可喜的成果。国内的仪器制造商也推出了自己的产品。随着微型气相色谱仪在体积、功耗和性能等方面的不断改善，它将成为解决实际分析难题的一个强有力工具。

参 考 文 献

［1］关亚风，王建伟，段春风. 微型气相色谱研究进展［J］. 色谱，2009，27(5)：592-597.

［2］Terry S C, Jerman J H, Angell J B. A gas chromatographic air analyzer fabricated on a silicon wafer［J］. IEEE Transactions on Electron Devices，1979，26(12)：1880-1886.

［3］Ghosh A, Vilorio C R, Hawkins A R, et al. Microchip gas chromatography columns, interfacing and performance［J］. Talanta, 2018, 188：463-492.

［4］Reston R R, Kolesar E S. Silicon-micromachined gas chromatography system used to separate and detect ammonia and nitrogen dioxide-part I：Design, fabrication, and integration of the gas chromatography system［J］. Journal of Microelectromechanical Systems, 1994, 3(4)：134-146.

［5］关亚风. 微型气相色谱仪的研制［J］. 抚顺石油学院学报，1996，16(3)：43-46.

［6］关亚风. 行星着陆探测有机组分的仪器研究［J］. 光学与光电技术，2017，15(3)：1-5.

第3章 现代微加工技术基础

微型气相色谱有别于常规气相色谱，它既涵盖色谱法相关理论，又涉及大量的现代微加工技术，是极具学科交叉性的研究领域。μGC 系统需要在色谱理论指导下，采用微加工技术进行设计和制造，其中普遍采用的是微机电系统(micro electro mechanical system，MEMS)技术。MEMS 是 20 世纪 80 年代发展起来的一门新兴的、高技术的交叉学科，涉及物理、化学、力学、光学、电子学、材料学、生物医学、控制工程等多个技术学科。它继承了集成电路(IC)技术革命的成果，是微电子技术的拓宽和延伸。它将微电子技术与微机械加工技术相互融合，实现了微电子与机械系统的一体化，从而形成了一个崭新的、极具应用前景的高新技术领域，也是 21 世纪最重要的科技领域和主要的支柱技术之一。

MEMS 技术是指对微米/纳米材料进行设计、加工、制造、测量和控制的技术，是在微电子器件制造所采用的平面工艺技术的基础上，进一步融入体微机械加工技术，并把两者结合起来的微制造技术。MEMS 加工中使用的主要材料有：硅、锗、砷化镓、石英、金属、塑料、陶瓷等，其所制造器件的特征尺寸在 1～1000μm 之间，具有微型化、集成化、低能耗、可批量生产等特点。硅是最常用的微加工材料，通过 MEMS 技术可以在硅晶片上制造出具有三维特征的微细结构，如微通道、微梁、微阀、微孔等用常规机械加工方法不能实现的机械结构。μGC 系统中各部件的制造与集成均可采用 MEMS 技术实现。

MEMS 加工技术主要包括：硅表面微加工、体硅微细加工、LIGA(光刻、电铸、模压)技术、超精密机械加工等。

硅表面微加工技术主要通过在硅片上生长氧化硅、氮化硅、多晶硅等多层薄膜来完成 MEMS 器件的制作。表面微加工技术是在 IC 平面工艺基础上发展起来的一种 MEMS 工艺技术。它利用硅平面上不同材料的顺序淀积和选择腐蚀来形成各种微结构。其基本思路是：先在基片上淀积一层称为牺牲层的材料，然后在牺牲层上面淀积一层结构层并加工成所需图形。在结构加工成形后，通过选择性刻蚀的方法将牺牲层腐蚀掉，使结构材料悬空于基片之上，便形成了各种形状的二维或三维结构。

体硅微加工是对硅晶片进行一定深度的三维刻蚀加工，通过去除部分基体或衬底材料来形成所需的三维立体微结构。故体硅微加工技术主要指各种刻蚀(或腐蚀)技术。

LIGA 是一种基于 X 射线光刻技术的 MEMS 加工技术。它能够加工高深宽比、低表面粗糙度、垂直侧壁的微结构，且不受材料特性和结晶方向的限制，可以制造由各种金属材料，如镍、铜、金、合金，以及塑料、玻璃、陶瓷等材料制成的微机械机构。

这里简要介绍基础的 MEMS 加工技术[1-5]。

3.1 光刻

光刻(optical lighography)是利用特定波长的光通过掩膜版上的图形窗口，照射衬底上涂覆的敏感薄膜(光致抗蚀剂或称光刻胶)，在衬底上形成所需图形的一种方法。通过光刻工艺可以将预制在光刻掩膜版上的图形"复制"到衬底上，实现图形转移。光刻工艺是一种图形复印同刻蚀相结合的综合性技术。它先用照相复印的方法，将光刻掩膜的图形精确地复印到表面涂有光刻胶的待刻蚀衬底上，然后在光刻胶的保护下对待刻蚀衬底进行选择性刻蚀，从而把图形从光刻掩膜版上转移到衬底上，制备出合乎要求的图形。衬底材料通常由单晶硅、二氧化硅、氮化硅等构成。

光刻是微电子加工中一项非常重要的技术，是制造微结构或微器件的基础。光刻工艺主要包括以下步骤：掩膜版制作、衬底材料表面预处理、涂胶、前烘、对准与曝光、显影、后烘、刻蚀、除胶。典型的光刻工艺流程如图 3-1 所示。

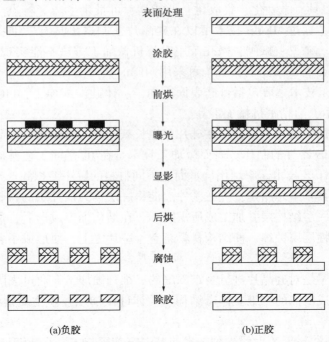

图 3-1 典型的光刻工艺流程[2]

3.1.1　掩膜版制作

进行光刻时，需要一块具有特定几何图形的光刻掩膜版(俗称光刻版)，它是光刻工艺加工的基准。根据器件的参数要求，首先进行计算机辅助图形设计，然后按照设计好的图形经电子束曝光机制作掩膜版。常用人造石英作为掩膜版材料，其上覆盖一层硬质材料，如铬、氧化铬、氧化铁等。

3.1.2　衬底材料表面预处理

衬底材料的表面清洁度、表面性质和平面度对光刻质量均有影响，只有清洁、干燥的衬底表面才能与光刻胶保持良好的粘附，这是保证光刻质量的重要条件。因此，光刻前需要对衬底材料表面进行预处理。针对衬底表面的颗粒和有机物、离子、金属杂质等，通常采取打磨、抛光、脱脂、酸洗、水洗等方法进行光整和净化处理，可用 HF 化学液清洗衬底表面的氧化层，用强酸清洗金属离子，用乙醇清洗去除有机物。

3.1.3　涂胶

涂胶就是将光刻胶均匀地涂覆在衬底表面，常采用甩胶法进行。将晶片安置在甩胶机的旋转头上，在晶片中心滴少量胶，然后旋转头以每分钟数千转的速度旋转，在离心力的作用下，光刻胶均匀分布于整个晶片表面。胶层的厚度通常在 $0.5 \sim 2\mu m$，某些特殊情况下，胶层厚度也可达到毫米级。

光刻胶是一种光敏有机物，经光照后材料发生变化，实现与衬底之间的腐蚀选择，形成同掩膜版相同的图形结构功能。

光刻胶分为正胶与负胶。通过显影改变其溶解性，将感光部分保留下来，得到与掩膜版一致的图形，这种胶称为正胶；反之，处于阴影的部分易溶解，得到同掩膜版相反的图形，称为负胶。正胶比负胶更能显示图形边界，因此，正胶可以获得更高的分辨率。

涂胶要求膜厚均匀，胶同衬底的粘附性好。为了增加粘附性，可以在衬底和光刻胶之间填充增粘剂，如：二甲基二氯硅烷和六甲基二硅亚胺。

3.1.4　前烘

前烘又称软烘焙。其主要目的是去除胶层内的溶剂，使光刻胶膜干燥，提高胶同衬底间的粘附力及胶膜的耐磨性，以保证曝光时化学反应的充分性。理想的前烘方式必须具有温度均匀、溶剂去除迅速洁净、生产效率高的特点。前烘方式主要有三种：烘箱对流加热、红外线辐射加热和热板传导加热。

3.1.5　对准与曝光

对准与曝光是光刻工艺中最关键的工序。将掩膜版与晶圆精确对准后，使光源光线透过掩膜版对光刻胶进行照射，在受到光照的部位，光刻胶性质将发生变化。

光刻胶对波长范围 300～500nm 的光敏感。目前使用的光源主要有光学光、极紫外线、X 射线、电子束、离子束，最常用的紫外线光源是高压汞灯。曝光方式主要有接触式、接近式和投影式。

曝光的目的是用尽可能短的时间使光刻胶充分感光，在显影后得到尽可能高的留膜率，近似于垂直的光刻胶侧壁和可控的条宽。影响曝光质量的因素有：对准的精度、曝光强度和曝光时间。

3.1.6 显影

显影是用溶剂除去曝光部分(正胶)或未曝光部分(负胶)的光刻胶，在硅片上形成所需的光刻胶图形。

常用的显影方式有两种：浸渍显影和旋转喷雾显影。旋转喷雾显影靠高压氮气将流经喷嘴的显影液打成微小的液珠，喷射到旋转的硅片表面，显影液在数秒钟内就能均匀地覆盖整个硅片表面。

影响显影效果的主要是前烘温度与时间、曝光时间、显影液浓度与光刻胶厚度。

3.1.7 后烘

后烘又称硬烘焙或坚膜。其目的是去除显影后胶层内残留的溶液，固化光刻胶。充分的后烘可提高光刻胶与衬底间的粘附力及胶膜的抗蚀性。

后烘方式及设备与前烘基本相同。

3.1.8 刻蚀

以硬烘焙后的光刻胶作为掩膜层，对衬底实行干法或湿法刻蚀。刻蚀也称腐蚀，是为了去除显影后裸露出来的介质层，从而得到期望的图形。覆盖在硅片上的介质层主要有二氧化硅、氮化硅等绝缘膜，多晶硅等半导体膜，以及铝等金属膜。刻蚀工艺分为使用化学试剂的湿法刻蚀和使用气体的干法刻蚀。

3.1.9 除胶

用干法刻蚀或湿法刻蚀的方法去除光刻胶。

3.2 热氧化

在 MEMS 制造中，二氧化硅是一种多用途的基本材料，常用作电绝缘层、牺牲层和掩膜。在硅基上产生二氧化硅层的经济方法就是热氧化。该工艺的化学反应如下：

$$Si_{(固)} + O_{2(气)} === SiO_{2(固)}$$
$$Si_{(固)} + 2H_2O_{(蒸汽)} === SiO_{2(固)} + 2H_{2(气)}$$

二氧化硅是在电阻炉中通过热氧化形成的。制备时，将晶片置于熔融石英盒中，盒子被推进已加热到温度为 900～1200℃ 的石英熔炉中。然后，向待氧化的晶片表面通入氧气或水蒸气，通过控制氧化时间、温度及气流大小等条件，来获得预期质量和厚度的二氧化硅层。由于氧化速率随着氧化膜厚的增加而下降，该工艺获得的最大实用薄膜厚度低于 $2\mu m$。

3.3 沉积

沉积又称淀积，即往基底表面或其他部件上添加一层薄膜。在 MEMS 制造中，很多情况下需要在基底上加上一层薄膜，这些薄膜的材料可以是有机物或无机物，包括金属及其化合物，如铝、银、金、铂、铜等，以及具有记忆功能的合金材料 TiNi 和压电材料 ZnO 等。因此，薄膜沉积是 MEMS 中一种应用非常普遍的工艺。

常用的沉积方法有两种：化学气相沉积（chemical vapor deposition，CVD）和物理气相沉积（physical vapor deposition，PVD）。

3.3.1 化学气相沉积（CVD）

化学气相沉积是利用一种或数种物质的气体，以某种方法激活，在衬底表面发生化学反应，生成所需的固体薄膜。其工作原理是：携带反应物的气体（载体气）流过热固体表面时，表面温度提供的能量引起气体中反应物的化学反应，在反应中和反应后形成了薄膜，沉积于基底表面。然后，将化学反应的副产物排出。

二氧化硅、氮化硅、多晶硅是 MEMS 中最常用的薄膜，采用 CVD 工艺制备它们的化学反应如下：

二氧化硅沉积 可用的反应物有 SiH_4、$SiCl_4$、$SiBr_4$、SiH_2Cl_2，载体气有 O_2、NO、NO_2。最常用的反应物和载体气是 SiH_4 与 O_2，反应温度范围 400～500℃，反应式为：

$$SiH_4 + O_2 === SiO_2 + 2H_2$$

氮化硅沉积 氨是一种常用于在硅基上沉积氮化硅的载体气。有三种反应制备氮化硅薄膜：

$$3SiH_4 + 4NH_3 === Si_3N_4 + 12H_2$$

$$3SiCl_4+4NH_3 \xrightarrow{\quad\quad} Si_3N_4+12HCl$$

$$3SiH_2Cl_2+4NH_3 \xrightarrow{\quad\quad} Si_3N_4+6HCl+6H_2$$

多晶硅沉积　多晶硅层是由不同尺寸的单晶硅组成,其沉积是一个热解过程,反应为:

$$SiH_4 \xrightarrow{\quad\quad} Si+2H_2$$

目前,进行化学气相沉积的方法主要有:常压化学气相沉积(atmospheric pressure chemical vapor deposition, APCVD)、低压化学气相沉积(low pressure chemical vapor deposition, LPCVD)、等离子增强化学气相沉积(plasma enhanced chemical vapor deposition, PECVD)。

(1)常压化学气相沉积(APCVD)

APCVD 在常压下进行薄膜沉积,操作比较简单,温度要求较低,生产速率高,但台阶覆盖性和膜表面均匀性差,主要用于掺杂或不掺杂的二氧化硅沉积。

(2)低压化学气相沉积(LPCVD)

LPCVD 沉积在低气压条件下进行,反应室必须真空密闭。本法的特点是膜厚均匀性好,可获得保形台阶覆盖,单批装片量大,有利于降低生产成本。多用于氮化硅和多晶硅的沉积。

(3)等离子增强化学气相沉积(PECVD)

APCVD 和 LPCVD 都需要较高的工作温度,以保证有足够的能量来激发薄膜沉积的化学反应。但高温有时会导致某些基底受损,尤其是镀过金属的基底,不适于用上述两种方法沉积薄膜。

PECVD 是利用无线射频等离子体将能量传递到反应物气体中,故可以在较低温度下实现薄膜沉积。例如,用 LPCVD 沉积 Si_3N_4 的反应温度通常高于 $700℃$,而采用 PECVD 时只需 $200\sim350℃$。PECVD 的特点是所需的沉积温度低,主要用于钝化的二氧化硅和氮化硅的沉积。

3.3.2　物理气相沉积(PVD)

物理气相沉积是通过能量或动量使被沉积的原子逸出,落到衬底上面,沉积成所需薄膜。物理气相沉积可分为真空蒸发、溅射、离子束外延、分子束外延等方法。

(1)真空蒸发法

真空蒸发法又称真空蒸镀法,加工过程要在真空中进行。在蒸发之前,首先给基片加热清洗,消除杂质。然后,将要蒸发的材料置于坩埚中,利用热源或电子束等能源进行加热,使材料蒸发。最后,蒸发产生的大量原子到达基片表面,沉积成薄膜。该方法常用于蒸发铝或铝合金等熔点较低的材料,以形成铝膜。

真空蒸发法的优点是薄膜生长过程容易控制,可用来制备高纯度的薄膜层,其缺点是薄膜的附着性较差。

（2）溅射法

溅射法是在真空室中充入惰性气体（如氩气），在强电场作用下使惰性气体的分子电离而形成等离子体。将待溅射物质制成靶并且置于阴极，等离子体中的正离子受强电场的加速，形成高能量的离子流去轰击靶面。当离子的动能超过靶原子的结合能时，就会使靶表面的原子脱离靶面溅射出来，沉积到位于阳极工作台的基片表面，形成薄膜。

溅射法中采用的溅射方式有射频溅射、直流溅射、反应溅射等多种。其中射频溅射应用广泛，不仅可溅射金属膜、合金薄膜，也可溅射介质薄膜。与真空蒸镀法相比，溅射法形成的薄膜更牢固，并能制备出高熔点的金属膜和化合膜，缺点是设备复杂，成膜速度较慢。

3.4　刻蚀

选择性地清除衬底表面层上无掩膜遮蔽部分的工艺过程称为刻蚀（etching）。刻蚀可以完成 MEMS 中各种三维微结构的几何形状，是体硅微加工的重要手段。

在微制造中，一般有两种刻蚀工艺：湿法刻蚀与干法刻蚀。湿法刻蚀具有工艺设备简单、选择比高、刻蚀速率快、成本低等优点，但分辨率不高，对条宽的精确控制较差。湿法刻蚀工艺常被用来进行清洗、三维结构成型、去除表面损伤、定义结构及组件形状，其刻蚀的材料包括半导体、导体及绝缘体。20 世纪90 年代中后期，MEMS 体硅加工技术得到了飞速发展，干法刻蚀工艺逐渐占有重要地位并被广泛应用。与湿法刻蚀相比，干法刻蚀具有分辨率高、刻蚀能力强、刻蚀均匀性重复性好、易于实现自动化的优点。

3.4.1　湿法刻蚀

湿法刻蚀是将表面覆盖有掩膜的基底浸泡在化学刻蚀剂中，镂空处的基底材料与刻蚀剂发生化学反应而被溶解。在一定时间后，达到所需要的刻蚀深度，获得微结构。

湿法刻蚀属于化学刻蚀，即裸露部分的基底材料先被刻蚀剂氧化，然后由化学反应使其生成一种或多种氧化物再溶解。该刻蚀过程分为三步：

第一步，反应物迁移至反应表面；

第二步，进行表面反应；

第三步，反应产物从反应表面移除。

如果刻蚀速率取决于第一步或第三步，称为扩散限制型，此时搅拌有助于提高刻蚀速率。如果第二步决定着刻蚀速率，属于界面反应限制型，受温度、刻蚀材料、刻蚀剂成分影响较大。常用的刻蚀设备一般都具备优良的温度控制和可靠的搅拌功能，以保证刻蚀工艺的稳定性和重复性。

刻蚀中如果在单晶硅各个晶向上的刻蚀速率是均匀的，则称为各向同性刻蚀；而刻蚀速率取决于晶体取向的，则称为各向异性刻蚀。各向同性刻蚀的特点是扩散限制，而各向异性刻蚀的特点是表面反应限制。在这两种刻蚀中，主要反应是硅氧化反应和随后的水合硅酸盐的溶解。

（1）各向同性刻蚀

各向同性刻蚀在各个晶向上的刻蚀速率相同，选用强酸刻蚀剂会得到圆形的刻蚀外观，被广泛用于：去除工作受损面；为各向异性刻蚀图形倒圆角；干法或各向异性刻蚀后的表面抛光；图形化单晶硅、多晶硅、无定形硅等。

硅的各向同性刻蚀中，最常用的刻蚀剂是氢氟酸-硝酸-水或乙酸（HNA 系统）。在 HNA 系统中，刻蚀硅的机理是：硝酸与硅发生氧化反应，生成二氧化硅，然后由氢氟酸将二氧化硅溶解，其总反应式为：

$$Si+HNO_3+6HF \Longrightarrow H_2SiF_6+HNO_2+H_2O+H_2 \uparrow$$

在各向同性刻蚀中，影响刻蚀速率的因素有：刻蚀剂成分、电极电位、温度、缓冲剂、掺杂、超声或搅拌、光照等。掩膜材料有：热生长 SiO_2、光刻胶、LPCVD Si_3N_4 等。

（2）各向异性刻蚀

各向异性刻蚀是指刻蚀剂对某一晶向的刻蚀速率高于其他方向的刻蚀速率，其刻蚀结果的形貌由刻蚀速率最慢的面决定，能够精确定义晶面。基于硅的这种腐蚀特性，可以在硅衬底上加工出各种各样的微结构，如 V 形槽、悬臂梁、通道、桥等。各向异性刻蚀技术的发展解决了各向同性刻蚀中对横向尺寸控制较差的不足，使得精确控制刻蚀侧壁的形貌成为可能。因而，各向异性刻蚀在 MEMS 制造中占有重要地位。

各向异性刻蚀剂分为两大类：一类是有机刻蚀剂，包括乙二胺-邻苯二酚-水（EPW 或 EDP 系统）、四甲基氢氧化铵（TMAH）、联氨等；另一类是无机碱性刻蚀剂，如氢氧化钾、氢氧化钠、氢氧化锂、氢氧化铵等。

EPW 系统是常用的有机刻蚀剂，其刻蚀原理是：乙二胺和水使硅氧化为 $Si(OH)_6^{2-}$ 离子，而邻苯二酚则起络合剂作用，最终将硅片上的硅原子转移到溶液中，实现对硅衬底的刻蚀。整个反应过程可表示为：

$$NH_2(CH_2)_2NH_2+Si+3C_6H_4(OH)_2 \Longrightarrow {}^+NH_3(CH_2)_2NH_3^+ +Si(C_6H_4O_2)_3^{2-}+2H_2 \uparrow$$

无机刻蚀剂中的氢氧化钾是各向异性刻蚀中一种重要的刻蚀剂。常用不同配比的氢氧化钾-水混合液以及氢氧化钾-水-异丙醇（IPA）混合液作为刻蚀剂。其中氢氧化钾-水-异丙醇系统的刻蚀原理是：首先氢氧化钾在水中解离出 OH^-，将硅氧化为含水的硅化合物，然后与异丙醇反应，生成可溶解的硅络合物，该络合物不断离开硅的表面。水的作用是为氧化过程提供氢氧根离子，OH^- 是对单晶硅起溶解作用的核心物质。刻蚀过程中经过一系列化学反应和电化学反应，达到刻蚀硅片的目的。总的化学反应式为：

$$Si+2OH^-+6(CH_3)_2CHOH =\!=\!= [Si(OC_3H_7)_6]^{2-}+2H_2O+2H_2\uparrow$$

氢氧化钾刻蚀剂最大的缺点是存在金属离子（K^+）的污染问题，如果清洗不净，会对电子元器件的制造产生严重影响。而使用 TMAH 刻蚀剂能够克服上述缺点，因为该试剂中不包含任何金属离子，使得 TMAH 与 IC 工艺兼容。

在各向异性刻蚀中，影响刻蚀速率的因素有：晶体取向、刻蚀剂成分及配比、温度、硅片掺杂等。可用的掩膜材料有：LPCVD Si_3N_4、Au/Cr、SiO_2 等。

3.4.2 干法刻蚀

干法刻蚀中的刻蚀介质是腐蚀性的气体粒子，依靠刻蚀剂的气态粒子与被刻蚀样品的表面接触来实现刻蚀功能。干法刻蚀过程可分为以下几个步骤：

① 腐蚀性气态粒子的产生；
② 粒子向衬底的传输；
③ 衬底表面的刻蚀；
④ 刻蚀反应物的排除。

干法刻蚀的种类很多，其中有：

物理刻蚀方法：离子刻蚀（溅射）（ion etching，IE）、离子束刻蚀（ion beam etching，IBE）；

化学刻蚀方法：等离子体刻蚀（plasma etching，PE）；

物理与化学结合的刻蚀方法：反应离子刻蚀（reactive ion etching，RIE）、深反应离子刻蚀（deep reactive ion etching，DRIE）、反应离子束刻蚀（reactive ion beam etching，RIBE）。

（1）离子刻蚀（IE）

离子刻蚀是一种利用惰性气体离子进行刻蚀的物理刻蚀方法，又称为溅射刻蚀。惰性气体离子是由惰性气体（氩气）辉光放电产生的，它被电场加速到衬底上，轰击衬底表面发生溅射，从而去除衬底表面的介质层。离子刻蚀为各向异性刻蚀，选择性很小。

（2）等离子体刻蚀（PE）

等离子体是一种携带大量自由电子和正离子的中性离子化气体。激发等离子体一般采用射频电源。等离子体刻蚀是利用等离子体将刻蚀气体电离并形成带电离子、分子及反应性很强的原子团，它们扩散到被刻蚀的衬底表面后，与其表面原子发生化学反应，生成挥发性的反应产物，并被真空设备抽离反应腔。这种刻蚀方式与湿法刻蚀类似，也是利用化学反应，只是反应物与产物的状态都是气态，并以等离子体加快反应速率。刻蚀气体要选择在气体放电时可以提供游离基的过程气体，如 CF_4、CCl_2F_2、C_2F_6、Cl_2 等。等离子体刻蚀一般为各向同性，选择性好，刻蚀速率高于离子刻蚀。

（3）反应离子刻蚀（RIE）

反应离子刻蚀是一种物理性的离子轰击与化学反应相结合的刻蚀方法。RIE 的原理是：在两平板电极之间施加射频电压使刻蚀气体放电，产生等离子体，其中化学活性粒子与衬底表面的原子发生化学反应，生成可挥发性产物。同时大量带电粒子受到与衬底表面垂直电场的加速而产生巨大的动能，高速撞击衬底的刻蚀面进行刻蚀。该刻蚀过程既有离子轰击的物理过程，又有活性基团与衬底表面反应的化学过程。反应离子刻蚀的进行主要靠化学反应来实现，同时加入了离子轰击的作用。这样，一方面可破坏被刻蚀衬底表面的化学键以提高反应速率；另一方面还可将二次沉积在衬底表面的产物或聚合物打掉，以使刻蚀表面能与刻蚀气体充分接触。反应离子刻蚀既可以进行各向同性刻蚀，也可以进行各向异性刻蚀，其选择性较好。

一般将氢化物和卤化物元素（例如 F、Cl、Br）等离子体用作硅的 RIE，刻蚀产物是易挥发的化合物 SiH_4、SiF_4、$SiCl_4$、$SiBr_4$。氟等离子体被用作各向同性刻蚀，而氯和溴等离子体用作各向异性刻蚀。

（4）深反应离子刻蚀（DRIE）

DRIE 工艺是对 RIE 工艺的改进，是体硅微机械加工中最重要的一种刻蚀加工手段，在制造高深宽比几何结构的体硅加工中被广泛应用。与其他刻蚀工艺相比，DRIE 工艺有很多优点：

① 刻蚀选择性高。对于光刻胶、氧化硅、氮化硅等掩膜层，刻蚀掩膜层与刻蚀硅的选择比通常在 1∶100 以上，对金属材料的掩膜层刻蚀选择比更高，如铝膜作掩膜层时，对硅的刻蚀选择比能达到 1∶1000；

② 对侧壁垂直度的良好掌控。由于刻蚀剖面的各向异性，故具有相当好的侧壁剖面控制；

③ 光刻胶粘附或者脱落问题能得到很好的控制，刻蚀图形更加精确、美观；

④ 加工的重复性高，良好的批次间、片内、片间的刻蚀均匀性；

⑤ 刻蚀速度较快。刻蚀体硅的速度比其他工艺高很多，一般可达 3 ~ 10μm/min。

该工艺的不足之处在于：加工设备昂贵，刻蚀中等离子体会对器件的其他一些部位造成损伤。

在 DRIE 加工中，应用最普遍的是 Bosch 刻蚀工艺，其基本原理是：刻蚀过程和保护性钝化薄膜沉积过程交替进行。该法因使用了侧壁钝化保护技术，以及具有较为突出的各向异性刻蚀特性，使侧壁不被刻蚀，能获得很深的沟槽结构。

图 3-2 为 Bosch-DRIE 刻蚀工艺流程示意图。

首先将硅片光刻出需要刻蚀的结构放入电场中，然后通入刻蚀反应气体（如 SF_6），在较高的射频功率作用下产生等离子体，带电粒子高速轰击硅表面，等离子体与硅发生反应进行刻蚀，见图 3-2(a)。反应产物通常是气态形式（如 SiF_4），可通过真空系统抽出，以避免其降落在沟槽底部表面阻止后续刻蚀的进行。经过非常短暂的刻蚀过程之后，停止通入刻蚀所需的反应气体，同时通入另外一种能生成聚合物保护膜的气体（通常是 C_4F_8 或者其他有机气体），此时发生聚合成链反应生成聚合物，产生的聚合物均匀地沉积在裸露的沟槽结构表面上，构成保护性钝化膜，见图 3-2(b)。接着再次通入用于刻蚀的反应气体，等离子体产生的离子溅射首先把覆盖在沟槽底部的聚合物保护膜刻蚀掉，然后做进一步的反应刻蚀，见图 3-2(c)。该步骤中物理轰击对侧壁聚合物保护膜的刻蚀远比沟槽底部表面要慢，因此使侧壁得到保护而免于刻蚀。为了降低对侧壁的

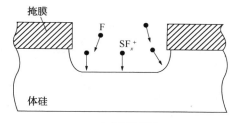

(a)各向同性刻蚀

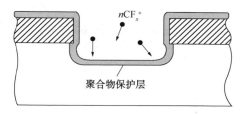

(b)沉积聚合物钝化膜

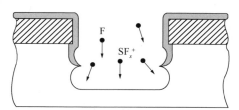

(c)去除底部钝化膜后进一步刻蚀

图 3-2　Bosch-DRIE 工艺流程示意图[5]

轰击，还可在衬底和上电极之间加一个偏压，以增强等离子体的各向异性，获得垂直度好、剖面精准的沟槽结构。该工艺在整个刻蚀过程中，反应气体与保护膜气体交替通入，循环进行，最终刻蚀出具有高深宽比的沟槽结构。

3.5　LIGA 技术

LIGA 是德语光刻（lithographie）、电铸（galvanoformung）、模压（abformung）的缩写，是将 X 射线深层光刻、微电铸和微复制工艺完美结合形成的现代微加工技术。该技术是 20 世纪 80 年代由德国的 Karlsruhe 原子能研究中心发明的。LIGA 由四个基本工艺组成：掩膜版制造、X 射线光刻、微电铸、微复制。其工艺流程如图 3-3 所示，加工过程概述如下。

为形成所需的微结构，首先要设计、制造用于 X 射线光刻所需图形的掩膜版。该掩膜版必须能够有选择性地透过和阻挡 X 光，且经得起多次曝光而不变形。通常由吸收体、透射膜和掩膜框架构成。吸收体宜选用高原子序数的材料

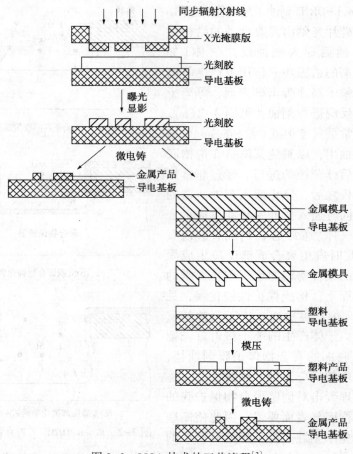

图3-3 LIGA技术的工艺流程[3]

(通常是金)，以便有效吸收X射线；透射膜则必须是低原子序数的薄膜材料(如铍膜)，以利于透过X射线。将掩膜框架与吸收体和透射膜坚固地构成一体，制成X射线掩膜版。

光刻前要将光刻胶(常用聚甲基丙烯酸甲酯，即PMMA)涂覆在具有良好导电性能的基板上，光刻胶厚度为几微米至几厘米。基板为导体或上面镀有导电层的绝缘材料，如铝、奥氏体钢板、镀有钛或Ag/Cr材料的硅晶片，以及镀有金、钛或镍的铜板等。接下来进行X射线光刻，利用同步辐射X射线的高准直性和高辐射强度，将掩膜版上的图形转移到光刻胶上。X射线深层光刻所需的最佳波长为0.2~0.8nm，该波长的光束具有极强的穿透力，用来穿透厚的光刻胶层。曝光和显影后，即形成三维的光刻胶结构。

随后的微电铸工艺，即在显影后的光刻胶图形间隙中沉积金属。其原理是在电场作用下，阳极的金属失去电子，变成金属离子进入电铸液，金属离子在阴极得到电子，沉积在阴极上。微电铸的常用金属为镍、铜、金、镍铁合金、镍钨合金等。电铸时以光刻胶下面的金属层作阴极，使金属淀积到光刻胶的空隙当中，直到金属将光刻胶完全覆盖，并具备一定的厚度和强度。这样就形成了与光刻胶图形互补的金属凹凸版图。然后将光刻胶及其附着的基底除去，就得到了独立的金属微结构。该金属结构既可以作为最终的产品，又可以作为精密塑料模压的模具。

微复制是为大量生产电铸产品提供塑料铸模。通过金属注塑板上的小孔将树脂注入金属模具的腔体内，树脂硬化后，去掉模具就可得到塑料微结构。模压好的塑料微结构既可以作为最终产品，又可以作为产品的牺牲模具。塑料模具保持与原先光刻胶模具同样的图形和尺寸，但它满足无限循环生产环节中更快速、更便宜的要求。塑料模具作为牺牲模具，通过再电铸得到金属部件或通过浇铸工艺得到陶瓷部件。

LIGA 技术在制作非硅基底的微结构上具有巨大潜力，其重要特点是能产生"厚"而且极其扁平的微型结构，缺点是进行 X 射线深层光刻所需的同步辐射光源价格昂贵。为此，人们又开发了一系列准 LIGA 技术。

3.6 硅片键合

硅片键合是指经过特殊方法处理，使硅片与硅片或硅片与其他材料相互固定连接在一起的技术。硅片键合是微加工中基本工艺之一，也是 MEMS 封装技术的重要组成部分。有了这种工艺，就可先进行硅片的加工，在硅片上制备好所需的微结构以后，再利用键合工艺装配成各种器件。常见的键合技术有：阳极键合、直接键合、热压键合、黏结键合、共晶键合等。这里仅对其中的阳极键合与直接键合作简要介绍。

3.6.1 阳极键合

阳极键合又称为静电键合或场助键合，是指在一定键合温度下，向紧密接触的半导体(通常为单晶硅)、金属(或合金)与玻璃(常用如 Pyrex 7740 玻璃)两侧施加一定强度的静电场，利用静电力使两种材料结合在一起，以实现两者互相连接的一种 MEMS 工艺。该工艺具有键合温度较低、键合强度和稳定性高、键合设备简单、与其他工艺相容性好等优点，被广泛应用于硅硅基片之间的键合、非硅材料与硅材料，以及玻璃、金属、半导体、陶瓷之间的互相键合。现以硅玻阳极键合为例，说明其基本原理。

将清洗并吹干后的硅片与玻璃片对准后相互叠放在一起，放置在金属加热板上。硅片和玻璃片与一对电极相连，硅片通过加热板接到电源正极，玻璃片与阴极板相接触，接到电源负极，并在二者表面施加一定的压力，见图3-4。当温度达到阳极键合所需温度后，接通电源，在此电极上施加一个持续一定时间的适当大小的直流电压。在外加电场作用下，玻璃中的 Na^+ 逐渐向负极方向移动，最终在负电极一侧的玻璃表面富集或析出。Na^+ 离子迁移的结果使得在键合界面一侧的玻璃内产生了带负电的耗尽层。为了保持电中性，硅片一侧会感应出等量的正电荷。这样使得键合高压主要降落在几个微米的耗尽层中，形成了很高的电场，从而在硅玻界面产生强大的静电引力，使硅和玻璃紧密接触。与此同时，由于玻璃和空气中的水含有氧，在加热和加压的条件下，硅玻界面处发生了阳极氧化反应，形成了牢固的化学键 Si—O—Si 键，使硅片和玻璃片紧密地键合成为一个整体。

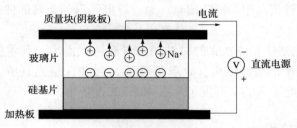

图 3-4　阳极键合装置示意图

阳极键合过程一般需要在数百摄氏度下进行。为了确保键合面性能不受温度变化的影响，要求被键合的两种材料要有尽可能一致的热膨胀系数。在硅玻阳极键合中，由于 Pyrex 7740 玻璃含有丰富的钠元素且在键合温度下的热膨胀系数与硅基底十分接近，故经常被用作与硅基片阳极键合的玻璃材料。为了获得良好的键合效果，阳极键合时除了两种键合材料的热膨胀系数要接近以外，还要选择合适的加热温度和键合电压。加热温度太低，玻璃导电性很差，但温度太高会使玻璃软化变形，不能完成键合，键合温度通常为 200~500℃。键合电压对键合影响也比较大，电压过低，静电力太小，无法形成共价键，电压太高会把玻璃及其界面击穿。因此，键合电压通常选择在 200~1000V。此外，键合材料的表面还须保证平整、洁净。

3.6.2　直接键合

直接键合又称为熔融键合或热键合，是通过对晶片进行高温加热处理使其直接键合在一起，中间不需要任何黏结剂，也不需要外加电场。直接键合主要应用于硅与硅、氧化硅与硅、氧化硅与氧化硅之间的晶片键合。

硅直接键合的工艺过程如下：

① 将两抛光的硅片先经含 OH^- 的溶液浸泡处理；

② 在室温下将两硅片面对面贴合在一起；

③ 将贴合好的硅片在氮气环境中经数小时高温处理，就形成了良好的键合。

硅直接键合的机理可用三个阶段的键合过程来描述：

第一阶段，温度从室温加热到200℃，两硅片表面吸附的OH^-基团在相互接触时形成氢键，随着温度的升高，硅醇键之间发生聚合反应，生成水和硅氧键，使结合强度迅速增大。到400℃左右，聚合反应基本完成。

第二阶段，温度在500~800℃范围内，聚合反应产生的水分子向SiO_2中扩散，而OH^-基团会使桥接氧原子转变为非桥接氧原子，使键合界面存在负电荷。

第三阶段，当温度高于800℃后，水分子向SiO_2中显著扩散。键合界面的空洞和间隙处的水分子在高温下扩散进入四周SiO_2中，从而形成局部真空，硅片发生塑性形变使空洞消失。超过1000℃后，接触的邻近原子间在高温下相互反应，生成共价键，完成键合。

参 考 文 献

[1] 田文超. 微机电系统（MEMS）原理、设计和分析［M］. 西安：西安电子科技大学出版社，2014.

[2] 刘晓明，朱钟淦. 微机电系统设计与制造［M］. 北京：国防工业出版社，2006.

[3] 邱成军，曹姗姗，卜丹. 微机电系统（MEMS）工艺基础与应用［M］. 哈尔滨：哈尔滨工业大学出版社，2016.

[4] 徐泰然. MEMS和微系统——设计与制造［M］. 北京：机械工业出版社，2004.

[5] 王力. 一种MEMS微型气相色谱分离柱的性能优化［D］. 成都：电子科技大学，2012.

第4章 微型气相色谱柱

在常规气相色谱仪中，色谱柱是分离系统的主要组成部分，是对样品进行分离的重要部件，被视为色谱仪的"心脏"。在 μGC 系统中，微型气相色谱柱同样占有重要地位，它是构成 μGC 系统的核心部件之一。目前，μGC 系统中采用的色谱柱主要有两大类：一类是芯片化的微型色谱柱；另一类是毛细管柱。这里介绍的是采用微加工技术制备的芯片化微型气相色谱柱。

作为 μGC 系统的核心部件之一，微型气相色谱柱一直是人们研究的热点。经过 40 余年的发展，微型色谱柱在柱结构、柱材质、固定相涂覆、加工工艺等方面取得了大量研究成果，色谱柱的分离效能、分辨率、样品容量、分析速度、功耗等不断得到改善，性能更加优良的色谱柱不断被研制出来。

本章首先对微型气相色谱柱的基本制备程序作简要介绍，在此基础上，详细阐述色谱柱结构、色谱柱材质、固定相涂覆新技术，介绍有代表性的研究成果和研究实例，并进行客观分析。

4.1 微型气相色谱柱基本制备程序

采用现代微加工技术制备芯片化微型气相色谱柱，首先要选择合适的柱材质，设计合理的柱结构，然后利用适宜的工艺进行加工。微型气相色谱柱的基本制备程序为：沟槽刻蚀→盖片键合→入口/出口引出→固定相涂覆。首先在厘米级大小的硅（或其他材料）基片上采用微加工技术刻蚀出微米级的沟槽，再将盖片封合到硅基片上，形成密闭的气体流动微通道（相当于色谱柱的柱管），引出色谱柱入口/出口（流体端口），最后将固定相涂覆到微通道内壁上，构成微型气相色谱分离柱。

4.1.1 沟槽刻蚀与盖片键合

MEMS 沟槽刻蚀工艺的基本步骤为：清洗硅晶片→沉积掩膜层→利用光刻把设计好的沟槽图形复制到掩膜层上→利用 RIE 刻蚀掩膜层把沟槽图形复制到硅片上→DRIE 刻蚀体硅→去除掩膜层和光刻胶层，获得所设计的沟槽结构。再利用键合技术将刻蚀好的硅片与 Pyrex 玻璃盖片结合为一体，密封沟槽。其加工工艺流程如图 4-1 所示。

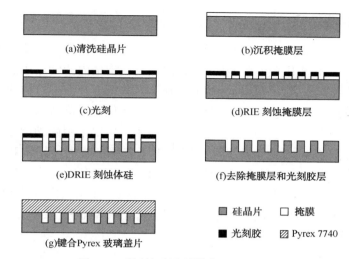

图 4-1 微型气相色谱柱加工工艺流程

4.1.2 入口/出口的引出

引出微型气相色谱柱的入口/出口，是为了方便与上游和下游的器件进行连接，在 MEMS 加工中属于接口技术。流体端口制备的优劣影响着微型色谱柱的整体性能，如分析时间、柱效能、分辨率等，尤其会影响柱外效应。因此，在保证接口密封良好的基础上，应尽量减小死体积。

制备流体端口时，一般是在盖片键合后形成封闭通道的色谱柱两端插入去活熔融石英毛细管，将色谱柱入口/出口引出，再用一定的方法将接头处密封。这样，在进行色谱系统集成时，色谱柱两端就可分别与其上下游的器件相连接。在 MEMS 气相色谱柱制备中，采用较多的入口/出口引出方法有以下几种：

（1）硅衬底背面开孔法

在硅衬底背面利用湿法腐蚀开孔，于入口/出口开孔中插入石英毛细管，利用环氧树脂胶粘合密封，使开孔与毛细管相连。

（2）玻璃盖顶面开孔法

先在 Pyrex 玻璃盖片上对应色谱柱入口/出口的位置直接打孔，然后进行硅玻阳极键合，在玻璃面开孔中插入 Kovar 合金管件，再采用石墨卡套和合适尺寸的毛细管将色谱柱入口/出口引出。

（3）芯片侧面开孔法

完成微型色谱柱制作后，沿之前设计好的入口/出口的地方切片，使沟槽的截面暴露出来，在其暴露的入口/出口沟槽中插入石英毛细管，用环氧树脂胶密封侧面。采用该方法连接的好处在于微型色谱柱易与其他部件进行整体组装，占用空间面积较小，且方法简单，可操作性强。

4.1.3　固定液涂渍

在完成了沟槽刻蚀、盖片键合后，相当于制成了空柱管，需要在沟槽的内表面涂上固定液，才能用于色谱分析。为消除色谱柱沟槽内活性作用点，防止分析时出现色谱峰拖尾现象，在涂渍固定液前还需对沟槽内表面进行钝化处理，其中应用较多的方法是硅烷化处理。钝化处理后的色谱柱可以涂渍固定液。早期的微型色谱柱借鉴了毛细管色谱中的固定液涂渍技术，主要采用两种涂渍方法：静态法和动态法。随着 µGC 的快速发展，开发出了多种形式的柱结构和不同类型的固定相，静态法和动态法远不能满足涂覆要求，人们又研究与之相适应的固定相涂覆技术，新的涂覆方法和工艺不断被报道，详见"4.4 固定相涂覆新技术"一节。这里先介绍常规的固定液涂渍方法，即静态法和动态法。

4.1.3.1　静态法

首先选好用于样品分离的合适的固定液以及溶解该固定液的溶剂，然后取定量的固定液溶于溶剂中，并充分搅拌溶解，制成一定浓度的、均匀的固定相稀溶液。将微型色谱柱入口端的毛细管浸入固定相溶液中，在惰性气体压力下使固定相溶液充满色谱柱，待柱出口端有溶液流出时，将出口端密封，另一端连接微型真空泵。溶剂在一定真空度下慢慢蒸发，直到色谱柱内部看不到固定相溶液，再持续抽真空一段时间，以确保溶剂蒸发完全。此时，色谱柱沟槽的内壁上就涂覆了一层薄薄的固定液膜。该法涂渍的色谱柱液膜薄而均匀，重复性好，固定相用量已知，色谱柱的液膜厚度可通过固定相溶液的浓度进行控制。

4.1.3.2　动态法

按照与静态法相同的方法制备固定相溶液。将色谱柱一端的毛细管浸入固定相溶液中，用氮气加压，使固定相溶液压入色谱柱，随后将插入固定相溶液的毛细管提起离开液面，接着用氮气推动液柱匀速、缓慢地通过色谱柱，待液柱完全流出色谱柱后，继续通入低流量的氮气并保持数小时，以使溶剂完全蒸发。进行动态涂渍时，需要在柱子出口处接一根相同内径的空白毛细管柱（长度约10m），以防止固定相溶液的流出速度在微型柱尾部发生突然变化，导致固定相液膜厚度不均匀。该法涂渍的固定相液膜厚度，可以通过改变固定相溶液的浓度和涂渍时的流速来控制。动态法涂敷速度较快，但重复性差，固定相液膜不易涂覆均匀。

固定液涂渍完毕，微型色谱柱再经过老化处理、性能测试后，即可用于色谱分析。

理想的微型气相色谱柱应具备柱效率高、分析速度快、分辨率好、柱容量大、功耗低等特点，要满足这些条件，需要有合理的柱结构设计、柱材质选择及固定相涂覆技术。以下进行详细介绍。

4.2 色谱柱结构

　　制备微型气相色谱柱首先要进行柱结构设计，包括沟槽布局、截面形状、通道类型、几何尺寸等，这些因素直接影响着色谱柱性能的优劣。在设计柱结构时，应综合考虑色谱柱的分离效能、样品容量、加工难易、可操作性等多个方面，旨在获得总体性能优良的色谱柱。目前，已报道了十几种不同的柱结构。它们形式多样，各具特色，为实现不同的分析任务提供了选择空间。尽管如此，人们对芯片化微型气相色谱柱的最佳通道布局及其对分离性能的影响至今还未达成共识，其研究主要集中于如何在选定的衬底上制备微通道，然后在通道内涂上固定相，最后给出一些合理的色谱分析结果[1]。有关微型气相色谱柱结构设计的理论研究还有待进一步发展，以期为色谱柱的优化提供指导。

4.2.1 沟槽布局

　　与常规的管状气相色谱柱不同，芯片化微型气相色谱柱是二维平面结构，其"柱管"是刻蚀在基片上的沟槽，沟槽走向决定了色谱柱的形状。为实现器件的微型化，这些沟槽要尽可能紧密，即加工同样尺寸的色谱柱占用的面积要最小。微型气相色谱柱的沟槽布局一般有三种类型：螺旋形、蛇形、直线形[2-4]。

　　（1）螺旋形

　　普通毛细管气相色谱柱一般很长，为了节省空间，在制备和安装时都将其环绕成螺旋状。早期制作的芯片化微型气相色谱柱也借鉴了这一点，将沟槽设计为螺旋形。与其他类型相比，在沟槽截面形状和长度相同时，螺旋形结构的色谱柱所占的基片面积最小。根据沟槽环绕形状，又分为圆形螺旋和多边形螺旋。多边形螺旋包括：正方形螺旋、正六边形螺旋、正八边形螺旋等，其中以正方形螺旋为多，见图4-2（a）、图4-2（b）。正方形螺旋由直线部分与90°的转弯构成，随着螺旋向芯片中心移动，直线部分的长度逐渐减小，转弯的密度逐渐增大。螺旋形色谱柱在沟槽走向上包含有指向内部中心的急弯和指向柱末端温和的曲率半径，由此导致了沟槽内分析物分子从柱入口到出口所经历环境的不均匀性，分子在固定相和流动相之间作径向扩散时，扩散的距离不一致，从而引起柱内峰形扩展。

　　（2）蛇形

　　沟槽布局的第二种类型是蛇形，该结构由一段较长的直线部分和一小段180°的转弯部分交替重复组成，见图4-2（c）。在沟槽紧密度和占用基片面积方面，蛇形结构与螺旋形结构很相近，但微型色谱柱表现出来的分离特性有差异。相比之下，蛇形结构比螺旋形结构具备更好的柱性能，因其包括了最优化的沟槽几何结构。蛇形沟槽占有与螺旋形沟槽类似的基片面积，但分析物分子从进样器到检测器的路径上保持了相同的曲率半径，产生的柱内离散程度最小。因此，蛇形沟槽已成为微型气相色谱柱的主流结构。

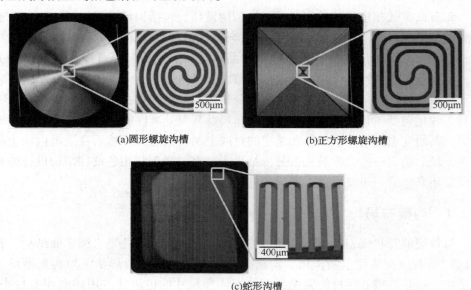

(a)圆形螺旋沟槽　　　　　　　　　(b)正方形螺旋沟槽

(c)蛇形沟槽

图4-2　微型气相色谱柱沟槽布局类型[4]

（3）直线形

由于直线形沟槽的微型气相色谱柱柱长较短，分离效能不够高，目前采用不多。

4.2.2　截面形状

微型气相色谱柱的截面形状一般有圆形、半（扁）圆形、矩形、梯形、V 形等。早期的微型色谱柱由于工艺条件的限制，多采用湿法各向同性刻蚀，截面形状一般为半圆形或者圆形。随着半导体微细加工工艺的成熟以及矩形柱理论的完善，人们倾向于采用体硅深刻蚀技术，制作具有高深宽比（high aspect ratio，HAR）、横截面为矩形的微型气相色谱柱，因其兼备高性能和相对容易的制造工艺而受到青睐。

对于截面为矩形的色谱柱，沟槽宽度与深度对色谱柱的柱效能、分辨率和柱容量有直接影响。理论和实验表明：沟槽宽度越窄，理论塔板高度则越小。而沟槽越深，一方面保证柱子有足够的气体体积流量；另一方面也增大了柱内表面积，允许涂渍更多的固定液，能够提高样品容量。此外，具有高深宽比结构的微型气相色谱柱，还有利于流动相中的组分分子在槽壁上固定相内的迅速分配，加快传质速度，降低传质阻力，直接提高了色谱柱效能和分辨率。微型气相色谱柱沟槽宽度与深度的巨大差异带来了分离性能的提高。由于色谱柱深度的增加，在实现等效色谱分离效果时，可减少色谱分离柱的总长度及其分布面积，能降低器件尺寸；随着沟槽的深宽比不断提高，能在更短的柱长内保持理想的分离能力和较大的样品容量。目前，微型气相色谱柱采用高深宽比的矩形沟槽结构成为一大趋势。随着 DRIE 技术和设备的快速发展，超高深宽比的微型色谱柱得以实现。值得指出的是，高深宽比的矩形柱结构虽然有利于柱性能的提高，但同时也给固定相的涂覆带来了挑战，与之相适应的固定相涂覆或制备技术必须得到发展，才能发挥出色谱柱的结构优势。

4.2.3 通道类型

微型气相色谱柱的通道可分为三种类型：开管式、填充式、半填充式。

（1）开管式

开管式微型气相色谱柱与常规的涂壁毛细管色谱柱（WCOT）类似，即把固定液涂覆在通道的内壁上，而柱体内没有填料或者其他任何结构，中心是空的。根据平行工作的通道数目，开管式微型色谱柱又分为单道开管柱与多道开管柱两种。

1）单道开管柱

顾名思义，单道开管柱（single capillary column，SCC）由 1 条通道构成，是开管式微型气相色谱柱中最常见的类型，也是研究最早、报道最多的一类微型色谱柱。通常情况下如果没有特别说明，开管式微型色谱柱即指单道开管柱（SCC）。这类色谱柱的柱压降小，分析速度快，制备工艺相对简单，目前在芯片型气相色谱柱中的占比最高[1]。SCC 的不足之处在于通道的内表面积有限，承载的固定液相对较少，样品容量较低，对于极复杂样品的分离具有一定局限性。

2）多道开管柱

在毛细管气相色谱中，为了在不牺牲样品容量的前提下提高色谱柱的分离效能，Golay 于 1975 年提出了多道毛细管柱（multicapillary column，MCC）的概念：对于细内径毛细管柱，内径的减小带来了柱效率的提高，但样品容量随之下降，该损失可通过增加平行工作的毛细管数目（n）来补偿，理论上的样品容量可以增加 n 倍。借鉴这一理论，Zareian-Jahromi 等[5]于 2009 年发展了芯片上的多道开管式微型气相色谱柱（MCC）。该 MCC 由多条并行工作的窄通道组成，相当于把 n 个相同的单道开管柱"捆绑"在一起形成的毛细管集束。由于单条通道的宽度变得更窄，使得多道开管柱的柱效率更高，并且使用高载气流速对柱效的影响不显著。与相同宽度的 SCC 相比，MCC 的通道内表面积得到了大幅度提高，保证了较高的样品容量。MCC 的缺点是：多通道柱结构导致固定液不易涂渍均匀，各通道间存在流速差异，影响了色谱柱的分离效能。

（2）填充式

如果在负压下将固定相颗粒吸入色谱柱，并均匀充满整个微通道，即可制成填充式微型气相色谱柱。与开管式色谱柱相比，填充式色谱柱内固定相与组分间具有更大的相互作用面积和较高的样品容量，适用于分离在固定液中溶解度小的气体样品。但微通道内固定相颗粒的存在，一方面会产生涡流扩散效应，对柱效有不利影响，另一方面还会使柱压降增高。

（3）半填充式

开管式和填充式微型色谱柱都是参照常规毛细管色谱柱的结构产生的柱型，而半填充式微型气相色谱柱是随着 μGC 的分离需求而发展起来的一种独特的柱型。

通过对基片的精细加工，先在色谱柱沟槽内沿沟槽走向刻蚀、镂空出大量具有三维结构的微小立柱（pillars），构成完美有序的立柱阵列（pillar array），再往立柱及通道侧壁表面涂渍固定液，可制成半填充式微型气相色谱柱（semi-packed column，SPC），又称为立柱阵列柱（pillar array column，PAC）。SPC 沟槽内嵌入的立柱有多种形状，如圆形、正方形、椭圆形、径向拉长形等，其尺寸、间距和配置方式也各不相同。沟槽内嵌入的这些微小立柱，就像在开管柱通道内制备的规则排列的色谱"载体"，这些特殊"载体"的存在，极大地提高了柱内表面积，使其能够承载更多固定液，具有更大的样品容量。与开管式微型气相色谱柱相比，沟槽内立柱阵列的存在抑制了分子的纵向扩散，使峰形扩展的程度显著降低；与填充式微型气相色谱柱相比，这些预制在沟槽内的立柱阵列比填充的固定相颗粒排列更规则、分布更均匀，涡流扩散的影响可以忽略，柱压降小，渗透性好。由于色谱柱沟槽内均匀排布着 1 列或数列微小立柱，使色谱柱的有效柱宽变窄，从而导致流动相传质阻力下降。因具备上述诸多优势，使得半填充式微型气相色谱柱具有极高的柱效能，适于分离组成十分复杂的样品，是目前 μGC 中分离效能最高的柱结构之一。

4.2.4　研究实例

本部分内容将根据微型气相色谱柱的沟槽布局、截面形状、通道类型等特征，对近年来有代表性的研究成果从结构设计、加工方法、性能测试与评价等几个方面进行详细介绍。

4.2.4.1　正方形螺旋微型气相色谱柱

实例 1 ▶▶▶

2004 年，Lambertus 等[6]在微型气体分析仪的研究中，设计制备了用于分离挥发性有机化合物（VOCs）的微型气相色谱柱。为有效利用芯片面积，色谱柱沟槽设计为正方形螺旋结构，即由两条互锁的正方形螺旋构成，通道间保持平行，在芯片的中心处两条螺旋相连并发生流向反转，故相邻通道中流向相反。流体端口位于对角线上芯片的侧面。色谱柱通道尺寸为：深 240μm×宽 50μm×长 3m，矩形截面，壁厚 10μm，芯片面积 3.2cm×3.2cm，色谱柱设计示意图见图 4-3（a）。在一块标准 4in 硅晶片上可同时加工出 4 个色谱柱芯片。

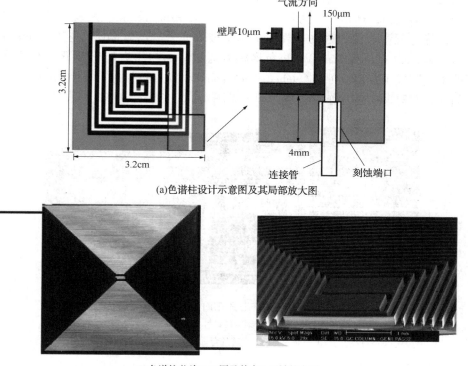

(a)色谱柱设计示意图及其局部放大图

(b)色谱柱芯片SEM图及其中心区域放大图

图 4-3　正方形螺旋微型气相色谱柱[6]

首先采用 DRIE 工艺在硅晶片上刻蚀色谱柱微通道及流体端口，然后与 Pyrex 7740 玻璃盖片阳极键合，进行密封。切割晶圆，在流体端口安装石英毛细管，动态法交联涂渍聚二甲基硅氧烷（PDMS）或三氟丙基甲基聚硅氧烷固定液。

对制备的色谱柱进行了性能测试，以空气作载气，在最佳流速下操作，涂有 PDMS 固定液的色谱柱理论塔板数为 2700 塔板/m。

本例中制备的正方形螺旋结构的色谱柱，通道内共有 236 个直角转弯，气流路径复杂，而处于转弯内侧与外侧流路中的分子所流经的路径长度不等，且在转弯尖角处存在着湍流。此外，直角转弯处还容易产生固定液淤积，使通道内壁上固定液分布不均。这些都是引起谱带展宽的潜在因素。

实例 2 ▶▶▶▶

在分离沸点范围较宽的复杂气体混合物时，普通的恒温色谱分析一般分析时间长、分离效果差，而采用程序升温分析可以解决上述问题。这就需要为色谱柱配备程序升温所需的加热器、温度传感器及压力传感器，以获得合适的分析温度和稳定的载气流速。

Agah 等人[7,8]制备了集成有程序升温加热器、温度传感器以及用于载气流量控制的电容式压力传感器的微型气相色谱柱。该色谱柱的沟槽布局设计为正方形螺旋、矩形截面，通道尺寸为：深250μm×宽150μm×长3m。为减小器件的整体热容，降低程序升温过程的功耗，采用了玻璃体上硅溶解晶圆工艺（silicon-on-glass dissolved-wafer process），将色谱柱微通道背面与压力传感器下方的部分硅腐蚀掉，制成了背面腐蚀柱（etched-back columns）。还对硅片的边缘进行了选择性刻蚀，并对玻璃盖片作了去薄处理。见图4-4。色谱柱制备过程如下。

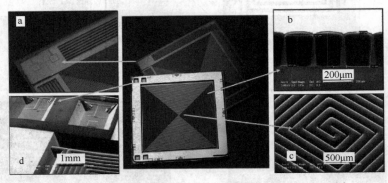

图4-4　程序升温色谱柱芯片正面、背面及其局部特写[8]
（a）芯片正面压力传感器、柱入口及刻蚀的硅片边缘；（b）未经去薄处理的柱截面；
（c）腐蚀处理后的通道背面；（d）芯片背面压力传感器和柱入口 SEM 图

首先用 DRIE 工艺在硅片上加工出 10μm 深的压力传感器腔体，然后再刻蚀色谱柱微通道，并选择性刻蚀硅片的边缘。采用基于浓硼掺杂的自停止腐蚀技术（high boron-doped etch-stops）处理硅片，以形成结构层（或腐蚀阻挡层）。在硅片背面沉积 25μm/50μm 厚的 Ti/Pt 层，用剥离工艺制备加热器和温度传感器。在硅片两面沉积 150μm 厚的 LTO（低温氧化物），用于对硼掺杂层的应力补偿和温度传感器退火。在玻璃晶片上蒸发 Ti/Pt/Au 层，制备压力传感器和金属互连。进行硅玻阳极键合，密封通道。打开硅片背面的 EDP 腐蚀窗口，制备加热器金属互连。对玻璃晶片进行去薄处理，使其厚度由原来的 500μm 降至 100μm。用 EDP 腐蚀硅片背面，释放压力传感器，获得背面腐蚀柱。切割芯片，安装入口/出口石英毛细管，动态法涂渍 PDMS 固定液。

性能测试表明，柱上集成的温度、压力传感器对温度和压力的控制精度分别为±0.5℃和±20Pa，满足重复测定的要求。用 3m 长色谱柱进行程序升温分析时，在不到 6min 的时间内，实现了对 20 组分混合物的高分辨分离，所需分析时间比恒温分析缩短了 1 倍。还用 25cm 长的色谱柱进行了快速程序升温分析，在 10s 内分离了 11 组分的烷烃混合物($C_5 \sim C_{16}$)；也可在不到 10s 的时间内分离 4 种化学战剂模拟剂，其分离性能优于普通 MEMS 色谱柱。

实例 3 ▶▶▶▶

微型气相色谱系统大多采用电池供电，对器件的功耗提出了一定要求。在微型气相色谱柱的设计加工中，降低功耗是需应对的主要挑战之一。该问题的解决可通过降低器件热容量、提高器件的绝热性能来实现。此外，为改善分离效能，还要求系统中流体互连的死体积小、加热时无冷点，从而抑制峰形扩展，提高柱效。

基于上述考虑，Beach 等人[9]研制了内置芯片间流体互连的悬浮式色谱柱。该色谱柱的特点是：①采用浓硼掺杂自停止腐蚀技术把色谱柱加工成悬浮式，并以 PECVD 氮氧化硅密封通道，显著降低了热容量，改善了绝热性能；②内置芯片间流体互连，实现了色谱柱与上下游组件间的直插连接，减小了系统死体积和柱外效应；③内置加热互连，消除了冷点；④色谱柱具有支撑性内框架和牺牲性外框架，方便涂渍和使用。色谱柱加工过程如下：

在硅片的两面沉积由 310nm/300nm/340nm HTO（高温氧化物）/氮化硅/HTO 堆叠的介电层（抗拉应力 200MPa）。对硅片背面的介电层图形化，刻蚀的网格图案（网孔 $5\mu m \times 5\mu m$，间距 $3\mu m$，宽度 $53\mu m$）作为随后刻蚀柱通道的掩膜。保留介电层上的光刻胶，用 STS 深硅刻蚀机刻蚀晶圆。先进行标准的各向异性深硅干法刻蚀，然后是各向同性干法刻蚀，最终获得截面近似矩形的正方形螺旋柱通道，尺寸为：深 $90\mu m \times$ 宽 $120\mu m \times$ 长 25cm。剥离光刻胶，用标准 RCA 工艺清洗晶圆后，进行浓硼掺杂。以固态硼片作硼源，采用两步扩散工艺。第一步，在 1175℃下加热 5h 进行预淀积；第二步，将硅片转入再分布炉中，于 1175℃再加热 5h，使硼发生更深扩散。将硼扩散深度控制在约 $12\mu m$，获得具硼掺杂的色谱柱通道壁。接下来，PECVD 沉积 $12\mu m$ 厚的氮氧化硅膜，密封介电层上的网孔，获得密闭通道。随后沉积 20nm/30nm/200nm 的 Ti/Pt/Au 层，利用剥离工艺制备电阻加热器和温度传感器。

对硅片正面的介电层图形化，以光刻胶为掩膜，采用两步刻蚀工艺在缓冲氢氟酸溶液中对氮氧化硅膜和二氧化硅层刻蚀 32min，残留的介电层用干法刻蚀除去。再对硅片背面旋涂光刻胶，图形化。将待刻蚀硅片安装在载体硅晶片上，用 DRIE 工艺进行刻蚀，直到最大刻蚀深度达 $300\mu m$。除去光刻胶，卸下刻蚀硅片，将其浸入 110℃的乙二胺-邻苯二酚（EDP）浴中进行自停止腐蚀处理，直至硼掺杂色谱柱及流体互连周围的硅被彻底腐蚀干净，释放结构，获得具双框架支撑的悬浮色谱柱。

切割器件，将带有双框架的色谱柱固定在一个特制的涂覆夹具上，两端接上毛细管，静态法涂覆 PDMS 固定液。切掉牺牲性外框架，得到具芯片间流体互连且悬浮在内框架中的色谱柱。见图 4-5。该器件可方便地与上下游色谱组件进行直插连接。

(a)流体互连与色谱柱通道截面图

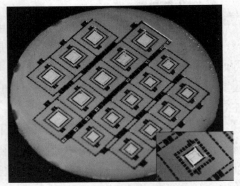

(b)EDP腐蚀处理后的硅晶片

(c)色谱柱芯片与切下的外框架

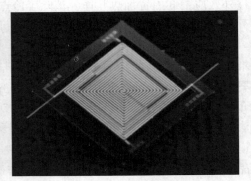

(d)悬浮在内框架中的色谱柱及流体互连

图 4-5 内置芯片间流体互连的悬浮式微型气相色谱柱[9]

性能测试表明，使用柱上加热器将色谱柱由 25℃ 加热到 100℃ 时，在空气中和真空中的功耗分别为 200mW 和 78mW，热时间常数分别为 1.2s 和 2.5s。利用该色谱柱进行恒温分析，在 20s 内成功分离了 5 组分烷烃混合物。

4.2.4.2　矩形螺旋与散热器形微型气相色谱柱

2006 年，Sanchez 等人[10]报道了用于分析大气环境中 HF 气体的微型气相色谱柱。其沟槽结构设计为矩形螺旋和散热器形两种几何形状，色谱柱通道尺寸为：深 30μm×宽 50μm×长 2m。加工过程：首先用标准光刻工艺对硅片进行光刻，随后使用 KOH 溶液创建微通道的开口，再用等离子体继续刻蚀，以形成具有垂直侧壁结构的微通道。在通道表面热氧化一层 100nm 厚的 SiO_2 层，以便于制备固定相。进行硅玻键合，安装入口/出口石英毛细管，采用溶胶-凝胶法在柱内制备固定相。色谱柱沟槽结构如图 4-6 所示，图中箭头表示载气流动的方向。

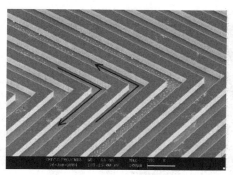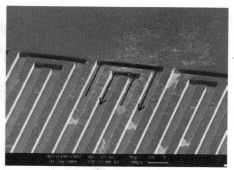

图4-6 矩形螺旋(左)与散热器形(右)色谱柱沟槽的SEM图[10]

4.2.4.3 双阿基米德螺旋微型气相色谱柱

2014年，Gaddes等[11]设计并制备了双阿基米德螺旋微型气相色谱柱。该结构的沟槽设计包含两个螺旋，每个36匝，单个螺旋总直径为16mm。通过将第一个阿基米德螺旋图形复制、旋转180°创建第二个螺旋，并使两者末端交叠连接，构成双阿基米德螺旋。色谱柱总长度为2m，正方形截面($100\mu m \times 100\mu m$)，占用硅片面积36mm×22mm。阿基米德螺旋起始于通道壁厚$180\mu m$的中心区域，壁厚随匝数逐渐减小，2.5匝后壁厚恒定在$88.5\mu m$。见图4-7(a)。

采用直径4in、厚$500\mu m$、双面抛光的p型(100)硅晶片加工。在清洁后的硅片上光刻，定义出色谱柱。用DRIE工艺刻蚀出$100\mu m$深的双阿基米德螺旋柱沟槽。接下来，将硅片与Borofloat玻璃晶片进行阳极键合。在硅片背面对应阿基米德螺旋中心的区域刻蚀流体端口，安装入口/出口石英毛细管，动态法涂渍含有交联剂的PDMS固定液。

该色谱柱的结构特点之一，是入口/出口分别位于两个阿基米德螺旋的中心，而该中心区域的通道壁最厚，通道间距最远，这就确保了流体端口能够准确加工在入口/出口通道的中心而不会损坏相邻通道。此外，由于毛细管内径与通道宽度相同，样品进入色谱柱时不会引起大的气流波动，有利于降低谱带展宽，提高柱效。用正辛烷测得该色谱柱的理论塔板数为28000。他们还开发了一种可用于高温环境的"防泄漏压缩密封色谱柱接口技术"，将特制的高温兼容石墨/vespel®密封垫圈用于色谱柱流体端口的密封连接，所制备的色谱柱可在350℃的柱温下进行高温程序分离，能够检测半挥发性的环境污染物和爆炸物，为运行高温μGC分析提供了一个解决方案。

4.2.4.4 圆形螺旋微型气相色谱柱

实例1 ▶▶▶

2009年，Nishino等[12]开发了一种能够分析液体样品的高效能微型气相色谱柱。该色谱柱的沟槽布局为圆形单螺旋结构，矩形截面，通道尺寸为：深(50~

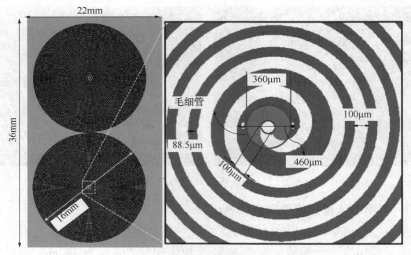

(a)双阿基米德螺旋色谱柱掩膜布局设计图

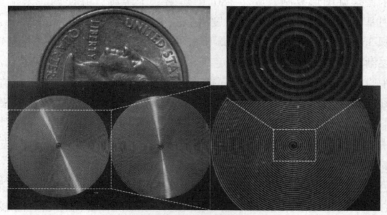

(b)硅玻键合后的色谱柱及其放大图

图4-7 双阿基米德螺旋微型气相色谱柱[11]

$100\mu m$)×宽($100 \sim 200\mu m$)×长($8.56 \sim 17.0m$)。在直径3in的硅片上，采用DRIE工艺刻蚀色谱柱沟槽，然后与钻有入口/出口孔的Pyrex玻璃盖阳极键合，密封通道，再将Kovar合金管件装配在入口/出口孔上，并与Pyrex玻璃盖阳极键合。对通道内表面进行钝化处理后，静态法交联涂渍SE-54固定液。见图4-8。

　　对制备的色谱柱(深$100\mu m$×宽$200\mu m$×长8.56m)进行了性能测试，以C_{16}计算的理论塔板数为35000，相当于4080塔板/m，柱效率与常规石英毛细管柱相近。在恒温条件下实现了对液体样品($C_{11} \sim C_{16}$、对氯苯酚、癸胺、癸醇、甲基癸酸酯、十二烷醇、苊的混合物)的分离，但醇和胺化合物的色谱峰存在拖尾现象。

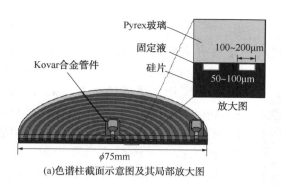
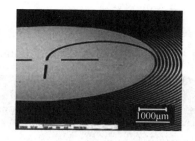

(a)色谱柱截面示意图及其局部放大图　　　　(b)硅片上刻蚀沟道的SEM图

图4-8　圆形单螺旋微型气相色谱柱[12]

实例2 ▶▶▶

2010年，孙建海等人[13]基于MEMS技术，制备了圆形双螺旋微型气相色谱柱。柱的横截面为矩形，通道尺寸为：深100μm×宽150μm，总长度分别为0.5m、1.0m、3.0m。选用n型(110)硅片为基底，通过电子束蒸发工艺在硅基底表面沉积一层厚0.2μm的铝掩膜，然后采用正胶光刻和湿法刻蚀铝膜，暴露出硅片，再利用DRIE工艺刻蚀硅片，得到色谱柱沟道。去掉掩膜(铝)并对色谱柱进行清洗、烘干后，通过阳极键合技术与Pyrex 7740玻璃键合密封。安装流体端口，采用动态法涂渍OV-1固定液。其中，柱通道长3m的色谱柱芯片尺寸为35mm×35mm，柱通道长1.0m与0.5m的色谱柱芯片尺寸均为22mm×22mm。见图4-9。

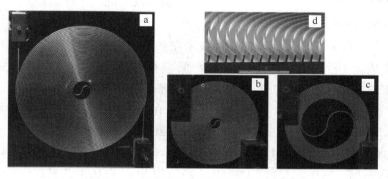

图4-9　圆形双螺旋微型气相色谱柱[13]

3.0m(a)、1.0m(b)、0.5m(c)色谱柱的样品图及色谱柱沟道的SEM图(d)

性能测试表明，所制备的微型色谱柱能够分离苯、甲苯、邻二甲苯的混合物，柱通道长0.5m、1.0m、3.0m色谱柱测得的理论塔板数分别为：2400塔板/m、3370塔板/m、6160塔板/m。该微型色谱柱可广泛应用于家居安全、瓦斯监测以及环境检测等领域。

4.2.4.5 蛇形沟槽微型气相色谱柱

实例 1 ▶▶▶

根据色谱理论，增加柱长是提高色谱柱分辨率的途径之一。2009 年，Sun 等[14]利用 MEMS 技术制备了长 6m 的高分辨微型气相色谱柱。该色谱柱为蛇形沟槽，矩形截面，通道尺寸为：深 100μm×宽 100μm×长 6m。首先，在 p 型（100）硅片上电子束蒸发沉积一层 2μm 厚的铝膜作为刻蚀掩膜，随后旋涂光刻胶，图形化。用 H_3PO_4 刻蚀铝膜，暴露硅片，接着用 DRIE 工艺刻蚀硅片，形成具有垂直侧壁结构的色谱柱沟槽。剥离铝掩膜，将刻蚀好的硅片与 Pyrex 7740 玻璃阳极键合，密封通道。安装流体端口，动态法涂渍 OV-1 固定液。封装后的色谱柱芯片尺寸为 3.6cm×4.6cm，见图 4-10。

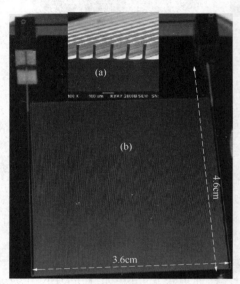

图 4-10 蛇形沟槽的高分辨
微型气相色谱柱[14]
（a）沟槽横截面 SEM 图；（b）封装的色谱柱芯片

所制备的微型气相色谱柱在 185s 内成功分离了苯和甲苯的混合物，分离度为 6.33，且色谱峰的峰形对称，由甲苯测得的理论塔板数为 4850。该色谱柱可应用于环境空气质量监测、工业废气的在线和现场分析以及甲烷气体探测器等。

实例 2 ▶▶▶

2011 年，Lee 等[15]采用湿法刻蚀技术制备了集成有 Pt 加热器的微型气相色谱柱。该色谱柱结构为蛇形沟槽，V 形截面，通道尺寸为：深 250μm×宽 200μm×长 3.2m，由三层构成：底层是刻蚀有微通道的硅基片，中层是 Pyrex 玻璃盖片，上层是 Pt 加热器。其工艺流程为：在硅基片上刻蚀色谱柱沟槽→在玻璃盖片上制备 Pt 加热器→硅玻熔融键合→涂覆固定液。加工过程如下：

首先在抛光的硅基片（长 3.5mm×宽 1.8mm×厚 1.0mm）两面沉积 1.0μm 厚的低应力 Si_3N_4 层，旋涂光刻胶，图形化。然后用 KOH 湿法工艺刻蚀硅片，获得蛇形沟槽，见图 4-11（a）。接下来，在 Pyrex 玻璃晶片上电子束蒸发工艺沉积 0.03μm/0.1μm 厚的 Cr/Pt 层，制备 Pt 加热器。之后，在 600℃ 高温下将硅片与玻璃片熔融键合在一起。最后，在色谱柱微通道内涂覆 Carbowax 20M 固定液。见图 4-11。

性能测试表明，所制备的微型色谱柱能够稳定、可靠地分析 4 组分 VOCs 化合物（丙酮、甲苯、甲醇、苯），在相同进样条件下，其柱效是常规毛细管柱的

2~3倍。对柱上集成的Pt加热器施加9.7V的电压就足以维持85℃的恒定分析温度，其功耗较低。该微型色谱柱制备工艺简单，成本低廉，易实现批量加工。

(a)刻蚀的蛇形沟槽SEM图

(b)刻蚀后的硅片照片

(c)硅玻键合后的色谱柱器件

图4-11 湿法刻蚀的微型气相色谱柱[15]

实例3 ▶▶▶

大多数微型色谱柱是在硅基片上刻蚀沟槽，然后用Pyrex玻璃盖片阳极键合进行密封，制成硅玻色谱柱。Radadia等[16]认为，以硅片代替Pyrex晶片密封沟槽更具优势，原因是：①Pyrex玻璃晶片表面含有难以钝化的碱性杂质，而硅片表面主要含有本征氧化物，钝化相对容易。这意味着硅片通道壁具有较低的吸附活性，因此使用全硅质色谱柱可以减少极性化合物的峰拖尾和峰展宽；②硅片的导热系数比Pyrex玻璃高出2个量级，故全硅质色谱柱更适于程序升温分析。

在全硅质色谱柱的制备中，实现两硅片间的良好封合是一个技术难点。Radadia等发现采用常规键合技术，如共晶键合、熔融键合等难以使微通道密封完全。为此，他们提出了一种新的硅硅键合密封工艺，即金硅共晶键合与熔融键合相结合的方法，称为"金扩散共晶键合"。其工艺步骤为：先对两硅片实施金硅共晶键合，随后经1100℃退火处理使金扩散到硅中，形成金扩散共晶键合，从而实现对色谱柱微通道的良好密封。他们采用该工艺制备了全硅质微型色谱柱，见图4-12。色谱柱设计为蛇形沟槽，矩形截面，通道尺寸为：深100μm×宽100μm×长34cm，芯片尺寸1.4cm×1.4cm。加工过程如下：

首先在直径4in、厚250μm、双面抛光的p型硅片上旋涂光刻胶，图形化。将硅片于140℃烘焙30min，硬化掩膜。随后采用DRIE工艺各向异性刻蚀硅片，获得色谱柱沟槽结构，剥离光刻胶。再于硅片背面旋涂光刻胶，对流体通孔图形化，坚膜后用DRIE工艺刻蚀贯通孔。切割硅片，清洗。将刻蚀硅片放入49%氢氟酸中浸泡5min，去除表面本征氧化物，异丙醇冲洗、氮气吹干。

在另一块直径4in、厚525μm、双面抛光的p型硅片表面生长2μm厚热氧化物层，随后溅射沉积10nm/100nm厚的Ti/Au层，切割金属化硅片，在丙酮中超声清洗10min，制成硅盖片。

将刻蚀硅片与硅盖片对准并贴合在一起，用氢氟酸冲洗10min，放入键合装置中进行金硅共晶键合，在410℃下处理96min，然后将温度降至室温。接下来

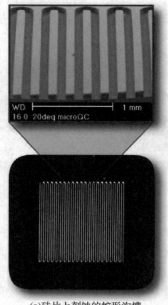

(a)硅片上刻蚀的蛇形沟槽

(b)封装的色谱柱芯片照片

图 4-12　金扩散共晶键合制备的全硅质微型气相色谱柱[16]

进行退火处理，将器件置于 1100℃高温炉内加热 1h，实施金扩散共晶键合。对色谱柱内表面进行钝化处理后，交联涂覆 OV-5 固定液。

以多种手段对制备的色谱柱进行了表征和性能测试，结果表明，采用金扩散共晶键合技术制备的全硅质色谱柱，其硅硅封合效果令人满意，键合质量得到了显著提高，键合强度可与阳极键合柱相媲美。研究显示，金硅共晶键合后进行的高温退火处理，是实现硅硅间良好结合的重要原因。金扩散共晶键合是一种可行的硅硅封合技术。以 $C_6 \sim C_{12}$ 正构烷烃为测试样品进行了程序升温分析，升温速率为 120℃/min，在 35s 时间内对各组分实现了接近基线分离的分辨率。

实例 4 ▶▶▶

2017 年，Ghosh 等[17]采用 MEMS 及熔融键合技术制备了全硅材质的微型气相色谱柱。该色谱柱为蛇形沟槽，矩形截面，通道尺寸为：深 80μm×宽 158μm×长 5.9m。首先在直径 100mm、厚 500μm 的硅片上加工出色谱柱入口/出口孔和定位孔，然后将硅片重新抛光，加热至 150℃脱水处理 20min。接下来旋涂光刻胶，图形化，再将硅片于 130℃烘焙 120min，硬化掩膜。随后采用 DRIE 工艺刻蚀暴露的硅片，形成矩形截面的色谱柱沟槽。清除刻蚀硅片上的光刻胶，将其与另一块新抛光的硅片加热至 1100℃进行热氧化，在硅片表面生长 330nm 厚的氧化物层。彻底清洗后，将两块硅片压紧贴合在一起放入氧化炉中，以 2℃/min 的速率从 140℃缓慢加热至 1100℃，并在该温度下保持 3h。然后以-2℃/min 的速率冷却至500℃，使两块硅片的氧化物层融合在一起，形成密封通道。切割硅片，获得尺寸6.35cm×6.35cm的全硅质芯片。将色谱柱芯片装配在特制的加热器/固定夹组件上，安装入口/出口毛细管，静态法涂渍固定液。加热器/固定夹组件是以耐高温且热膨胀系数与硅相近的镍钴铁合金为材质加工而成，内置加热器和温度传感器，用于色谱柱芯片的加热和控温。见图4-13。

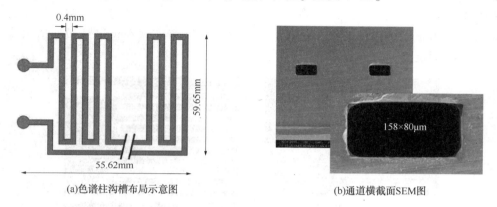

(a)色谱柱沟槽布局示意图　　　　　　(b)通道横截面SEM图

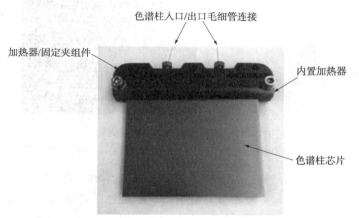

(c)装配在加热器/固定夹组件上的色谱柱芯片

图4-13　装配有加热器/固定夹组件的全硅质微型气相色谱柱[17]

　　装配有加热器/固定夹组件的色谱柱芯片可在300℃的高温下工作，能够分离半挥发性有机化合物。所采用的微芯片加热器/固定夹组件装配技术，解决了微型气相色谱柱与进样器、检测器之间的接口问题，实现了微系统柱外死体积的最小化。

实例5 ▶▶▶

　　2018年，罗凡等[18]基于MEMS技术设计并制作了一种具有高深宽比、蛇形沟槽结构的微型气相色谱柱。其通道截面为矩形，通道尺寸为：深300μm×宽

100μm×长 2m。采用这种柱结构设计，既能保证有足够的柱容量，又有利于组分分子在两相间快速传质，从而获得高柱效。色谱柱加工过程如下：

首先在 530μm 硅片上生长 2μm 厚的 SiO₂ 层，然后将 1.4μm 厚的光刻胶以 3000r/min 旋涂在 SiO₂ 层上，进行光刻。接着腐蚀 SiO₂ 层，利用 DRIE 工艺刻蚀硅片，形成深 300μm、宽 100μm 的矩形横截面沟槽。随后通过 RIE 工艺去除 SiO₂ 掩模层，接下来将刻蚀好的硅片与玻璃盖片进行硅玻阳极键合，制得尺寸为 4.7cm×3.1cm 的色谱柱芯片，见图 4-14。最后采用静态法在色谱柱微通道内涂覆 PDMS 固定液。

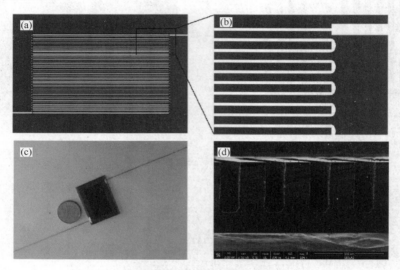

图 4-14　蛇形沟槽高深宽比的微型气相色谱柱[18]

(a)色谱柱沟槽布局；(b)蛇形沟槽局部放大图；(c)封装的色谱柱芯片；(d)沟槽截面 SEM 图

运用 COMSOL 软件对色谱柱进行了仿真分析，结果显示，色谱柱通道内流速分布均匀。进一步的分离测试实验表明，所制备的微型色谱柱能够高效分离烷烃类气体混合物($C_6 \sim C_{10}$)以及苯系物(苯、甲苯、对二甲苯、邻二甲苯)，以 C_8 为参考计算的理论塔板数为 14028 塔板/m。

4.2.4.6　不同沟槽结构微型气相色谱柱的比较

早期的微型气相色谱柱大多采用螺旋形沟槽。虽然螺旋柱在芯片级电泳中显示出了比蛇形柱更低的离散度，但在 μGC 中是否也存在同样的结果需要进行实验验证。此外，为获得理想的沟槽布局，有必要了解不同沟槽形状对微型气相色谱柱性能的影响。为此，Radadia 等[19,20]系统研究了沟槽几何结构对微型气相色谱柱性能的影响。他们分别设计制备了蛇形沟槽、圆形螺旋沟槽、正方形螺旋沟槽的微型色谱柱(图 4-15)，对其性能进行了测试和分析比较，还探索了不同几何形状的转弯对蛇形沟槽色谱柱性能的影响。

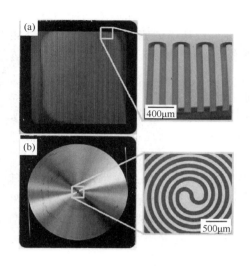
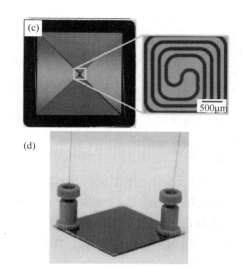

图4-15 不同沟槽结构的微型气相色谱柱[19]
(a)蛇形沟槽；(b)圆形螺旋沟槽；(c)正方形螺旋沟槽；(d)制备完成的色谱柱

所设计的蛇形沟槽、圆形螺旋沟槽、正方形螺旋沟槽色谱柱的尺寸为：深100μm×宽100μm×长3m。蛇形沟槽直线部分长25.9mm，圆弧转角的平均直径为100μm，通道间距100μm；圆形螺旋和正方形螺旋沟槽由两个互锁的螺旋通道组成，其中心部分的内径为200μm，通道间距75μm。加工过程：首先在直径4in、厚250μm、双面抛光的 p 型硅片上溅射一层1000Å厚的铝膜作为刻蚀掩膜，然后旋涂光刻胶，图形化。用 RIE 工艺刻蚀铝膜，暴露硅片，接着用 DRIE 工艺刻蚀出沟槽和通孔。将刻蚀好的硅片与 Pyrex 玻璃盖片阳极键合，密封通道。对色谱柱内壁进行钝化处理后，动态法交联涂渍 OV-5 固定液。

对制备的色谱柱进行了性能测试，结果表明：

① 在测试条件下，3 种不同沟槽结构的色谱柱表现出了相似的渗透性。说明沟槽结构对色谱柱的渗透性无显著影响。

② 在恒温分析时，蛇形沟槽色谱柱的柱效率明显高于螺旋形沟槽的色谱柱。

③ 以 $C_7 \sim C_{13}$ 正构烷烃混合物为样品，在温度程序下进行分析时，蛇形沟槽色谱柱的分离数均高于螺旋形沟槽的色谱柱，且洗脱更快，色谱峰的峰形更窄、更尖锐，分离得更好。

研究结论：沟槽结构对微型气相色谱柱的渗透性无显著影响，但对其分离特性具有重要影响。与芯片级电泳中的结果不同，无论是恒温分析还是程序升温分析，蛇形沟槽的色谱柱都表现出了优于螺旋形沟槽色谱柱的分离特性。两种螺旋柱相比，圆形螺旋结构优于正方形螺旋结构。

导致螺旋形沟槽微型色谱柱柱效降低的原因主要来自两个方面：

① 赛道效应(race track effect)。在这种效应中，处于弯曲通道内侧与外侧的分子具有不同的路径长度以及不同的速度，在螺旋通道内侧流动的分子比在外侧流动的分子所移动的距离更短，从而导致谱带展宽。螺旋形通道的盘绕直径越小，由赛道效应引起的峰形扩展越严重。

② 转弯效应。螺旋柱中存在大量的通道转弯，色谱柱的通道转弯越多，峰的离散程度越严重，且在转弯处容易发生固定液的淤积(pooling)，使其难以涂覆均匀。此外，螺旋盘绕中心区域的转弯密度极高，离心力的影响加大，固定液的涂层更厚。

蛇形结构优于螺旋形结构是因为其将通道的转弯数量降至最少，以及顺时针和逆时针方向的转弯数量相等，补偿了由转弯效应引起的峰形展宽，因而蛇形结构色谱柱的流体力学特性有利于降低峰形扩展；蛇形通道结构能够获得更薄、更均匀的固定液涂层。因此，在 μGC 中微型色谱柱大多倾向于设计成蛇形沟槽。

在蛇形沟槽的微型气相色谱柱中，通道转弯处是色谱峰产生离散的重要根源，降低此处的离散度有利于进一步提高柱效能。为此，Radadia 等[20]研究了具有不同几何形状转弯的蛇形色谱柱的性能。他们制备了四种转弯结构的蛇形色谱柱，分别是：(a)普通圆形转弯；(b)正弦补偿形转弯；(c)圆锥汇聚形转弯；(d)同心汇聚形转弯。见图 4-16。将转弯形状设计成正弦补偿结构，旨在通过一系列扩张和收缩来降低 Dean 涡流的强度，从而减小色谱峰的离散程度。结果表明：在四种转弯结构中，正弦补偿形给出了最低的色谱峰离散度。说明正弦补偿形转弯结构有助于减少由普通圆形转弯引起的色谱峰离散。

(a)普通圆形　　　　(b)正弦补偿形　　　　(c)圆锥汇聚形　　　　(d)同心汇聚形

图 4-16　蛇形沟槽的四种转弯结构[20]

4.2.4.7　波浪形通道的微型气相色谱柱

根据气相色谱理论，柱通道内的气流分布对峰形扩展起着至关重要的作用，气流分布越均匀，组分分子的离散度就越小，柱效率越高。在直形通道的开管式色谱柱内，气流的轮廓为抛物线形，通道中心处的流速最高，而通道壁附近最低，流速在横向上存在严重的不均匀性。这种"层流效应"使得位于通道中心处的分子移动速度比靠近通道壁的分子要快,从而引起峰形扩展,导致柱效下降。

为了改善直形通道内不均匀的气流分布,Yuan 等[21]将微型色谱柱的通道设计为起伏的波浪形,利用有限元分析法(FEM)详细研究了波浪形通道中弧的圆心角和曲率半径对流速分布的影响,并与直形通道和锯齿形通道进行了对比,采用优化的参数制备了波浪形通道的微型气相色谱柱(wavy gas chromatography column),提出了一种新的柱结构。

色谱柱沟槽布局为蛇形,由交替连接的136°上弯弧与下弯弧组成波浪形柱通道。通道尺寸为:深300μm×宽40μm×长2m,曲率半径14.3μm,色谱柱结构设计参见图4-17(a)。首先,利用电子束蒸发工艺在(100)硅片上沉积3μm厚的铝膜,随后旋涂光刻胶,图形化。采用 DRIE 工艺刻蚀硅片,形成300μm深的微通道、微流体端口和垂直侧壁结构。最后,将刻蚀好的硅晶片阳极键合到Pyrex 7740 上。切割硅片,静态法涂渍固定相 SE-54。

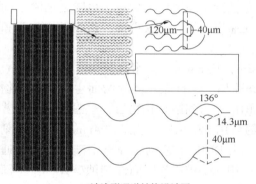

(a)波浪形通道结构设计图　　　　　　(b)波浪形通道色谱柱光学显微图像

图4-17　波浪形通道的微型气相色谱柱[21]

仿真分析结果表明,波浪形通道内的流速分布优于直形通道和锯齿形通道。影响波浪形通道色谱柱流速分布最关键的因素是弧的圆心角,其适宜的取值范围在120°~150°,最佳数值为136°,曲率半径应为通道宽度的20%~50%。

以二氯乙烷、甲苯、磷酸二甲酯、水杨酸甲酯4组分混合物为样品,测定了波浪形通道色谱柱(波浪柱)的柱效率和分辨率,并与相同尺寸的直形通道色谱柱(直形柱)进行了对比。结果显示,波浪柱和直形柱对样品的分析时间分别为3.5min 和3min,两者都具有较高的分离效能,但波浪柱的柱效率高于直形柱,尤其是对于水杨酸甲酯组分,波浪柱的理论塔板数为1354 塔板/m,明显高于直形柱的1045 塔板/m。在分辨率方面,波浪柱对被测样品的分离度范围为1.71~6.51,比直形柱提高了20%,展现出了更好的分离性能,这归因于波浪形通道内更均匀的流速分布。优化的波浪形通道结构减小了通道内不同位点处的流速差异,使横向的流速分布变得更加均匀,抑制了分子扩散,降低了"层流效应"

及流动相传质阻力，从而提高了柱效。此外，波浪形通道有效降低了流动相流速，由此增强了分析物与固定相间的相互作用，使色谱柱的分离性能得到提高。

4.2.4.8 部分掩埋通道式微型气相色谱柱

通道横截面为矩形的微型气相色谱柱在性能上有着诸多优势：容易获得高深宽比的柱结构，具有较高的柱效能等。但其也存在不利的一面：硅玻键合密封后的通道内存在着四个尖角，给后续的固定液涂渍环节造成了困扰。实验表明，无论采用静态法还是动态法涂渍固定液，在通道的尖角处都会出现固定液淤积现象。而固定液在通道表面分布不均，会导致柱效下降。为了克服这一缺陷，人们尝试将柱通道内的尖角变圆滑。

2009 年，Radadia 等[22]采用 DRIE 各向异性-SF$_6$ RIE 各向同性双刻蚀工艺，制备了截面为扁圆形的"部分掩埋通道式微型气相色谱柱(partially buried microcolumn)"。其独特的圆形槽壁结构，完全消除了通道内的尖角，也随之消除了固定液淤积现象，使固定液能够均匀分布在通道表面且液膜更薄，提高了柱效率和分析速度。

该色谱柱设计为蛇形沟槽，宽 100μm，长 34cm。采用直径 4in、厚 250μm、电阻率 5~20Ω·cm、双面抛光的 p 型硅片加工。首先在硅片两面生长热氧化物层，正面旋涂光刻胶，图形化。用 CF$_4$ RIE 工艺刻蚀氧化物层，暴露硅片，接着用 DRIE 工艺各向异性刻蚀 11μm 深，随后用 SF$_6$ RIE 工艺刻蚀 4min。除去光刻胶，PECVD 沉积 0.3μm 厚的二氧化硅，用 DRIE 工艺刻蚀掉整个硅片上除了通道侧壁以外所有的 PECVD 氧化物。再次用 SF$_6$ RIE 各向同性刻蚀硅片，获得部分掩埋式扁圆形通道结构。采用 BOE 工艺刻蚀掉所有氧化物，暴露硅片。用特殊的壁平滑工艺处理通道，以降低槽壁的粗糙度。随后沉积 0.25μm 厚的 PECVD 氧化物层，将通道保护起来。接下来，在硅片背面相应位置制备流体连接孔。切割硅片，除去 PECVD 氧化物层，清洗硅片。与 Pyrex 玻璃阳极键合，形成宽 165μm、深 65μm、水力直径 107μm，截面为扁圆形的密闭通道。对色谱柱内壁进行钝化处理后，采用动态法原位交联涂渍 OV-5 固定液。制备好的色谱柱芯片尺寸为 1.4cm×1.4cm。见图 4-18。

性能测试表明，部分掩埋通道式微型气相色谱柱的 H_{min}=0.39mm，其柱效率与理论值更接近，在 3.8s 内分离了 10 组分混合物(乙醚、甲苯、n-C$_9$、n-C$_{10}$、磷酸二甲酯、n-C$_{11}$、磷酸二乙酯、磷酸二异丙酯、n-C$_{12}$、1,6-二氯己烷)；而具有近似水力直径、截面为矩形的微型气相色谱柱的 H_{min}=0.66mm，对上述 10 组分混合物的分析时间为 4.6s。这归因于部分掩埋通道式微型色谱柱的扁圆形截面使槽壁变得圆滑，消除了矩形截面通道内的尖角，使固定液能够均匀分布在通道内壁上。

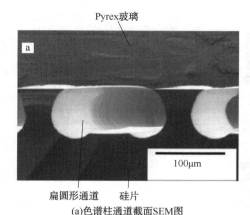

Pyrex玻璃

扁圆形通道　硅片

(a)色谱柱通道截面SEM图

(b)色谱柱芯片照片

图 4-18　部分掩埋通道式微型气相色谱柱[22]

4.2.4.9　多道开管式微型气相色谱柱

实例 1 ▶▶▶

单道开管式微型色谱柱(SCCs)的制备工艺相对简单，柱效率较高，分析速度快，但样品容量低。为了兼顾色谱柱的分离效能与样品容量，2009 年，Zareian-Jahromi 等[23] 发展了多道开管式微型色谱柱(MCCs)，制备了 2 通道(MCC-2)、4 通道(MCC-4)和 8 通道(MCC-8)的 MCCs。色谱柱设计为蛇形沟槽、矩形截面，统一尺寸为：深 250μm、总宽度 250μm、长 25cm，芯片面积 8cm×10cm。色谱柱采用蛇形结构，一方面是由于其柱效能优于螺旋形结构；另一方面，蛇形设计能使 MCCs 中所有通道的长度相等，而螺旋形设计则无法实现，这是确保高效分离的关键特征。为了使气流平均分配到各通道，在 MCCs 的入口和出口处均设有分流器，见图 4-19。利用 DRIE 工艺在硅片上刻蚀色谱柱沟槽，然后与 Pyrex 7740 玻璃晶片阳极键合，静态法原位交联涂渍 OV-1 固定液。成功涂覆了 MCC-2 和 MCC-4，而对于 MCC-8 没有获得牢固的固定液涂层。

为进行比较和评价，同时制备了与 MCCs 具有相同沟槽深度和长度，不同宽度的 SCCs。分别以壬烷、正十二烷、$C_7 \sim C_{16}$ 正构烷烃为样品，测定了色谱柱的柱效率、样品容量和分离性能，结果如下：

① SCCs 的样品容量随通道宽度的减小而降低；柱效率随通道宽度的减小而增大。其中 25μm 宽的 SCC 样品容量为 6ng，理论塔板数达 12500 塔板/m，可在不到 2min 内分离正构烷烃样品。进一步证明了单道开管柱的道宽对柱效率和样品容量的影响。

② MCCs 的样品容量远高于 SCCs，且随所含通道数目的增多而增大。MCC-2(单道宽 125μm)和 MCC-4(单道宽 65μm)的样品容量分别为 50ng 和 200ng，其中 MCC-4 的样品容量是道宽相近的 SCC(宽 50μm)的 20 倍。可见，多道开管柱

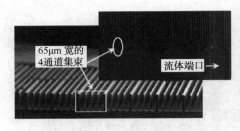

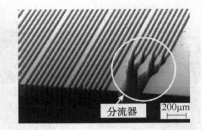

(a)MCC-4截面图及俯视图   (b)带有分流器的MCC-8

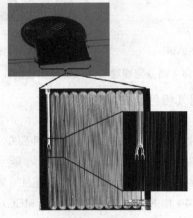

(c)MCC-8芯片及其放大图

图4-19　多道开管式微型气相色谱柱[23]

结构能够显著提高微型色谱柱的样品容量。MCC-4 在 5min 内分离了正构烷烃样品。若采用更合适的程序升温条件，MCCs 的分析时间和分辨率有望得到进一步改善，从而实现在较高样品容量下的高效分离。

③ 随着 MCCs 通道数目的增多，固定液的涂渍遇到了挑战，采用常规涂渍方法难以实现每条通道内具有相同的涂层厚度，需要开发与之相适应的、新的固定相涂覆技术。

实例 2 ▶▶▶

2014 年，李臆等[24] 报道了一款具有快速分离效果的 4 通道开管式微型气相色谱柱（MCC-4），如图 4-20 所示。色谱柱采用蛇形沟槽、高深宽比矩形截面设计，沟槽深度 400μm、每道宽 40μm、总宽度为 160μm，色谱柱全长 50cm。首先利用 DRIE 工艺在 800μm 厚的 n 型硅片上刻蚀沟槽，然后将硅片与 Pyrex 7740 玻璃键合，密封沟道，安装流体端口，最后静态法涂覆 SE-54 固定液。

性能测试表明，所制备的 4 通道微型气相色谱柱的柱效能为 15342 塔板/m，与理论计算数值接近。该 MCC-4 能够在 1min 内实现对苯、甲苯、苯酚混合物的快速分离。

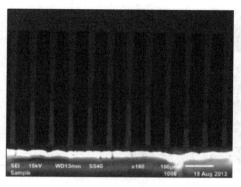 

(a)MCC-4横截面结构　　　　　　　　　　　(b)封装好的微型色谱柱

图4-20　具有快速分离效果的4道开管柱[24]

4.2.4.10　填充式微型气相色谱柱

实例1 ▶▶▶

2005年，Zampolli等[25]制备了用于分离空气中有毒挥发性化合物的填充式微型气相色谱柱。为了减小柱压降及方便固定相的装填，色谱柱沟槽设计为圆形单螺旋结构，深度为620μm或800μm，通道截面为矩形，截面面积0.8mm²，柱长75cm，柱出口位于色谱柱的中部，入口在通道的外周。为了达到所需的刻蚀深度，以热生长的二氧化硅和光刻胶作为复合掩膜层，采用DRIE工艺将色谱柱沟槽刻蚀在双面抛光、960μm厚的硅片上。随后在硅片背面制备Pt加热器，用于控制分离过程中色谱柱的温度。接下来以Pyrex玻璃为盖片，在柱入口/出口的对应位置上预先钻好孔道，再与刻蚀的硅片阳极键合，进行封装。最后一步是装填固定相，将色谱柱出口与真空泵相连，在负压作用下固定相颗粒Carbograph 1+5% Carbowax(80~100目)或Carbograph 2+0.2% Carbowax(60~80目)被均匀吸入微通道中，获得填充式微型气相色谱柱。见图4-21。

 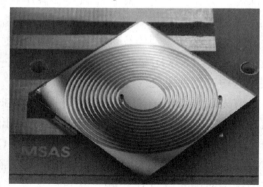

(a)硅片上刻蚀的圆形单螺旋沟槽　　　　　　(b)封装的色谱柱芯片

图4-21　圆形单螺旋填充式微型气相色谱柱[25]

(c)装填好固定相的色谱柱

图4-21　圆形单螺旋填充式微型气相色谱柱[25]（续）

实验表明，该填充式微型气相色谱柱对于空气中浓度低至5×10^{-9}的苯、甲苯、间二甲苯混合物具有良好的分辨率，可应用于空气质量监测以及食品质量控制。

实例 2 ▶▶▶

由于永久性气体和低碳烃类等物质在固定液中的溶解度很小，更适于用填充柱进行气-固色谱分析。而通常制备的微型色谱柱大都用来涂渍固定液，其通道尺寸较小，直接用作填充柱时难以均匀装填色谱填料，使色谱柱的长度受限，影响了分离效能的提高。为解决这一问题，2016 年，Sun 等[26]研制了适用于气-固色谱分析的填充式微型气相色谱柱。

他们从提高分离效能和方便固定相颗粒装填的角度出发，色谱柱采用了大尺寸、高深宽比的蛇形沟槽结构设计，其矩形截面尺寸为：深 1.2mm×宽 0.6mm，通道总长度达 1.6m。在色谱柱出口处设有拦挡固定相颗粒的微型立柱，还集成有柱上加热器。如果按照常规方法单纯在硅基片上刻蚀沟槽，难以实现设计的沟槽深度。为此，采用对硅基片和玻璃盖片双刻蚀的方法，即分别在硅基片和玻璃盖片上刻蚀出 0.6mm 深的蛇形沟槽，然后将两晶片对准键合，即可获得所需的设计尺寸。又考虑到传统刻蚀工艺，如 DRIE 等不适合刻蚀玻璃材料，故改用激光刻蚀工艺(laser etching technology，LET)。可见，该色谱柱在结构设计和加工工艺上均有创新之处。

首先用 AutoCAD 将色谱柱设计图形绘制在硅基片和玻璃晶片上，然后采用激光刻蚀工艺分别于硅片和玻璃片上刻蚀出横截面积 0.6mm×0.6mm 的蛇形沟槽。在硅片背面溅射沉积20nm/250nm 厚的 Cr/Pt 层，利用剥离工艺制备加热器。对硅片和玻璃片进行抛光处理，以去除 LET 在沟槽边缘产生的毛刺，然后将两晶片的沟槽对准并键合在一起，获得高深宽比(2∶1)的密闭柱通道。在负压下将固定相 Porapak Q(粒径 100μm)均匀装入色谱柱通道。见图 4-22。

(a)硅片上的蛇形沟槽设计示意图

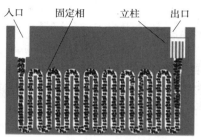

(b)装填固定相的通道结构示意图

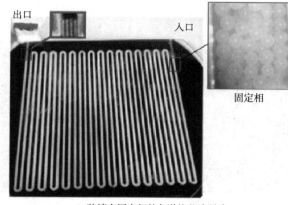

(c)装填有固定相的色谱柱芯片照片

图4-22 大尺寸、高深宽比的填充式微型气相色谱柱[26]

测试结果显示，制备的填充式微型气相色谱柱具有高的样品容量和分离效能，能够在95s内完全分离8组分的复杂气体混合物（CO、CH_4、C_2H_2、C_2H_4、C_2H_6、C_3H_6、C_3H_8、C_4H_{10}），柱效率为5800塔板/m。由于该色谱柱采用了大尺寸、高深宽比的沟槽结构，一方面解决了色谱填料均匀装填的问题，使柱长不再局限于短柱（该柱长达1.6m）；另一方面也带来了色谱柱分离效能的提高。

该研究表明，激光刻蚀工艺是在玻璃晶片上刻蚀深沟槽的有效手段；通过分别在硅晶片和玻璃晶片上刻蚀沟槽然后对接的方式，可以显著增加沟槽深度（1.2~1.5mm）；色谱柱采用大尺寸、高深宽比的结构设计，成功解决了微型色谱柱的固定相装填问题，实现了对永久性气体和低碳烃类样品的高效分离。

4.2.4.11 半填充式微型气相色谱柱

单道开管式微型气相色谱柱渗透性好、柱压降小、分析速度快，但通道表面积较小，样品容量低；多道开管式微型气相色谱柱虽然提高了样品容量，但固定液涂渍遇到了困难，且存在各通道内流速不均等问题；填充式微型气相色谱柱能提供较大的样品容量，但存在涡流扩散，同时柱压降也较高。为综合解决上述问题，Ali 等[27]于2009年创建了半填充式微型气相色谱柱（SPC）。通过在开管式微型色谱柱的通道内嵌入规则排列的微型立柱阵列来增大通道总表面积，减小通道宽度，提高色谱柱的样品容量和柱效能。

色谱柱沟槽设计为正方形螺旋，通道尺寸为：深 $180\mu m$×宽 $150\mu m$×长 1m，通道内沿沟槽走向嵌入 3 列边长为 $20\mu m$ 的正方形立柱，相邻立柱间距 $30\mu m$，立柱与通道壁间距 $15\mu m$，立柱阵列的详细布局如图 4-23(d) 所示。加工过程：首先在硅片上旋涂光刻胶，图形化，然后采用标准 Bosch-DRIE 工艺刻蚀 $180\mu m$ 的深度，形成具有垂直侧壁结构的通道、立柱和流体端口。剥离光刻胶，将硅片与 Pyrex 7740 玻璃晶片阳极键合，切割芯片，安装入口/出口石英毛细管，静态法交联涂渍 OV-1 固定液，制成 1.8cm 见方的微型色谱柱芯片。见图 4-23。

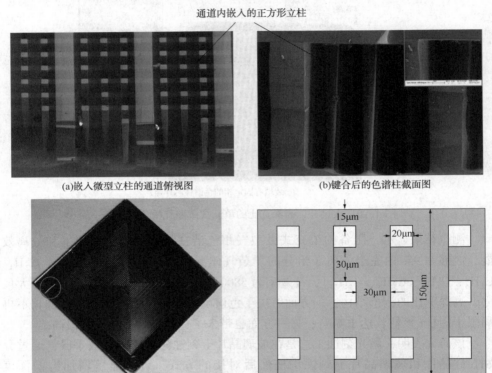

(a)嵌入微型立柱的通道俯视图　　　(b)键合后的色谱柱截面图

(c)制备好的色谱柱芯片　　　(d)SPC通道内立柱阵列布局图

图 4-23　第一代半填充式微型气相色谱柱[27]

研究表明，该半填充式微型色谱柱的通道总表面积达 $15cm^2$，是尺寸相近的开管式微型色谱柱($7cm^2$) 的 2 倍多，测得的理论塔板数为 10000 塔板/m。通道内微型立柱阵列的嵌入，显著增加了柱内总表面积，获得了更高的样品容量。此外，由于微型立柱的尺寸相同且排列规则，使得柱内各通道间的流速分布趋于均匀，降低了涡流扩散效应，减小了色谱柱的有效宽度，缩短了传质距离，有效抑制了谱带展宽，提高了柱效能。可见，半填充式微型色谱柱在性能上发挥了开管柱和填充柱的优势而弥补了它们的不足，在不牺牲柱效能的前提下，获得了较高的样品容量，是一种综合性能优良的微型气相色谱柱。

4.2.4.12 半填充式微型气相色谱柱的优化与应用

实例 1 ▶▶▶

在半填充式微型气相色谱柱中，嵌入立柱在通道中的位置、间距以及通道转弯区域的布局等因素影响着气流的分布，从而影响柱效能。为了实现通道内均匀的流速分布，2013 年，Sun 等[28]利用数值模拟法对上述因素的影响进行了研究，证明了通道内立柱非等距排列，以及在通道转弯区域不嵌入立柱的结构，会在柱通道中产生均匀的流速分布，并使用优化的配置参数制备了半填充式微型色谱柱，成功分离了 5 种环境致癌物。

色谱柱沟槽布局设计为蛇形，矩形截面，通道尺寸为：深 350μm×宽 300μm×长 2m，通道内嵌入 3 列直径为 50μm 的圆形立柱，相邻立柱之间的距离为 35μm，立柱与通道壁之间的距离为 40μm，通道转弯区域不嵌入立柱。色谱柱沟槽布局示意图参见图 4-24(a)。采用直径 76mm、厚 550μm 的 n 型(100)硅片加工。首先在硅片上沉积 200nm 厚的铝膜，旋涂光刻胶，图形化。用 H_3PO_4 刻蚀铝膜，暴露硅表面。然后，采用 DRIE 工艺刻蚀硅片，形成矩形截面的微通道和圆形立柱。在硅片背面制备 Pt 加热器和温度传感器，将硅片与 Pyrex 7740 玻璃盖片键合密封，获得 35mm×35mm 的色谱柱芯片。利用动态法涂渍固定液 SE-54+PEG-20M。

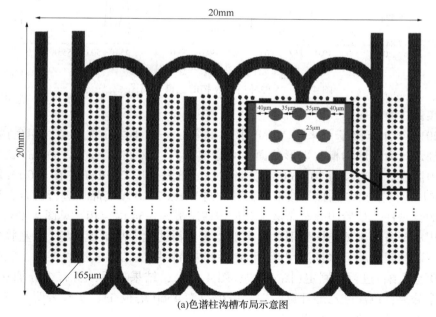

(a)色谱柱沟槽布局示意图

图 4-24 结构优化的半填充式微型气相色谱柱[28]

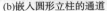
(b)嵌入圆形立柱的通道

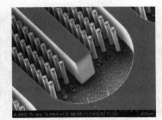
(c)蛇形通道转弯区域

(d)色谱柱芯片照片

图 4-24　结构优化的半填充式微型气相色谱柱[28]（续）

性能测试表明，该结构优化的 SPC 柱内总表面积比具有相同尺寸矩形截面的开管柱高 3 倍以上。此外，微型立柱的嵌入，使通道的深宽比由原来的 1.16：1 增加到 2.33：1，导致更高的柱效能。该色谱柱在不到 50s 时间内完全分离了 5 种环境致癌物（苯、甲苯、乙苯、苯乙烯、苯酚）的气体混合物，且峰形对称（图 4-25），实现了 9500 塔板/m 的柱效率。

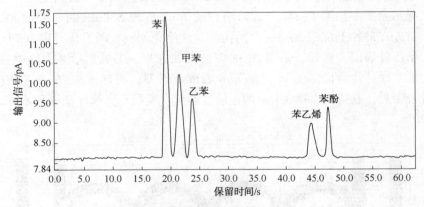

图 4-25　5 种环境致癌物的色谱分离图[28]

实例 2 ▶▶▶

2014 年，李臆等[29]采用 MEMS 技术制备了一种半填充式微型气相色谱柱。色谱柱设计为蛇形沟槽，矩形截面，通道尺寸为：深 $250\mu m\times$ 宽 $160\mu m\times$ 长 1m，通道内嵌入 2 列边长为 $20\mu m$ 的正方形立柱。首先采用 DRIE 工艺在 $800\mu m$ 厚的 n 型硅片上刻蚀 SPC 沟槽，接下来将硅片与 Pyrex 7740 玻璃晶片进行键合，形成密封的色谱柱，最后用静态涂覆法对色谱柱涂覆 SE-54 固定相。见图 4-26。

用所制备的半填充柱分别对含有酯类化合物的化学战剂模拟剂（甲基膦酸二甲酯、磷酸三乙酯、水杨酸甲酯）和食品添加剂（甲酸乙酯、乙酸丁酯、乳酸乙酯、庚酸乙酯）进行了测定（图 4-27、图 4-28），结果显示，所有组分均在 75s 内完全分离，以庚酸乙酯计算的理论塔板数为 4560 塔板/m。实验表明，该半填充柱具有高效、快速的特点。

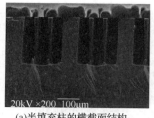
(a)半填充柱的横截面结构

(b)封装好的半填充柱

(c)涂覆后的固定相膜

图4-26　分离酯类化合物的半填充式微型气相色谱柱[29]

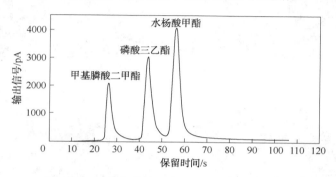

图4-27　3种化学战剂模拟剂的色谱分离图[29]

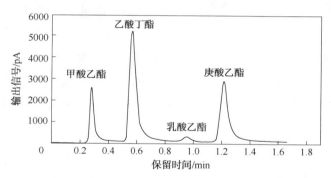

图4-28　4种酯类食品添加剂的色谱分离图[29]

实例3 ▶▶▶

为了快速分析低浓度的呼出气生物标志物，2016年，Lee等[30]研制了一款微型气相色谱模块，其主要部件是一块尺寸为2cm×2cm的MEMS色谱柱芯片。微型色谱柱的沟槽布局为圆形双螺旋结构，与典型的半填充柱通道内嵌入立柱阵列不同，该色谱柱通道内只嵌入单列立柱。通道尺寸为：深400μm×宽150μm×长1.3m，沿沟槽走向均匀嵌入单列直径为30μm的圆形立柱，以增加固定相与流动相之间相互作用的面积，提高柱效。色谱柱加工过程如下：

首先，采用标准Bosch-DRIE工艺在直径6in、厚625μm的硅片上刻蚀出色谱柱沟槽、圆形立柱和流体端口；随后，利用电子束蒸发工艺和剥离工艺在硅片背面制备 Pt 加热器和温度传感器；接着将 Pyrex 玻璃盖片阳极键合到硅片正面，密封通道；最后，采用静态法交联涂渍 OV-1 固定液。将加工好的色谱柱芯片与印刷电路板(PCB)组装在一起，构成尺寸为 4cm×3cm 的 μGC 模块。如图 4-29 所示。

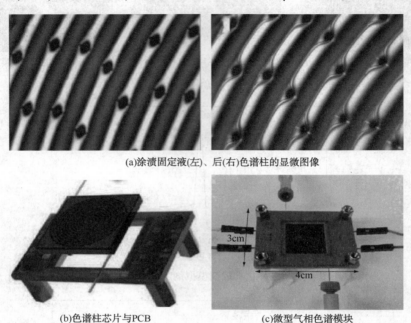

(a)涂渍固定液(左)、后(右)色谱柱的显微图像

(b)色谱柱芯片与PCB   (c)微型气相色谱模块

图 4-29　分离呼出气生物标志物的半填充式微型气相色谱柱[30]

性能测试表明，在温度程序条件下，该微型色谱柱能够在小于 2min 时间内将浓度为 $5×10^{-6}$ 的呼出气生物标志物 $C_1 \sim C_6$ 烷烃混合物完全分离，且色谱峰对称，无拖尾现象(图 4-30)。

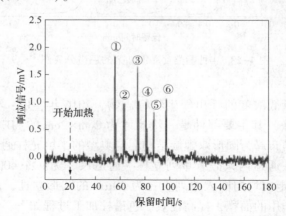

图 4-30　$C_1 \sim C_6$ 烷烃混合物的色谱分离图[30]

峰号①~⑥依次为：甲烷、乙烷、丙烷、丁烷、戊烷、己烷

实例 4 ▶▶▶▶

为了对非酒精性脂肪肝（NAFLD）或其他肝病进行快速、无创筛查，2019 年，Han 等[31]研制了一种用于分离呼出气中 VOCs 的半填充式微型色谱柱。他们对通道内嵌入立柱的结构配置进行了优化，以获得高效分离柱，并利用 Fluent 仿真软件分析了立柱形状对流速分布的影响。

研究表明，嵌入正方形立柱比圆形立柱能够获得更均匀的流速分布。但正方形立柱上存在的尖角会产生固定液淤积现象，而圆形立柱没有尖角，固定液更容易涂布均匀。综合考虑，选择在通道内嵌入圆形立柱。此外，为避免固定液在蛇形通道的转弯处产生淤积，通道转弯区域不嵌入立柱。色谱柱设计为蛇形沟槽，通道尺寸为：深 240μm×宽 200μm×长 3m（或 1m），通道内嵌入 3 列直径为 30μm 的圆形立柱，同列立柱的间距为 50μm，相邻列之间以及立柱与通道壁之间的距离均为 27.5μm。沟槽布局及立柱配置情况参见图 4-31(a)。加工过程如下：

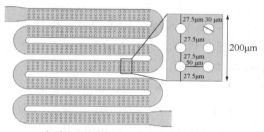

(a)色谱柱沟槽布局及立柱配置示意图

(b)嵌入圆形立柱的通道　　(c)通道局部放大图　　(d)3m和1m色谱柱芯片照片

图 4-31　分离 VOCs 的半填充式微型气相色谱柱[31]

首先，在直径 4in、厚 500μm、单面氧化的 n 型（100）硅片上旋涂约 2μm 厚的光刻胶，图形化；随后溅射一层 150nm 厚的铝膜，剥离后用作刻蚀掩膜层；然后，采用 DRIE 工艺刻蚀硅片，获得矩形截面的微通道和圆形立柱阵列；用磷酸去除掩膜层后，将硼硅玻璃晶片与刻蚀硅片键合，形成封闭通道。用电子束蒸发工艺在硅片背面制备 Pt 加热器和温度传感器，切割晶片，粘接入口/出口熔融石英毛细管。将 5%的盐酸溶液注入色谱柱中，两端密封，于 120℃加热 2h，对通道内壁进行酸化处理。随后，在 400℃下用八甲基环四硅氧烷对色谱柱内表面进行钝化处理。最后，用二氯甲烷洗涤色谱柱，静态法涂覆 OV-1 固定液。

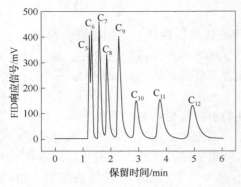

图 4-32 $C_5 \sim C_{12}$ 烷烃混合物的
色谱分离图[31]

性能测试表明，在温度程序条件下，所制备的半填充式微型气相色谱柱可在 5min 内有效分离包括 NAFLD 生物标志物（戊烷）在内的烷烃（$C_5 \sim C_{12}$）混合物（图 4-32），能够满足 μGC 系统对 NAFLD 或其他代谢性肝病呼气分析的要求。

实例 5 ▶▶▶▶

微型气相色谱柱的柱内总表面积和有效宽度是影响分离性能的两个关键因素。在 SPC 通道内增加嵌入立柱的数量是扩大柱内表面积的有效手段，最终可以提高色谱柱分离性能。然而，一定条件下嵌入立柱的数量越多，有效宽度就越小，柱压降越高，维持色谱过程正常运行所需的压力越高。这给整个 μGC 系统的构建带来了困扰。显然，单纯采用增加立柱数量来提高柱效能不是一种理想方式，需要探索既能增大柱内表面积，又不会引起过高压力降的柱结构。

为解决 SPC 存在的上述问题，2018 年，Tian 等[32]设计制作了一种嵌入椭圆形立柱（elliptical cylindrical posts，ECPs）阵列的半填充式微型色谱柱（ECPs-SPC），即用椭圆形立柱 ECPs 代替圆形立柱（cylindrical posts，CPs）。其中椭圆形立柱半长轴和半短轴的设计原则为：①每个 ECP 的表面积大于 CP；②在有效宽度不小于 CPs-SPC（130μm）的前提下，使通道内嵌入更多列 ECPs。为了在通道内获得均匀的气流分布，嵌入的立柱采用非等距设置。最终的 ECPs-SPC 为蛇形沟槽结构，通道尺寸为：深 300μm×宽 250μm×长 2m，内嵌 4 列椭圆形立柱，立柱的半长轴和半短轴分别为 30μm 和 10μm，立柱中心与通道壁的间距为 47μm，立柱在 x 方向和 y 方向的间距分别为 20μm 和 32μm，有效宽度 170μm，通道转弯区域不嵌入立柱，参见图 4-33。该设计中，在通道尺寸相同的情况下，ECPs-SPC 的柱内总表面积和有效宽度分别比 CPs-SPC 提高了 29% 和 30%。

ECPs-SPC 加工过程：首先在硅片上氧化产生 2μm 厚的 SiO_2 层作为刻蚀掩膜，旋涂光刻胶，图形化。然后通过 RIE 工艺刻蚀暴露的 SiO_2 层，再利用 DRIE 工艺刻蚀出矩形截面的蛇形沟槽和椭圆形立柱阵列。因沟槽侧壁上残留的氟碳化合物会破坏固定相涂层的完整性和稳定性，采用浓硫酸溶液（85%，120℃）将 DRIE 刻蚀后残留在微通道中的八氟环丁烷（C_4F_8）清除干净。接下来，将硅片与玻璃盖片阳极键合，切割晶圆，静态法涂渍固定液。分别涂渍了两种固定液：PDMS 用于分离样品 1；聚甲基苯基硅醚（PMPS）用于分离样品 2。封装后的色谱柱芯片尺寸为 47mm×31mm。

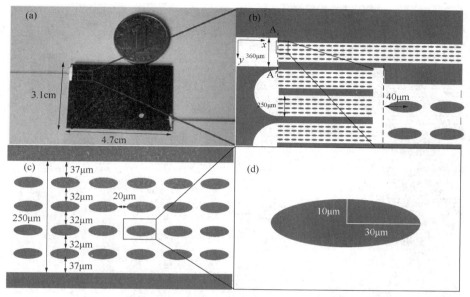

图4-33 嵌入椭圆形立柱的半填充式微型气相色谱柱[32]

(a)色谱柱芯片照片;(b)通道结构设计图;(c)椭圆形立柱的配置;(d)椭圆形立柱的尺寸

　　为进行对比试验,制备了具有相同通道尺寸、嵌入圆形立柱的半填充柱 CPs-SPC,其通道尺寸为:深 $300\mu m$ ×宽 $250\mu m$ ×长 $2m$,内嵌3列直径为 $40\mu m$ 的圆形立柱,立柱在 x 方向和 y 方向的间距分别为 $40\mu m$ 和 $30\mu m$,有效宽度 $130\mu m$,通道转弯区域不嵌入立柱。见图4-34。对所制备的微型色谱柱进行了多项研究测试,包括仿真分析、柱效能、分离性能等,结果如下:

　　(1)仿真分析

　　与 CPs-SPC 相比:①ECPs-SPC 通道内的流场分布更均匀;②ECPs-SPC 的有效宽度较大,柱压降也更低。这源于其独特的几何形状,因 ECP 具有流线型结构和较小的半短轴,能够拓宽有效宽度,从而降低柱压降。

　　(2)柱效能

　　由所测 Van Deemter 曲线可知:在最佳压力(8psi)下,CPs-SPC 与 ECPs-SPC 的载气线速分别为 8.55cm/s 和 9.15cm/s;当载气线速大于3cm/s后,ECPs-SPC 的理论塔板高度小于 CPs-SPC。这归因于 ECPs-SPC 内更均匀的场流分布,使峰形扩展减轻,半峰宽减小,柱效提高。

　　(3)分离性能

　　在相同色谱条件下,以两种样品(样品1:$C_5 \sim C_{10}$烷烃混合物;样品2:苯、甲苯、乙酸丁酯、乙苯、苯乙烯、正十一烷混合物)分别用 ECPs-SPC 和 CPs-SPC 进行了分离试验,色谱分离图见图4-35与图4-36。分离结果表明:

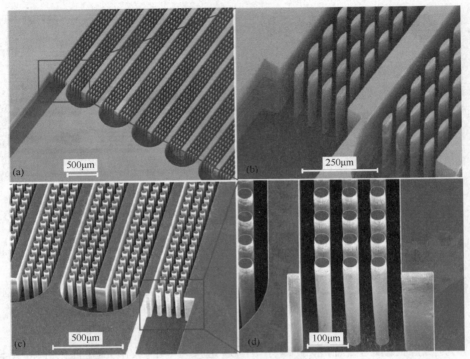

图 4-34　ECPs-SPC 与 CPs-SPC 的 SEM 图[32]

(a)嵌入椭圆形立柱的通道；(b)通道入口处 ECPs 结构的特写；

(c)嵌入圆形立柱的通道；(d)通道入口处 CPs 结构的特写

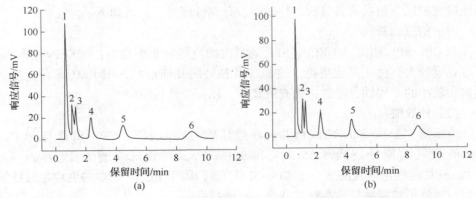

图 4-35　样品 1 在 CPs-SPC(a)与 ECPs-SPC(b)上的色谱分离图[32]

峰号：1—CS$_2$+戊烷；2—己烷；3—庚烷；4—辛烷；5—壬烷；6—癸烷

① ECPs-SPC 比 CPs-SPC 具有更高的柱效。ECPs-SPC 对 C$_6$、C$_7$、C$_9$ 以及甲苯的柱效比 CPs-SPC 分别提高了 44%、44%、76% 和 129%。由此证明了较宽的有效宽度并没有使 ECPs-SPC 的柱效下降。

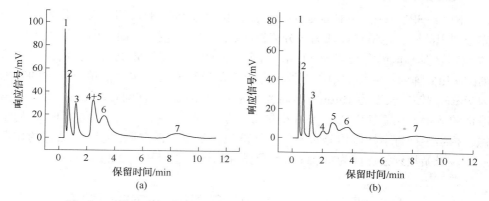

图4-36 样品2在CPs-SPC(a)与ECPs-SPC(b)上的色谱分离图[32]

峰号：1—CS$_2$；2—苯；3—甲苯；4—乙酸丁酯；5—乙苯；6—苯乙烯；7—十一烷

② ECPs-SPC 比 CPs-SPC 具有更高的分辨率。ECPs-SPC 对 C$_6$-C$_7$、C$_8$-C$_9$ 以及苯-甲苯物质对的分离度比 CPs-SPC 分别提高了 19%、34% 和 56.4%；难分物质对乙酸丁酯-乙苯的分离由 CPs-SPC 上的共馏峰改善为 ECPs-SPC 上的分离度 1.14。这是因为 ECPs-SPC 具有更大的柱内表面积，能够承载更多固定相，增强了固定相与分析物间的相互作用，由此提高了分辨率。

③ 被测样品在两种微型色谱柱 ECPs-SPC 和 CPs-SPC 上的分析时间几乎相同。一般情况下，色谱柱总表面积越大，其承载的固定相就越多，分析物与固定相的相互作用时间越长，倾向于使保留值增加；但与此同时，色谱柱有效宽度越大，保留时间越短。因 ECPs-SPC 具有比 CPs-SPC 更大的总表面积和有效宽度，这两种效果相互抵消，使得两种色谱柱的分析时间相同。可见，具有相同通道尺寸的 ECPs-SPC 并没有因为嵌入了更多的立柱而使分析时间延长。

综上所述，具有椭圆形立柱结构的半填充式微型气相色谱柱，兼备大的表面积和宽的有效宽度双重优势，显著提高了分离效能，降低了柱压降。因此，SPC 中采用椭圆形立柱结构，是在较低压力下实现高效分离的有效手段。

实例6 ▶▶▶

针对多道开管柱中存在的各通道间流速差异导致的峰形扩展问题，2017 年，Jespers 等[33] 创建了一种在沟槽内嵌入径向拉长立柱(radially elongated pillars, REPs)阵列的半填充式微型气相色谱柱(REPs-SPC)，即立柱向垂直于气流的方向伸展。与圆形立柱阵列相比，这种径向拉长立柱阵列的优势在于：该阵列的独特结构可沿径向产生异常曲折的路径，使柱内的轴向扩散(纵向分子扩散)被有效抑制；色谱柱侧壁附近的流道与柱内其他区域的流道在流动阻力上的差异变得很小，使得侧壁与柱中心之间因流动阻力差异导致的侧壁离散几乎被完全抑制。因此，REPs-SPC 有着与单道开管柱相近的分离效率，以及与多道开管柱相近的样品容量，同时又消除了多道开管柱中因通道间直径差异引起的流速不均问题。

REPs-SPC 采用 4in 硅晶圆加工，能提供直径 8cm 的可用圆形工作空间。为充分利用晶圆，色谱柱设计为用分流器/收集器依次连接起来的 10 个柱段［图 4-37(a)］，其轴向的总长度为 70cm。每个柱段的总宽度为 6.195mm，内嵌交错排列的 REPs 阵列，立柱的中心点按照等边三角形网格模式定位。单个立柱的高度为 75μm、轴向长度为 10μm、径向宽度为 1.455mm、立柱间距 75μm。为减少停滞带的发生，在立柱中心设置有小星形结构。见图 4-37。嵌入的 REPs 阵列结构，相当于把每个柱段均分为 8 条平行排列、截面为正方形(边长 75μm)的蛇形通道。当晶片刻蚀深度为 75μm 时，色谱柱的标称总容积达 286μL。

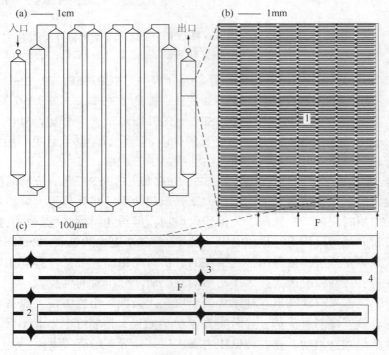

图 4-37　REPs-SPC 设计图[33]

(a)色谱柱全貌-分流器/收集器连接的柱段；(b)柱段内通道结构放大图；
(c)通道内嵌入的径向拉长立柱结构特写；数字 1~4 为 SEM 图像的拍摄位置。

加工过程：在硅晶片上热氧化一层 250nm 厚的 SiO_2 作为刻蚀掩膜，旋涂光刻胶，图形化。RIE 工艺刻蚀 SiO_2 层，DRIE 工艺刻蚀体硅，获得 REPs-SPC 通道结构。于硅片背面加工气流通孔，进行硅玻键合，切割芯片、封装。对色谱柱内表面钝化处理后，静态法交联涂渍 PDMS 固定液。

以 $C_{10}\sim C_{16}$ 正构烷烃为样品，对制备的 REPs-SPC 柱进行了性能测试，结果显示，无论是恒温分析还是在程序升温条件下，都获得了对称的色谱峰，理论塔板数为 12500(k=7)。研究表明，柱内异常曲折的路径结构，使通道的有效长度远远大于其标称长度(约9倍),从而使色谱柱的理论塔板数显著提高。本质上讲,该 REPs-SPC 色谱柱具有相当于 75μm 毛细管柱的柱效和 240μm 毛细管柱的样品容量(图4-38)。

REPs-SPC 柱结构虽然有效抑制了柱内扩散,提高了样品容量,但存在着通道转角处固定液的淤积以及各柱段连接处的柱外效应问题,有待于进一步解决。

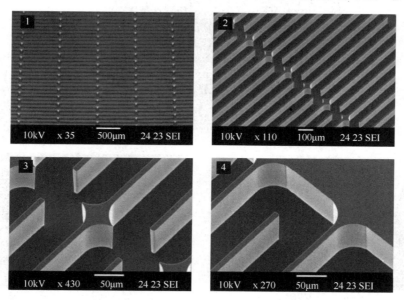

图4-38 REPs-SPC 通道结构的 SEM 图[33]

1~4 对应于图4-37中编号的位置

实例7 ▶▶▶

为了增大微型色谱柱对固定液的承载量,以进一步提高对复杂样品的分离效能,2014年,Sun 等[34] 在半填充式微型色谱柱的基础上,对色谱柱内表面进行修饰,利用电化学阳极氧化法在通道壁和嵌入的立柱表面制备上一层多孔硅,再于多孔硅的表面涂渍固定液。色谱柱内表面经多孔硅修饰后,具备了良好的多孔性,与未经修饰的半填充式色谱柱相比,显著增加了柱内表面积,提高了固定液承载量并增加了固定相的有效厚度,实现了对复杂样品更高的分离度。

色谱柱为蛇形沟槽,通道尺寸为:深 350μm×宽 320μm×长 2m,通道内嵌入 4列直径为 50μm 的圆形立柱,通道转弯区域不嵌入立柱。在直径 76mm、厚 550μm 的 n 型(100)硅片上,首先利用 LPCVD 工艺沉积 300nm 厚的氮化硅层,随后电子束蒸发沉积 200nm 厚的铝膜,旋涂光刻胶,图形化。用 H_3PO_4 刻蚀铝膜,暴露氮化硅层。然后,采用 RIE 工艺刻蚀氮化硅,DRIE 工艺刻蚀硅片,形成矩形截面微通道和圆形立柱。接下来,采用电化学阳极氧化方法制备多孔硅,电解质为氢氟酸-乙醇溶液。以 50mA/cm² 的电流密度电解 30min,在通道壁和微立柱的表面上生成 4μm 厚的多孔硅层,孔隙半径范围为 5~50nm,孔隙率为

80%。见图4-39。在硅片背面制备加热器和传感器，与 Pyrex 7740 玻璃阳极键合，利用动态法涂渍固定液 SE-54+PEG-20M。

(a)嵌入圆形立柱的通道

(b)通道壁表面的多孔硅层

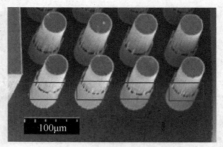

(c)立柱表面的多孔硅层
(立柱上部的多孔硅已被刻蚀掉)

图4-39 多孔硅修饰的半填充式微型气相色谱柱[34]

实验表明，多孔硅修饰的半填充柱在65s时间内分离了6组分的环境样品（苯、甲苯、乙苯、苯乙烯、壬烷、癸烷），实现了相邻色谱峰的完全分离，且洗脱的色谱峰峰形对称(图4-40)，色谱柱的效能为10000塔板/m。

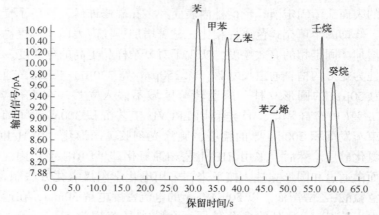

图4-40 6组分环境样品的色谱分离图[34]

实例 8 ►►►

为使色谱柱通道内气体流速分布更均匀，同时增加柱内总表面积，以达到提高柱效和样品容量的目的，2016 年，Yuan 等[35]在波浪形通道内嵌入微型立柱，研制了波浪形通道的半填充式微型气相色谱柱（semi-packed wavy microcolumn）。

色谱柱沟槽设计为蛇形布局，由交替连接的 136°上弯弧与下弯弧组成波浪形柱通道。通道尺寸为：深 300μm×宽 80μm×长 2m，沿波浪形通道的走向嵌入直径为 30μm 的圆形立柱，通道转弯区域不嵌入立柱。色谱柱设计图参见图 4-41（a）。采用直径 4in、厚 520μm 的 p 型（100）硅片加工。首先，利用电子束蒸发工艺在硅片上沉积 3μm 厚的铝膜，随后旋涂光刻胶，图形化。使用两种气体（SF_6 和 C_4F_8）的 DRIE 工艺进行刻蚀，其中 SF_6 用于刻蚀硅片，C_4F_8 用于钝化形成的微通道、微立柱、微流体端口和垂直侧壁。最后，将刻蚀好的硅晶片阳极键合到 Pyrex 7740 晶片上。

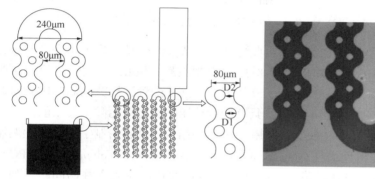

(a)波浪形通道内嵌入立柱的布局　　　　(b)色谱柱光学显微图像

图 4-41　波浪形通道的半填充式微型气相色谱柱[35]

利用有限元法研究了波浪形通道内嵌入立柱的位置、形状和尺寸的优化配置。仿真结果表明，在宽 80μm 的通道内，嵌入圆形立柱的直径（D1）为 30μm 且立柱与通道壁的间距（D2）为 30μm 时效果最佳。研究表明，波浪形柱通道的表面积大于尺寸相近的直形柱通道，嵌入的圆形立柱进一步增加了柱内总表面积，有利于提高色谱柱的样品容量。与直形通道相比，波浪形通道有效降低了横向的流速差异；波浪形通道内嵌入圆形立柱构成的半填充柱，使气流分布更均匀，且柱宽变窄，传质距离缩短，提高了柱效。该波浪形通道的半填充柱在 4min 内实现了对 8 组分正构烷烃（$C_5 \sim C_{12}$）混合物的良好分离，对 C_{12} 的理论塔板数为 4790（图 4-42），柱效率是矩形截面开管式微型气相色谱柱的 4 倍。

实例 9 ►►►

常规半填充式微型气相色谱柱（SPC）虽然具有分离效能高、样品容量大等优点，但同时也存在着单位柱长下的柱压降较高的缺点，尤其是对于嵌入高密度立

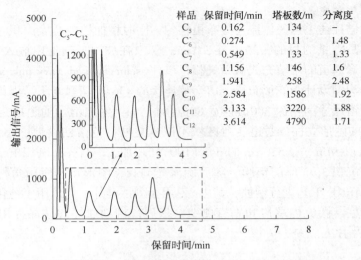

样品	保留时间/min	塔板数/m	分离度
C_5	0.162	134	–
C_6	0.274	111	1.48
C_7	0.549	133	1.33
C_8	1.156	146	1.6
C_9	1.941	258	2.48
C_{10}	2.584	1586	1.92
C_{11}	3.133	3220	1.88
C_{12}	3.614	4790	1.71

图 4-42　$C_5 \sim C_{12}$ 正构烷烃混合物的色谱分离图[35]

柱的 SPC，这一问题就更加突出，由此也对输送载气的微型泵提出了更高的压力要求，这给整个 μGC 系统的构建带来了一定的困扰。为此，人们一直致力于弥补这一不足，相继研究了立柱形状、立柱密度、立柱配置、柱宽调制等因素对微型色谱柱性能的影响，期望能够得到具有较低柱压降的高效能微型气相色谱柱。

2019 年，Chan 等[36] 将柱宽调制用于 SPC 的结构设计，研制了立柱密度调制的半填充式微型气相色谱柱（density modulated semi-packed columns，DMSPC），提出了一种新的 SPC 设计思路，即通过改变 SPC 通道内嵌入立柱的间距或列数来调制立柱密度，利用立柱密度调制来提高 SPC 柱内载气的总体积流量，从而实现在保持高分离效能的基础上减小柱压降。

常规 SPC 一般是在整个色谱柱通道(转弯区域有时除外)内嵌入均匀分布的立柱阵列，即每一段柱长内的立柱配置都相同。与常规 SPC 不同，DMSPC 是在整个柱长内进行立柱密度调制，立柱的配置(密度)随柱长而改变。他们提出了两种不同的立柱密度调制方式。

第一种是立柱间距调制，即通过改变同列立柱的间距，调制立柱密度，通道内的立柱列数在 3 和 4 间交替。

第二种是立柱列数调制，即保持立柱间距恒定(40μm)，通过改变通道内嵌入立柱的列数(1~5)来调制立柱密度。

由此设计了 4 种不同拓扑结构的 DMSPCs，分别用 A、B、C、D 来表示。其中 A 柱和 B 柱是基于第一种调制方式；C 柱和 D 柱基于第二种调制方式。设计的 4 种 DMSPCs 均为蛇形沟槽，通道尺寸为：深 240μm×宽 190μm×长 1m，内嵌直径 20μm 的圆形立柱。详细介绍如下：

A柱、B柱：立柱间距的变化规律为120μm→80μm→40μm，立柱列数在3和4之间交替变化，如图4-43(a)所示。立柱间距和立柱列数的组合构成了6种不同的立柱配置。

在A柱中，整个柱长被平均划分为六部分，每部分含有上述6种配置之一，且立柱密度沿柱入口向柱出口方向由低到高变化。

在B柱中，每10cm的柱长内含有上述6种配置，其排布顺序为低密度→高密度，之后重复该10cm柱长的配置，1m长的色谱柱共含有10个相同配置的重复。

在A柱和B柱中，立柱间距越大，立柱密度越小，柱内局部的空间越大，气流阻力越小；而随着立柱间距的减小，嵌入立柱密度增大，局部的分离效率提高。

C柱、D柱：立柱间距保持40μm不变，嵌入立柱列数的变化规律为1→5，由此构成了5种不同的立柱配置，如图4-43(b)所示。

在C柱中，整个柱长被平均划分为五部分，每部分(20cm)嵌入立柱的列数按照1→5顺序递增，立柱密度沿柱入口向柱出口方向的变化规律为低密度→高密度。

在D柱中，柱长的前10cm被划分为相等的5部分，每部分(2cm柱长)嵌入立柱的列数依次按照1→5顺序递增，之后以这种配置模式在整个柱长中重复，1m长的色谱柱共含有10个相同配置的重复。

在C柱和D柱中，利用了SPC中"虚拟墙"的概念[37]。沿气流方向合适的立柱间距所产生的虚拟墙效应，能使柱内气流变得更均匀，气流间产生的混合最小，涡流扩散被减弱，从而抑制了峰形扩展。在上述设计中，整个色谱柱通道内立柱间距保持40μm不变，使其产生虚拟墙效应，并通过对嵌入立柱的列数从1增加到5而调制立柱密度。此外，C柱还反映了宽度调制，随着立柱列数沿柱长方向的增加，立柱密度由最低逐渐过渡到最高，而柱宽逐渐减小，柱效随之上升。

微型色谱柱的加工：在直径为4in、厚500μm、单面抛光的n型(100)硅晶片上，采用标准Bosch-DRIE工艺刻蚀出DMSPC沟槽。以三甲基铝(TMA)和H_2O为前驱体源，在刻蚀好的硅晶片表面用原子层沉积法(ALD)沉积10nm厚的氧化铝薄膜。将Pyrex玻璃晶片阳极键合到硅片上，形成密闭通道。切割晶片，安装入口/出口石英毛细管，静态法涂覆室温离子液体1-丁基-3-甲基咪唑六氟磷酸盐([BMIm][PF6])固定液。制备好的色谱柱芯片照片见图4-43。

为了进行对照试验，同时加工了两根通道尺寸相同的常规SPCs：一根为通道内嵌入1列立柱的低密度SPC；另一根为通道内嵌入4列立柱的高密度SPC。以低密度SPC和高密度SPC为对照，对制备的4种DMSPCs进行了多个性能指标的测试，包括柱压降、柱效能和分离性能等，结果如下：

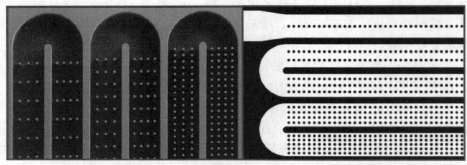

(a)立柱间距调制的通道SEM 俯视图　　　(b)立柱列数调制的通道刻蚀掩膜图

(c)A柱芯片照片及其局部截面SEM图　　(d)B柱芯片照片及其局部截面SEM图

图4-43　立柱密度调制的半填充式微型气相色谱柱[36]

1）柱压降

测试了载气体积流量随柱前压的变化情况，结果显示：

① 4 种 DMSPCs 的载气体积流量都随着柱前压的增加而迅速上升，且它们在任一柱前压下的体积流量十分相近。说明 4 种 DMSPCs 的渗透性相近。

② DMSPCs 的柱压降远低于高密度 SPC，而更接近于低密度 SPC。说明所设计的 DMSPCs 结构有利于减小柱压降。

2）柱效能

两种密度调制方式的 DMSPCs 与对照之间的柱效能（理论塔板数）对比结果为：

高密度 SPC（2732）>A 柱（826）>低密度 SPC（449）>B 柱（444）；

高密度 SPC（2732）>C 柱（2568）>D 柱（472）>低密度 SPC（449）。

可见，从色谱柱入口到出口采用低密度到高密度配置的 A 柱和 C 柱的柱效能，明显高于整个柱长内采用重复立柱配置的 B 柱和 D 柱。由此表明：

从低密度到高密度不断重复的立柱配置方式（B 柱和 D 柱），与入口处的低密度逐渐过渡到出口处的高密度配置方式（A 柱和 C 柱）相比，无论是采用立柱间距调制，还是立柱列数调制，都会产生更大程度的峰形扩展，从而导致柱效能下降。因为每经历一次高密度立柱与低密度立柱之间的骤然转换，都会产生气流的剧烈混合与紊乱，加剧峰形扩展。由于 B 柱和 D 柱中含有多重这样的转换，故引起了柱效的降低。而在 A 柱和 C 柱中，因气流经历的都是由低密度立柱到高密度立柱的逐渐过渡，这种密度调制提高了气流贯穿整个柱长的流动均匀性，减少了混合次数，因而能使柱效率提高。

综上所述，A 柱和 C 柱的性能优于 B 柱和 D 柱。C 柱与 A 柱相比，C 柱的分离效能更高，这归因于 C 柱中更小的立柱间距以及虚拟墙的存在。研究还表明，色谱柱内总表面积或单纯的立柱密度并不是影响分离效能的唯一因素，相比之下，立柱的布局对分离效能起着更重要的作用。例如，A 柱和 B 柱具有相同的柱内表面积，但是它们的柱效能不同，C 柱和 D 柱也是如此。可见，立柱的合理布局对于提高 SPC 的柱效能至关重要。

3）分离性能

分别以 $C_7 \sim C_{15}$ 烷烃混合物、煤油、柴油为样品进行了色谱分离试验，结果如下：

烷烃混合物在 A 柱和 C 柱上都能得到良好分离，但 A 柱上所有组分的色谱峰都有明显拖尾，而 C 柱上的色谱峰更对称，且分析时间更短。研究表明，C 柱的体积流量行为更接近于低密度 SPC；而在分离效能方面，则更接近于高密度 SPC，即该柱结构兼备了低柱压降和高柱效的优势。

在相同色谱条件下，分别用 C 柱、高密度 SPC 和低密度 SPC 对煤油、柴油样品进行的分离试验显示：①C 柱对样品中主要烃类组分的分辨率与高密度 SPC 相近，但完成分离所需的时间更短；②当载气线速大于最佳线速时，C 柱的分离效能变化很小。

由此得出结论：在相同柱前压下，DMSPC 所用的分析时间更短；在相同分析时间下，DMSPC 所需的柱前压更低。因此，将 DMSPC 用于实时分析可以缩短分析周期。此外，由于 DMSPC 放宽了对泵的压力需求，使 μGC 系统的构建也变得相对容易。该研究结果为实现较低柱压下的高效分离提供了一条新的解决途径。

4.3 色谱柱材质

μGC 系统通常采用电池供电，故要求微型色谱柱的热容量要低，以减小温度程序过程中的功耗并实现快速热循环。这对微型色谱柱的材质提出了相关要求，一般需要具备以下特性：一定的硬度，耐高温，化学性质稳定，导热性能好，热容量小。

硅作为 MEMS 加工中最常用的材料基本符合以上要求。同时，由于硅片的热容量很小，利用 mW 级的功率即可实现微型色谱柱的快速升温，停止加热后，色谱柱也可迅速降温，有利于缩短分析时间。利用 MEMS 技术在硅衬底上加工微型色谱柱，大大减小了色谱柱的体积，又便于与其他器件集成。此外，在电子和半导体工业中已经成熟应用的硅微加工技术可以很容易地被移植到 μGC 系统的设计制造中来。因此，硅是制作微型气相色谱柱最为广泛选用的材料。通常的做法是在硅衬底上刻蚀微通道，再用 Pyrex 玻璃晶片键合密封，制成硅玻色谱柱。这类材质色谱柱的不足之处在于：因存在阳极键合到硅衬底上的厚玻璃板，致使色谱柱器件的热容量较高，且在温度程序中硅玻两种材质的热膨胀系数不一致。

除了硅材质以外，人们还探索了其他类型的色谱柱材质，如派瑞林、氮氧化硅、金属、玻璃、陶瓷等。以下作简要介绍。

4.3.1 派瑞林材质

派瑞林(Parylene)是聚对二甲苯通过气相沉积形成的高度各向异性的聚合物薄膜，具有低热容量、低渗透性、化学惰性、厚度均匀、致密无针孔、透明无应力等特点。由于聚对二甲苯从气相中沉积，它能为任何目标物提供保形涂层的结构体。基于这些优良特性，2002 年，Noh 等[38]以硅柱作结构基础，制备了派瑞林材质的微型气相色谱柱。与硅玻材质的色谱柱相比，派瑞林柱显示出更快的加热和冷却速率以及更低的功耗。此外，该技术无须进行键合密封，实现了色谱柱制作的一体成型。

微型色谱柱设计为圆形螺旋沟槽，矩形截面，通道尺寸为：深 350μm×宽 100μm×长 1m，带有嵌入式 Au 加热器。首先在直径 4in 的硅片上用 DRIE 工艺刻蚀出色谱柱微通道，然后将硅片切割成 2cm×2cm 见方的单元，接下来进行聚对二甲苯/金属/聚对二甲苯材料的三重沉积。先在硅微通道表面沉积一层 5μm 厚的聚对二甲苯(C 型)，然后在聚对二甲苯层上溅射 1μm 厚的 Pt 薄膜，最后在 Pt 层上再沉积一层 5μm 厚的聚对二甲苯。接着进行聚对二甲苯层的热粘合，以密封微通道。在 Pyrex 玻璃板(2cm×2cm×1mm)上涂覆 10μm 厚的聚对二甲苯层，将该涂层贴合在三重沉积的硅微通道上，一起放入粘合装置中，在 200℃ 和 24MPa 的压力下进行聚对二甲苯/聚对二甲苯层的粘合。密封完成后，用 20% KOH 溶液将硅材料溶解除去，获得自立式派瑞林柱。最后在螺旋状色谱柱的顶面，电子束蒸发沉积一层 0.15μm 厚 Au 薄膜作为加热器。见图4-44。

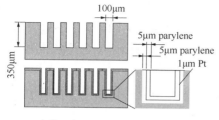
(a)沟槽尺寸及三重沉积材料示意图

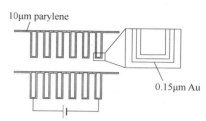
(b)parylene柱及Au加热器示意图

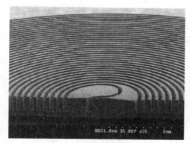
(c)硅片上刻蚀的微通道

(d)色谱柱芯片照片

图4-44   parylene 材质的微型气相色谱柱[38]

瞬态分析表明：派瑞林柱升温快速，在 1min 内就达到稳定状态，而同尺寸的硅玻色谱柱在几分钟之后才达到稳定状态；用 50mW 的功率可在 40s 内将派瑞林柱加热至 100℃，而硅玻柱则需要 500mW；派瑞林柱可以在 1min 内冷却，而硅玻柱需要几十分钟才能冷却。这些显著不同的热特性归因于派瑞林材质的低热容量。该材质的不足之处是导热性能较差，致使色谱柱沟槽内温度分布不均匀。为增强其导热性，在两层聚对二甲苯材料之间嵌入薄金属层(Pt 层)，形成三层结构(聚对二甲苯/Pt/聚对二甲苯)，这样可以将派瑞林柱沟槽截面的温差减小至<0.1K。此外，嵌入的金属层还具有降低聚对二甲苯层透气性的作用。

4.3.2   氮氧化硅材质

PECVD 氮氧化硅材质具有诸多优点，如室温下应力几乎为零，沉积速率快(~1μm/min)，刻蚀速率选择性高(~1∶80)，热传导率低[<5W/(m·℃)]、热应力小(<140kPa/℃)等，适用于制备微型色谱柱。2007 年，Agah 等[39]报道了采用 CMOS 兼容的氮氧化硅掩埋通道工艺制造微型气相色谱柱。该工艺使用无应

力、低热容量的氮氧化硅膜来形成并密封微通道，无须像硅玻色谱柱那样进行晶圆键合，可获得具有快速热响应和低功耗特性的微型色谱柱。

色谱柱设计为正方形螺旋沟槽，半圆形截面，通道尺寸为：直径 65μm、长 25cm，色谱柱芯片面积 6mm^2。采用双频 GSI PECVD 沉积氮氧化硅，沉积温度为 400℃，沉积速率为 970nm/min。首先，在硅晶片上沉积 2μm 厚的氮氧化硅层。然后，以 PR9260 作掩膜，RIE 工艺将氮氧化硅层图形化，暴露硅片，刻蚀开口宽度为 6μm。接下来，使用 STS SF$_6$ 等离子体各向同性刻蚀硅片，获得半圆形微通道。剥离 PR9260 后，再次沉积氮氧化硅，以覆盖硅通道壁表面并密封微通道。最后，使用 STS DRIE 或湿法化学刻蚀工艺从晶圆背面选择性刻蚀硅，释放色谱柱。见图 4-45。

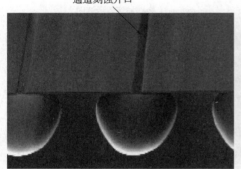

(a)通道密封前

(b)通道密封后

(c)氮氧化硅色谱柱背面

(d)氮氧化硅色谱柱芯片

图 4-45 氮氧化硅材质的微型气相色谱柱[39]

实验表明，氮氧化硅材质色谱柱的热容量比硅玻色谱柱至少低 1 个数量级。使用该色谱柱成功分离了正构烷烃($C_6 \sim C_{16}$)气体混合物，理论塔板数大于 5000。

同年，Potkay 等[40]制备了温度、压力可独立编程的悬浮式氮氧化硅色谱柱，旨在进一步降低功耗和提高柱性能。该器件的特色是：色谱柱为悬浮式且真空封装，以减少传热损失和功耗；色谱柱背面涂上金属屏蔽层，以减少辐射损失同时使温度分布更均匀；由两根色谱柱(总长度1m)耦合而成，且其温度、压力均可独立编程，便于进行分离优化控制；每根色谱柱上各设有3个加热器，其中两个位于流体端口附近，以抵消稳态传热损失，第三个位于柱子中心。器件加工过程如下：

首先在硅衬底正反两面PECVD沉积2μm无应力氮氧化物作为介电层，通过RIE各向异性刻蚀对介电层图形化，获得具垂直侧壁结构的网格图案。随后以介电层为掩膜，对暴露的硅片各向同性干法刻蚀25min，实现对网格结构的底切并获得半圆形柱通道。再次PECVD沉积12μm氮氧化物，使其保形覆盖柱通道内壁并密封介电层网孔。该氮氧化物层的厚度即为色谱柱通道壁的厚度。接着在氮氧化物表面沉积200Å/200Å厚的Ti/Pt金属层并图形化，制备加热器和温度传感器。第三次PECVD沉积2μm厚的氮氧化物层，将Ti/Pt金属层保护起来。在缓冲氢氟酸溶液中湿法腐蚀氮氧化物层，进行器件的绝缘并打开金属接触。最后，蒸发沉积300Å/1000Å/5000Å的Ti/Pt/Au键合面，中间的铂层在随后的共晶键合步骤中用作扩散阻挡层。

对用作封装盖片的硅衬底进行两次DRIE刻蚀，形成凹槽和死体积很小的流体互连，电镀制备300Å/4μm的Cr/Au键合面。利用共晶键合工艺使两个硅衬底牢固结合在一起。干法刻蚀掉氮氧化硅柱通道周围多余的硅来释放结构，获得悬浮色谱柱，涂覆PDMS固定液。加工时可根据需要，在色谱柱背面蒸发沉积5000Å低应力金层来屏蔽辐射，提高色谱柱温度的均匀性；还可以在器件底部共晶键合第二个硅盖片，实现对色谱柱的真空封装。见图4-46。

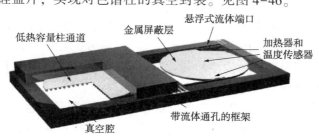

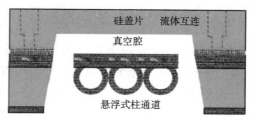

(a)悬浮式色谱柱的结构与横截面示意图

图4-46 悬浮式氮氧化硅材质的微型气相色谱柱[40]

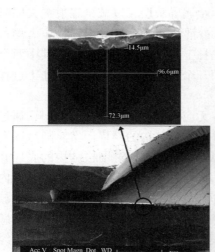

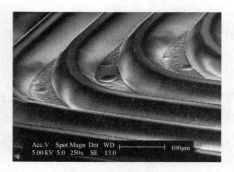

(b)释放前的色谱柱截面SEM图　　　　　　　(c)释放后的色谱柱底面SEM图

图4-46　悬浮式氮氧化硅材质的微型气相色谱柱[40]（续）

性能测试表明，利用柱上加热器，在真空中使氮氧化硅色谱柱温度升高100℃的功耗为11mW。所制备的色谱柱在52s内分离了10组分的VOCs样品；在60s内完成了对4种化学战剂模拟剂和1种爆炸模拟物的分离。其不足之处在于色谱柱上存在较大的温度梯度。

4.3.3　镍材质

金属镍具有良好的导热性能，以镍为材质的微型气相色谱柱适合于在温度程序模式下工作，既能提高色谱柱分辨率，又可缩短分析时间，缺点是需要去除金属的表面活性，固定液不易涂渍均匀。Bhushan 等[41]利用 LIGA 工艺制备了镍材质的微型气相色谱柱。

色谱柱设计为蛇形或锯齿形沟槽，矩形截面，高深宽比通道：深600μm×宽50μm，长度分别为0.5m 和2m，色谱柱芯片面积分别为 1cm×2cm 和 2cm×4cm。加工过程：首先将聚甲基丙烯酸甲酯（PMMA）晶片粘合到具有氧化钛晶种层的硅晶片上制成基板，然后以带有10μm厚Au吸收层的氮化硅薄膜作掩膜版，用X射线照射基板。曝光、显影后，将金属镍电镀沉积到 PMMA 模具上。对镍层进行抛光处理后，用 KOH 溶液将硅衬底完全腐蚀掉，释放电镀镍结构。将底面抛光后，再次电沉积 300~700μm 厚的镍层，覆盖底面。将芯片在450℃加热4~6h，热解除去 PMMA，获得镍材质的微型气相色谱柱。采用专利技术涂覆 RTX-1固定相。见图4-47。制备过程中可通过调节电镀镍层的厚度控制色谱柱热容量，以满足降低功耗的需求。

(a)蛇形微通道俯视图

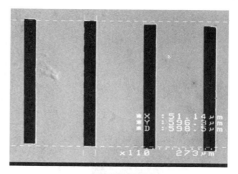
(b)微通道截面图

(c)色谱柱芯片

图 4-47　镍材质的微型气相色谱柱[41]

　　用涂有 RTX-1 的 2m 长镍材质色谱柱对 4 组分烷烃混合物($C_1 \sim C_6$)进行了分离试验，结果显示，分析时间为 2s，色谱峰存在展宽和拖尾现象，色谱柱的分离性能较差。原因可能是金属柱本身的表面活性以及矩形截面的通道内存在固定液淤积。

4.3.4　玻璃材质

　　2010 年，Lewis 等[42]采用酸腐蚀技术制备了玻璃材质的微型气相色谱柱。该色谱柱设计为矩形螺旋沟槽，圆形截面，通道尺寸为内径 320μm、长 7.5m。原材料为两块硼硅酸玻璃晶片，面积为 40mm×85mm，厚度分别为 0.5mm 和 2.5mm。加工过程：首先在每块玻璃晶片表面制备一层金属铬，然后旋涂光刻胶，图形化。接着用氢氟酸溶液进行湿法刻蚀，获得半圆形的色谱柱沟槽。清除光刻胶和铬掩膜后，将两块玻璃晶片的沟槽对准，进行冷粘合，制得圆形通道的微型色谱柱，静态法涂渍 OV-101 固定液。由于玻璃材质存在表面活性，该色谱柱仅能用于分离非极性化合物，应用范围受限。

　　张思祥等[43,44]以 Pyrex 型硼硅玻璃基片为材料，利用微细喷砂射流加工技术制备了玻璃材质的微型气相色谱柱。其原理为：用高压气体针将比玻璃硬度更高的钻石粉对准要加工的区域持续喷出，通过钻石粉的冲击作用，在玻璃基片表面加工出横截面为半圆形的微型沟槽，再利用热压键合技术实现两块具有同样沟槽基片的对接，密封沟槽。见图4-48。

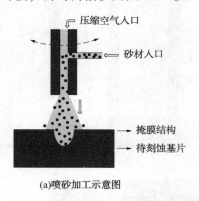

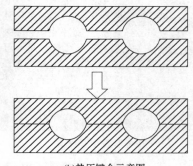

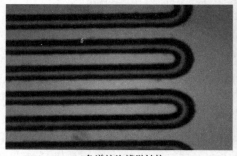

(a)喷砂加工示意图　　　　　　　　　　(b)热压键合示意图

(c)色谱柱沟槽微结构　　　　　　　　　(d)色谱柱实物照片

图4-48　玻璃材质的微型气相色谱柱[44]

　　在尺寸为长115mm×宽60mm×厚6mm的硼硅酸玻璃晶圆正面喷砂，刻蚀色谱柱蛇形沟槽，对两块刻蚀基片热压键合后，制得通道横截面为圆形、内径1mm、总有效长度为1.8m的微型气相色谱柱。以聚乙二醇为固定液，该微型气相色谱柱实现了对恶臭气体丙酮与乙醇的分离，但乙醇的峰形不对称[43]。

　　为了实现对VOCs中的苯系物气体进行快速在线检测，他们[44]采用同样的喷砂工艺制备了另一款玻璃材质的微型气相色谱柱，尺寸为：深400μm×宽400μm×长5.8m。在完成玻璃基片的热压键合后，用HCl(1+9)溶液与去离子水对色谱柱进行反复冲洗，再利用硅烷化试剂对色谱柱内表面进行脱活处理，最后动态法涂渍OV-17固定液。选取5种典型的苯系物(苯、甲苯、乙苯、对二甲苯、丙苯)为样品进行色谱分离实验，结果表明，样品可在10min内实现分离。由上述5种化合物测得的理论塔板数分别为3219、5213、6897、5921、2970。

　　该研究中采用的喷砂刻蚀工艺，具有加工周期较短、成型速度快、成本相对低廉的优点，有利于实现商品化加工。

4.4 固定相涂覆新技术

在微型气相色谱柱的制备中，固定相涂覆是个十分重要的环节，一直以来都是微型色谱柱技术的研究热点之一。固定相涂覆的优劣关系到整个微型色谱柱的分离效能、稳定性以及使用寿命等。对固定相涂覆的一般要求是：液膜厚度均匀一致，稳定性好，使用寿命长，制备工艺简单，重现性好。

早期的微型气相色谱柱一般采用类似于涂渍毛细管柱的常规技术——静态法或动态法，在柱内涂渍聚合物固定液的薄膜。但由于微型气相色谱柱在结构和尺寸上与传统毛细管柱有很大差异，采用常规技术涂覆 MEMS 柱存在诸多问题，例如：①不能提供保形涂层，涂渍工艺与 MEMS 不兼容；②溶剂蒸发过程中易堵塞柱子；③固定相厚度及表面性质不易调整；④聚合物固定相在温度程序中发生热分解，导致柱性能随时间恶化；⑤以空气作载气时，常见固定相(如 PDMS)在空气和水中分解；⑥重现性差。尤其是涂覆尺寸非常小的、高深宽比的矩形截面μGC 柱时，制备厚度均匀、可再现的固定相涂层成为巨大挑战。

针对常规涂渍技术存在的问题，人们不懈地进行改进和创新，力图探索出适用于微型气相色谱柱的涂渍手段。目前已报道了多种涂渍、制备固定相的新技术和新方法，使微型气相色谱柱的性能不断得到改善和提高，固定相涂覆技术得到进一步发展，同时也推动了 μGC 的发展。下面对各种固定相涂覆技术和研究实例进行详细介绍。

4.4.1 静态涂渍–原位交联技术

有试验表明，直接涂渍 OV-1 固定液的 MEMS 色谱柱很不稳定，即使在 80~100℃的温度条件下也会发生固定液流失或降解。为了获得适于程序升温操作的稳定固定相，Reidy 等[45]采用静态涂渍–原位交联技术制备了硅玻色谱柱。该色谱柱结构为正方形螺旋沟槽，矩形截面尺寸为：深 240μm×宽 150μm，柱长0.25~3.0m，流体端口呈对角线设置。以 OV-1 为固定液，热活性的过氧化二异丙苯为交联剂，涂渍过程如下：

取 0.008g OV-1 固定液溶于 2.0mL 正戊烷/二氯甲烷(1∶1，v/v)混合溶剂中，搅拌 30min 以确保完全溶解，制成涂渍液。将一定量的交联剂过氧化二异丙苯(1%标称)加到涂渍液中，混匀。对色谱柱进行泄漏测试后，用一段内径250μm 的去活石英毛细管将色谱柱入口端与涂渍瓶相连。在 24psi(g)氮气压力下使涂渍液完全充满色谱柱，然后用 GC 隔垫将色谱柱的出口端封死。色谱柱置于40℃水浴中保持 1min，关闭氮气并将色谱柱入口端的毛细管从涂渍瓶中移开。再用一段内径 530μm 的去活石英毛细管将色谱柱入口端接至真空泵，在约 3.25psi

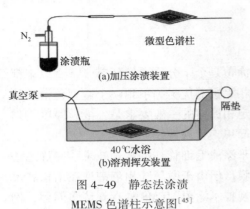

图 4-49   静态法涂渍
MEMS 色谱柱示意图[45]

（a）的压力下挥发溶剂，直至柱子变空，减压下继续保持 2h，以确保溶剂挥发完全（图 4-49）。随后将色谱柱以 5℃/min 的升温速率加热至 180℃，并在氮气流下保持 4h，将 OV-1 固定液交联涂渍到微型气相色谱柱的通道内壁上，形成牢固的液膜。

性能测试表明，该法涂渍的固定液液膜厚度约为 0.1～0.2μm；以空气作载气，色谱柱在 180℃ 时保持稳定；3.0m 长色谱柱在最佳条件下获得的理论塔板数达 12500，在程序升温下可分离沸点范围 $C_5 \sim C_{12}$ 的正构烷烃混合物，其峰容量超过 100，分辨率为 1.18，分离时间为 500s，可用于分析石油中气态碳氢化合物和高速分析化学战剂和爆炸标记物。该固定液涂渍方法相对简单、快捷，解决了早期静态涂渍法中遇到的气蚀问题。

4.4.2   化学气相沉积碳纳米管

与传统的固体固定相相比，碳纳米管（carbon nanotubes，CNTs）拥有纳米材料的特性，具有更高的比表面积以及更好的热稳定性和机械稳定性，使其成为程序升温气相色谱中理想的固定相。由于制备碳纳米管所用催化剂可以通过光刻技术图形化，因而该材料也非常适合集成到微器件中。

2006 年，Stadermann 等[46]报道了在微型气相色谱柱通道底面沉积制备碳纳米管固定相的技术。他们利用标准化学气相沉积技术，使单壁碳纳米管（single-wall carbon nanotubes，SWCNTs）原位生长在色谱柱微通道的底面，作为快速温度程序的固定相，在 1s 时间内超快速分离了 4 组分混合物（甲醇、2-戊酮、苯甲醚和癸烷）。加工流程为：硅片背面刻蚀流体端口→硅片正面刻蚀色谱柱沟槽→沟槽内沉积催化剂→沟槽内沉积 CNTs→硅玻阳极键合→硅片背面制备 Pt 加热器。

首先，采用 DRIE 工艺在硅片的背面和正面分别刻蚀流体端口和色谱柱微通道（深 100μm×宽 100μm×长 50cm）。随后，在微通道内电子束蒸发沉积金属催化剂（100Å/Al，3Å/Mo，5Å/Fe）。接下来在通道内化学气相沉积碳纳米管，制备过程为：在 600mL/min 的氩气和 400mL/min 的氢气流下，将刻蚀好的硅片以 40℃/min 的速率加热至 850℃，并在该温度下退火 5min，然后持续通入流量为 5mL/min 的乙烯气 1min，用以原位生长碳纳米管。在纳米管成长期间，排气压力保持在 753mmHg，进料端的含水量调节至约 200×10⁻⁶。CNTs 生长结束后，清理柱通道，在氮气保护下硅片与玻璃盖片进行阳极键合。最后，在色谱柱芯片背面制备厚度 5nm/100nm 的 Ti/Pt 薄膜电阻加热器。

对沉积在色谱柱通道底面的碳纳米管进行了多方表征，结果显示，该实验条件下获得了质量较好的单壁碳纳米管，其直径范围为 0.9~1.6nm，大多集中在 1.1~1.4nm。扫描电镜分析表明，生长时间对碳纳米管的形貌有重要影响，而固定相的形貌直接影响分析时间和色谱峰谱带宽度。生长时间为 1min 时，碳纳米管的形貌表现为 680~800nm 高的小缠结（tangles），缠结之间的距离小于 500nm。如图 4-50 所示。该固定相对烷烃（己烷、辛烷、壬烷、癸烷）和官能团测试物（甲醇、2-戊酮、苯甲醚、癸烷）的分离试验表明，在等温条件下操作存在"一般洗脱问题"；在程序升

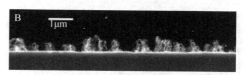
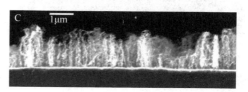

图 4-50 生长在通道底面的
SWCNTs 固定相[46]
生长时间分别为：A-30s；B-1min；C-2min

温条件下，能够在 1s 时间内实现对测试物的超快速分离，但色谱峰存在拖尾现象。

2009 年，该小组[47]又在先前工作基础上进行了改进，开发了一种新的 CNTs 固定相沉积方法，进一步提高了分离性能。他们认为，旧方法制备在通道底面的碳纳米管固定相表现为缠结形貌，各缠结之间相距约 500nm，如此大的间距会引起显著的谱带展宽，最好是把碳纳米管制备成均匀、紧密的固定相层。为此，他们发展了新的碳纳米管沉积工艺。加工流程为：硅片背面制备流体端口和 Pt 加热器→硅片正面刻蚀色谱柱沟槽→沟槽内沉积催化剂→沟槽内沉积 CNTs→硅玻粘合。

首先，采用 MEMS 工艺在硅片背面刻蚀流体端口、制备 Pt 加热器。随后，在硅片正面刻蚀色谱柱通道（深 50μm×宽 50μm×长 30cm）。接着，在微通道内电子束蒸发沉积金属催化剂（100Å/Al，1Å/Pt，5Å/Fe）。清洗硅片后，开始化学气相沉积碳纳米管：将硅片放入 500℃ 的反应炉内，在 240mL/min 的氩气和 160mL/min 的氢气流下，以 40℃/min 的速率升温至 850℃ 并保持该温度恒定。10min 后，通入混有水蒸气的氩气流 20min，再通入 40mL/min 的乙烯气体 10min。在纳米管成长期间，排气压力维持在 14psi。CNTs 固定相生长完毕，将硅片压紧在涂有 SU8 胶的玻璃盖片上，然后，使芯片的玻璃面朝下放入炉中烘焙，进行硅玻粘合。

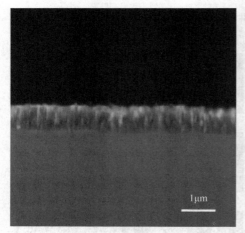

图 4-51 新工艺制备在通道底面的
CNTs 固定相层[47]

利用扫描电镜和拉曼光谱对新方法制备的碳纳米管固定相进行了表征。图 4-51 中的 SEM 图像显示，在微通道底面形成了厚 800nm、均匀密实的碳纳米管层，这在形貌上与旧方法中的 SWCNTs 缠结显著不同。生成的碳纳米管中既有 SWCNTs（直径约 2nm），又有多壁碳纳米管 MWCNTs（直径约 40nm），其大小和分布都较为均匀。用该固定相分离烷烃样品，色谱峰的对称性得到显著改善。

该研究提出的碳纳米管沉积新工艺，获得了形貌更加均匀的固定相；采用的硅玻粘合密封方式条件较温和，避免了碳纳米管在阳极键合过程中受损；所制备的微型色谱柱在峰对称性、峰容量和整体分离性能方面都得到了提高。

Nakai 等[48]认为，以前制备的 CNTs 固定相柱分离效能低，对高沸点化合物的分离效果较差，其原因是沉积的固定相层太厚，产生的固定相传质阻力较大，引起谱带展宽。故应减小固定相层的厚度，可通过在柱通道内沉积薄的固定相层来降低固定相传质阻力，提高分离效率。为此，他们制备了生长有碳纳米管薄层固定相的微型气相色谱柱。

采用催化气相沉积法（catalytic vapor deposition，CVD）在微型色谱柱通道底面生长 CNTs 固定相。因将金属催化剂直接沉积在硅衬底上会失活，故使用 SOI（250μm/3μm/320μm）衬底加工。首先，采用 DRIE 工艺刻蚀 SOI 顶面的硅层，加工出蛇形色谱柱沟槽（深 250μm×宽 160μm×长 1.0m），同时，在沟槽底面获得了定义良好的二氧化硅层。然后，将金属催化剂钼和钴的混合溶液浸涂在沟槽底面的二氧化硅表面，转入 400℃ 烘箱中干燥 5min。接下来，在石英管中进行 CVD 过程。在 300mL/min 的氩气（含 3% 氢气）流下将衬底加热至 800℃，管内压力维持在 40kPa。当反应温度达到 800℃ 时，停止加气。在 1.3kPa 压力下，通入乙醇蒸气 10min。CNTs 生长结束后，将衬底与 Pyrex 玻璃盖片阳极键合。

对器件的表征结果显示，在色谱柱微通道的底面合成了 SWCNTs，纳米管的直径为 1~2nm，纳米管层的厚度小于先前的文献数值[46]。性能测试表明，该色谱柱对癸烷的 $H_{min}=0.062cm$，理论塔板数为 2500。在程序升温条件下，实现了对高沸点正构烷烃（$C_6 \sim C_{14}$）样品的分离，但色谱峰的峰形较差。

化学气相沉积碳纳米管技术的缺点是：固定相制备工艺较复杂，操作温度过高；固定相只能沉积在色谱柱微通道的底面，而不能将通道内壁完全覆盖，使色谱柱的样品容量受限。

4.4.3 等离子体增强化学气相沉积 SiOCH 材料

SiOCH 是由 Si、O、C 和 H 元素组成的硅基掺碳非晶玻璃材料，是一种含有大量空气隙的多孔介质。通常利用甩胶或化学气相沉积工艺并结合致孔剂造孔技术制备[49]。化学气相沉积法制备 SiOCH 以有机硅作为源气体，所用的骨架前驱体主要有两大类：链状结构硅源（如三甲基硅烷、四甲基硅烷）和环状结构硅源（如四甲基环四硅氧烷、四乙烯基四甲基环四硅氧烷）。添加的气体包括致孔剂和氧化剂。其制备原理是：通过向骨架前驱体中引入热稳定性差的有机组分（致孔剂），得到无机骨架包含有机内容物的杂化薄膜，再经随后的热退火处理工序，将有机组分除去并使骨架固化，从而得到具有多孔结构的薄膜材料。新鲜沉积的薄膜具有双相结构，其中一相形成基质，另一相（致孔剂）形成可去除的镶嵌物，经加热处理除去后，在基质上产生自由空间（空气隙），从而将纳米级的空气隙引入基质，形成硅基多孔性材料。

Ricoul 等[50]利用等离子体增强化学气相沉积（PECVD）技术，在色谱柱沟槽内沉积一层多孔性 SiOCH 材料作固定相，提出了一种在微型气相色谱柱内整体制备固定相的方法。加工过程如下：

首先，在硅晶片上采用 DRIE 工艺刻蚀出蛇形色谱柱沟槽（深 $80\mu m\times$ 宽 $80\mu m\times$ 长 1.33m）。然后，在沟槽内沉积制备 SiOCH 固定相。他们以有机硅基质（二乙氧基甲基硅烷）和有机致孔剂（降冰片二烯）为前驱体，采用 PECVD 工艺制备 SiOCH 薄膜。沉积过程完成后，在紫外光辅助下于 400℃ 进行热退火，除去致孔剂，在色谱柱沟槽内形成多孔性 SiOCH 薄膜。最后，用玻璃盖片密封沟槽，安装流体端口。

实验表明，通过改变 PECVD 过程的沉积时间，可以获得不同厚度（100 ~ 400nm）的固定相沉积层。故该技术能够根据分离需求制备出厚度适宜的固定相层。对沉积的 SiOCH 固定相进行了表征，测得孔隙率为 30%，平均孔径为 1.3nm。图 4-52 为色谱柱通道截面的 SEM 图。表征结果显示，在通道的侧壁和底面上均沉积了 SiOCH，其沉积厚度为 100~140nm，最小厚度与最大厚度的比值大于 0.7，且在通道转弯处没有观察到固定相淤积现象。说明该技术制备的 SiOCH 固定相，沉积厚度均匀一致，保形性良好。色谱分离试验表明，该色谱柱能在不到 15s 的时间内实现对苯、甲苯、乙苯、邻二甲苯混合物（BTEX）的完全分离，柱效能为 5000 塔板/m。

该研究表明，使用标准的微电子沉积工艺，在沟槽内整体制备的多孔性 SiOCH 材料，可以用作微型气相色谱柱的固定相，且适于进行规模化生产。

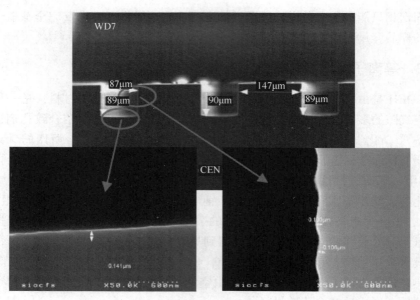

图 4-52　沉积有 SiOCH 固定相的柱通道截面 SEM 图[50]

4.4.4　物理气相沉积功能化派瑞林

以气相沉积工艺制备的派瑞林薄膜能够提供良好的保形涂层结构，而氨基功能化的派瑞林与极性化合物之间可产生氢键作用，有利于进行极性化合物与非极性化合物的分离。基于这些特性，Nakai 等[51]制备了以氨基功能化的派瑞林（聚氨基甲基-[2,2]对环芳烷，diX-AM）作固定相的半填充式微型气相色谱柱。SPC 设计为蛇形沟槽，尺寸为：深 230μm×宽 180μm×长 1.0m，内嵌边长 30μm 的正方形立柱阵列，立柱呈交错排列，立柱间距 30μm，立柱与侧壁间距为 15μm。加工过程如下：

首先在边长 3cm 的正方形硅晶片上采用光刻和 DRIE 工艺刻蚀出 SPC 沟槽和立柱阵列，然后利用专用涂渍系统在刻蚀硅片和玻璃盖片表面分别沉积 1μm 和 5μm 厚的 parylene C，接着再沉积 diX-AM 薄膜（厚度 0.1~0.2μm），沉积条件：parylene C 及 diX-AM 二聚体的升华压力为 0.02mmHg，热解温度 690℃。最后，将表面涂有 diX-AM 的硅片和玻璃盖片放入 200℃ 的真空干燥箱中保持 1h，进行硅玻热粘合，密封通道。见图 4-53。

用制备的色谱柱分离了己烷和乙醇以及 $C_6 \sim C_{10}$ 正构烷烃。与传统的聚合物固定相相比，派瑞林材料可以在矩形截面的色谱柱上获得更好的保形涂层，但发现该法制备的 diX-AM 薄膜厚度并不完全均匀。diX-AM 固定相可用于低沸点、短保留时间化合物的分离和分析，而高沸点化合物因与固定相的互溶性较差，会产生峰形拖尾。

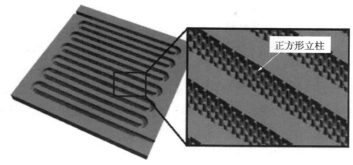

(a)SPC结构设计示意图

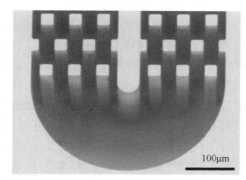

(b)parylene沉积前

(c)parylene沉积后

图 4-53 沉积功能化 parylene 固定相的色谱柱[51]

4.4.5 层层自组装沉积纳米颗粒

层层自组装(layer-by-layer self-assembly, LbL)是利用逐层交替沉积的原理,通过溶液中目标化合物与基质表面功能基团之间的强相互作用(如化学键等)或弱相互作用(如静电引力、氢键、配位作用、电荷转移、特异性分子识别等),驱使目标化合物自发地在基质上缔合,形成结构完整、性能稳定、具有某种特定功能薄膜的技术。LbL 制备多层薄膜时,首先需要对基质进行预处理,以获得沉积所需的表面性质,然后实施以下步骤:

① A 层膜材料的沉积;

② 清洗;

③ B 层膜材料的沉积;

④ 清洗。

重复上述步骤,直至获得所需厚度的薄膜。LbL 技术对成膜基质没有特殊限制,不需要专门的加工设备,成膜驱动力的选择较多,能够在分子水平上对沉积膜进行精细的结构和厚度控制,所制备的薄膜具有良好的机械和化学稳定性。基于上述特性，LbL 可用于微型气相色谱柱中固定相的制备。

4.4.5.1 沉积功能化金纳米颗粒

近年来，纳米颗粒在分离科学领域的应用受到广泛关注，其应用之一是用作快速色谱分离的固定相。功能化金纳米颗粒（functionalized gold nanoparticles，FGNPs）由于具有形成自组装单分子层（self-assembled monolayer，SAM）的能力，再加上它们在有机溶剂中的可加工性和可分散性，使其成为了色谱固定相的理想材料。

Alfeeli 等[52]将 MEMS 与纳米技术相结合，利用改良的 LbL 工艺在微型色谱柱通道内沉积 FGNPs，制备固定相，其基本流程为：色谱柱沟槽刻蚀→PECVD 沉积氮化硅→LbL 沉积 GNPs→功能化→硅玻键合。加工过程如下：

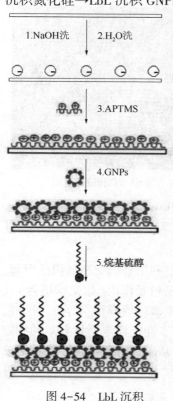

1.NaOH洗　2.H₂O洗

3.APTMS

4.GNPs

5.烷基硫醇

图 4-54　LbL 沉积 FGNPs 过程示意图[52]

首先在硅晶片上旋涂光刻胶，图形化，采用 DRIE 工艺刻蚀出深 240μm×宽 150μm×长 1m 的正方形螺旋沟槽，然后在刻蚀的沟槽内 PECVD 沉积 250nm 厚的氮化硅层，接下来在氮化硅层上 LbL 沉积固定相，制备过程如图 4-54 所示。先用 NaOH 溶液洗涤硅晶片，以使沟槽表面带有—OH 基团的负电荷。H₂O 洗后，再用带正电荷的 2mmol/L 氨丙基三甲氧基硅烷（APTMS）的乙醇溶液处理，利用两种溶液正、负电荷之间的静电力作用，在氮化硅表面沉积成膜。随后将晶片浸入粒径为 20nm 的金纳米颗粒（GNPs）溶液中保持 8~10h，使 GNPs 附着到 APTMS 的氨基上。涂层的最后一步是引入 2mmol/L 十八烷基硫醇（$C_{18}H_{37}SH$，octadecylthiol，ODT）的己烷溶液。硫醇的端基在 GNPs 表面发生化学吸附，且巯基官能团与 Au 发生化学键合而将烷基链结合到 GNPs 上，实现烷基硫醇在金表面的自组装。含硫化合物在金表面的自组装成膜是通过形成极性共价键 Au—S 完成的，Au—S 键极易自发形成并释放热量。硫醇中的 S 原子与金表面的强烈相互作用形成 Au—S 键，使得烷基硫醇在金表面形成自组装单层（SAM），该层具有良好的稳定性、致密性、有序性，被用作色谱固定相。最后将硅晶片与 Pyrex 玻璃晶片阳极键合，密封通道。切割晶圆，安装入口/出口石英毛细管。

实验发现，沉积在裸硅片或 PECVD 氧化硅层上的 FGNPs 不够稳定，当加热至 250℃时固定相会产生结块现象，见图 4-55；而将其沉积在 PECVD 氮化硅层上较稳定，加热后没有看到结块现象。故需先在色谱柱沟槽内制备 PECVD 氮化硅层，然后再沉积固定相。所制备的沉积有 FGNPs 固定相的微型气相色谱柱，能够在 6min 内分离 6 种正构烷烃($C_8 \sim C_{16}$)混合物。

4.4.5.2 沉积二氧化硅纳米颗粒

在传统 GC 中，由于二氧化硅(硅胶)对有机物具有优异的吸附特性，一直被用作常规气–固色谱固定相。而二氧化硅纳米颗粒(silica nanoparticles，SNPs)具有尺寸小、颗粒均匀、表面积大、热稳定性好、化学惰性等性能，也可用作色谱固定相。采用 LbL 技术可将 SNPs 沉积在微型气相色谱柱的通道内，获得均匀、致密、坚固、保形且厚度可控的固定相涂层。

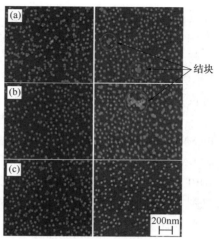

图 4-55 不同材料上 LbL 沉积的
FGNPs 加热前后对比[52]
(a)裸硅片；(b)PECVD 氧化硅；
(c)PECVD 氮化硅

Wang 等[53]利用 LbL 技术分别在单道开管柱(SCC)与多道开管柱(MCC)通道内沉积 SNPs，制备了微型气相色谱柱的固定相。其基本流程为：色谱柱沟槽刻蚀→LbL 沉积 SNPs→煅烧→硅玻键合→固定相表面钝化。加工过程如下：

首先在直径为 4in、厚 500μm、双面抛光的 n 型硅晶片上，采用标准 MEMS 工艺加工出 SCC 沟槽(深 240μm×宽 150μm×长 1m)和 MCC-16 沟槽(深 240μm×宽 30μm×长 25cm，16 道)，切割成单个器件，接下来在微型色谱柱沟槽内进行 SNPs 固定相沉积。

通过将器件交替浸入长链聚合物水溶液(10mmol/L 聚烯丙基胺盐酸盐，PAH)与 SNPs(平均粒径 45nm)悬浮液中，利用带正电荷的 PAH 与带负电荷的 SNPs 之间的静电相互吸引作用进行层层自组装。为确保 PAH/SNPs LbL 涂层良好的均匀性，需将 PAH 溶液和 SNPs 悬浮液的 pH 值分别调节至 7.0(±0.1)和 9.0(±0.1)。LbL 涂层的制备在自动浸渍系统中循环进行，每一循环的工作步骤为：

① 器件浸入 PAH 水溶液中 2.5min；
② 去离子水冲洗 3 次，1min/次；
③ 器件浸入 SNPs 悬浮液中 2.5min；
④ 去离子水冲洗 3 次，1min/次。

每次循环涂覆 1 个双层(bilayers，BLs)，重复上述步骤，直至获得希望的涂层厚度。涂覆完成后，用去离子水彻底冲洗器件，再用低流量的氮气吹干。此时，在器件的沟槽表面及保留的光刻胶上形成了均匀的 PAH/SNPs 涂层。把器件浸入丙酮中超声处理 12min，剥离除去光刻胶，再转入 500℃ 高温炉内煅烧 4h。

经过高温煅烧处理后，一方面除去了 PAH；另一方面又可将球形的 SNPs 微粒适度融合在一起，以确保固定相涂层在程序升温过程中的稳定性。接下来，将硅晶片与 Pyrex 玻璃晶片阳极键合，密封通道，安装入口/出口石英毛细管。最后，用 10mmol/L 二甲基十八烷基氯硅烷（CDOS）的甲苯溶液充满微型色谱柱并放置过夜，对固定相和玻璃表面的活性硅羟基进行钝化处理。

对该色谱柱进行的 SEM 表征结果显示，μGC 柱的沟槽底面和侧壁已被均匀的 SNPs 固定相涂层完全覆盖，沟槽顶面的涂层可顺利剥离除去。采用该技术沉积 SNPs 固定相，其涂层的厚度可控且与涂覆循环次数成正比。涂覆了 5BLs、10BLs、15BLs SNPs 涂层的厚度分别为 260～320nm、400～490nm、560～610nm。见图 4-56。色谱测试实验表明，固定相表面经钝化处理后，显著改善了色谱峰的对称性。所制备的涂覆有 10BLs-SNPs 固定相的 μGC 柱，成功分离了 9 组分正构烷烃（C_5～C_{17}）混合物，以及 10 组分 VOCs 样品。该固定相涂覆技术可容易地集成到基于 MEMS 的标准制造工艺中，且固定相制备的产率较高。

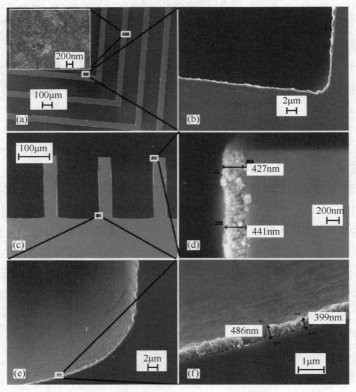

图 4-56　LbL 工艺涂覆 10BLs-SNPs 的 SCC 柱[53]

(a)沟槽底部俯视图；(b)沟槽侧壁俯视图；(c)沟槽截面图；

(d)侧壁顶部涂层及厚度；(e)沟槽底部拐角；(f)沟槽底部涂层及厚度

4.4.6 溅射沉积固体吸附材料

　　传统的固定液涂渍方法或常规的固体固定相与 MEMS 技术均不兼容，微型色谱柱的固定相涂覆（或填充）环节必须使用单独的设备"离线"进行，这样涂覆的固定相重现性差，不能实现批量加工。

　　溅射是一种常见的微加工工艺，在电子工业中广泛用于金属或介电材料的沉积。其基本原理是：在处于真空室中的两个平行板电极间施加一个直流或射频高电压，其中阴极为沉积材料制成的靶极，阳极为衬底。在高压电场作用下，真空室中的惰性气体氩发生电离，氩离子在电场加速下获得动能轰击阴极靶材料表面，使靶材中的原子溅射出来，沉积在衬底表面形成薄膜。用溅射法可以制备不能用蒸发工艺制备的高熔点、低蒸气压物质膜。此外，在溅射加工过程中，溅出的原子是与具有数千 eV 的高能离子交换能量后飞溅出来的，其能量较高，往往比蒸发原子高出 1~2 个数量级，因而用溅射法形成的薄膜与衬底的粘附性较蒸发法为佳。溅射工艺与 MEMS 技术兼容，可用于微型气相色谱柱中固定相的晶圆级制备。

　　Vial 等[54] 利用溅射法在 SCC 和 SPC 通道内沉积固体吸附材料（二氧化硅、石墨、氧化铝），制备了微型气相色谱柱的固定相，见图 4-57。首先，在厚 400μm、双面抛光的硅晶片上，采用标准 Bosch-DRIE 工艺刻蚀出深 100μm 或 125μm、宽 50~200μm、长 220cm 的色谱柱微通道。随后，以纯度 99.995% 的二

(a)沉积有 SiO₂ 固定相的 SCC 微通道俯视图与截面图

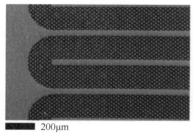

(b)沉积有 SiO₂ 固定相的 SPC 微通道俯视图及立柱放大图

图 4-57　溅射沉积 SiO_2 固定相的 SCC 和 SPC 柱[54]

氧化硅靶材料为阴极，刻蚀好的硅晶片为阳极，采用溅射工艺将二氧化硅沉积在微通道内，制成气-固色谱固定相(二氧化硅沉积厚度分别为 0.75μm、1.5μm、3μm)。剥离、清洗后，将硅片阳极键合到 250μm 厚的 Pyrex 玻璃晶片上。在硅片背面刻蚀流体端口，切割晶片，获得 1.5cm 见方的 MEMS 柱芯片。最后，安装入口/出口石英毛细管。

性能测试表明，二氧化硅沉积厚度为 0.75μm 的 SCC，理论塔板数为 2500 塔板/m，SPC 的理论塔板数为 5000 塔板/m，所制备的微型气相色谱柱可用于轻质烃分析。

溅射法沉积固定相的重现性较好，沉积厚度可人为控制；缺点是固定相的膜厚度沿通道截面方向变化较大，不适用于高深宽比的通道结构。

4.4.7　原子层沉积氧化铝薄膜

高深宽比的开管式微型气相色谱柱有利于提高柱效能，内嵌微立柱阵列的半填充式微型色谱柱可同时改善柱效能和样品容量。但这两类色谱柱具有的特殊微通道结构(极高深宽比和极窄柱宽度)给固定相的涂覆提出了巨大挑战。

原子层沉积(atomic layer deposition，ALD)是一种将物质以单原子膜的形式一层一层沉积在衬底表面的方法。其基本原理是：将反应物的气相前驱体脉冲交替地通入反应室，当前驱体到达沉积衬底表面时，它们会在其表面化学吸附并发生表面反应而形成沉积膜。利用反应物表面反应的自限制性和不可逆性，使得每次只在衬底表面吸附上一层前驱体，从而实现原子层尺度可控的薄膜沉积。在原子层沉积过程中，新一层原子膜的化学反应直接与之前一层相关联，这种方式使每次反应只沉积一层原子，故可由反应进行的循环次数控制沉积层数，从而精确控制沉积膜的厚度。

一个 ALD 沉积周期可分为四个步骤：

① 将第一种反应前驱体 A 以脉冲形式通入反应室，A 在衬底表面发生化学吸附；

② 待表面吸附饱和后，通入惰性气体将剩余的反应前驱体 A 和副产物清除出反应室；

③ 将第二种反应前驱体 B 以脉冲形式通入反应室，与之前吸附在衬底表面上的反应前驱体 A 进行化学反应生成薄膜，并得到前驱体 A 发生化学吸附所需要的表面结构；

④ 反应完全后，再次通入惰性气体将多余的反应前驱体和副产物清除出反应室。

通常一个沉积周期需要 0.5s 至几秒的时间，生长的薄膜厚度大约为 0.01~0.3nm。不断重复上述循环步骤即可完成整个 ALD 沉积过程，直至制备出所需厚度的薄膜。

表面反应的自限制性是 ALD 技术的基础，使得该技术在薄膜制备方面具有许多优势：可精确控制的薄膜厚度、优异的保形性以及大面积厚度均匀性、高的台阶覆盖率、良好的可重复性、高密度和无针孔的薄膜性能。ALD 能够在复杂形状或高深宽比结构的表面沉积大面积、均匀且具有保形性的化学计量薄膜，且可以沉积的薄膜材料十分丰富，如氧化物、氮化物、碳化物、金属、硫化物、氟化物、生物材料和聚合物等。目前，ALD 已成为一种重要的薄膜制备技术手段，应用于半导体、纳米材料、光学薄膜等领域，将该技术引入 μGC，为极高深宽比结构的微型气相色谱柱中固定相的制备提供了有效的解决方案。

Shakeel 等[55]报道了利用 ALD 技术在半填充式微型色谱柱内沉积氧化铝薄膜固定相的新方法。在原子层沉积氧化铝薄膜后，又用二甲基十八烷基氯硅烷对通道表面进行硅烷化处理，制备了硅烷化的氧化铝薄膜固定相。该技术可进行固定相的晶圆级制备，加工过程如下：

首先，在直径为 4in、厚 500μm、单面抛光的 n 型硅晶片上，采用标准 Bosch-DRIE 工艺刻蚀出 SPC 沟槽，尺寸为：深 180μm×宽 190μm×长 1m，内嵌直径 20μm、间距 40μm 的圆形立柱阵列，见图 4-58。然后，将刻蚀好的硅晶片放入 ALD 反应腔内，以三甲基铝[Al(CH$_3$)$_3$，TMA]和 H$_2$O(来自洁净室的去离子水)为前驱体源，于 250℃进行氧化铝薄膜的 ALD 沉积，固定相制备过程如图 4-59 所示。

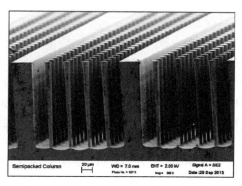

图 4-58　刻蚀的 SPC 沟槽截面图[55]

每一 ALD 沉积周期由以下四个步骤组成：

① 向反应腔内通入气体前驱体 TMA(流量为 20mL/min)15ms；

② 吹扫 4s；

③ 通入气体前驱体 H$_2$O(流量为 20mL/min)15ms；

④ 吹扫 4s。

氧化铝薄膜沉积过程可用以下两个连续反应来描述：

$$(A)\ —Si—OH+Al(CH_3)_3 \longrightarrow —Si—O—Al(CH_3)_2+CH_4$$

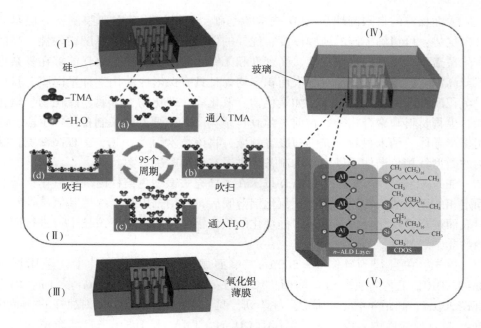

图 4-59　ALD-硅烷化氧化铝固定相制备过程示意图[55]

（Ⅰ）刻蚀的 SPC 沟槽；（Ⅱ）ALD 沉积循环过程；（Ⅲ）沉积厚度 10nm 的氧化铝薄膜；
（Ⅳ）硅玻键合；（Ⅴ）通道表面硅烷化去活处理

$$(B)—Si—O—Al(CH_3)_2+2H_2O \longrightarrow —Si—O—AlO*(OH)+2CH_4$$

在第一反应（A）期间，TMA 被通道表面的硅羟基吸附并反应至饱和，形成二甲基封端铝和甲烷副产物。过量的 TMA 将不与表面进一步反应，导致自限制过程。在第二反应（B）中，两个 H_2O 分子与二甲基封端铝反应至饱和，在相邻的铝原子之间形成氧化物桥（"*"表示相邻铝原子之间共用的氧），并且在每个铝原子上形成末端氢氧化物，为第一反应（A）提供了所需的表面结构，故可进入下一个沉积周期。

该工艺氧化铝薄膜的沉积速率为 1.07Å/周期，循环 95 个周期（16min）后，在通道表面可沉积 10nm 厚的氧化铝薄膜。ALD 完成后，将硅晶片与厚 700μm、宽 4in、双面抛光的 Borofloat 玻璃晶片阳极键合。切割晶片，安装入口/出口石英毛细管。再用 10mmol/L 二甲基十八烷基氯硅烷的甲苯溶液充满微型色谱柱，在室温下保持 24h，对 ALD 氧化物膜和玻璃盖的内表面进行硅烷化处理，以屏蔽活性点。挥干溶剂后，色谱柱用氮气吹扫 30min，然后在 10psi 的恒定压力下以 2℃/min 速率升温至 150℃，保持 1h。最后，获得了涂有硅烷化氧化铝薄膜固定相的半填充式微型气相色谱柱。

性能测试表明，所制备的微型色谱柱理论塔板数为 4200 塔板/m，能在 150℃柱温下稳定工作，适用于分离直链烷烃或芳烃混合物，获得了对称性良好的色谱峰。

由于受到固定相涂覆技术的限制，报道的许多 SPCs 只能采用低密度的立柱嵌入方式（立柱间距≥20μm）或较浅的通道结构（深度≤100μm），难以达到更高的柱效。根据 Van Deemter 方程，减小柱宽度可以提高色谱柱的分离效能。因此，通过降低色谱柱有效通道宽度，在通道内嵌入高密度的极细立柱，即同时减小立柱间距和直径，应能进一步提高 SPCs 的性能。鉴于 ALD 技术的固有特性，特别是其高度保形的薄膜沉积作用，使得该技术对于涂覆空间区域极其狭窄（≤10μm）的 μGC 柱存在巨大潜力。

Shakeel 等[56]采用 ALD 技术在高密度半填充式微型气相色谱柱（high-density semipacked column，HDSPC）内制备了硅烷化氧化铝固定相，并对氧化铝薄膜的沉积温度和薄膜厚度进行了优化，使柱效率大幅度提高，也进一步拓展了 ALD 技术的应用范围。加工过程如下：

在直径 4in、厚 500μm、单面抛光的硅晶片上，采用标准 Bosch-DRIE 工艺刻蚀出 HDSPC 沟槽，尺寸为：深 155μm×宽 145μm×长 1m，内嵌直径 10.5μm、间距 7.5μm 的圆形立柱阵列，见图 4-60。将刻蚀好的硅晶片放入 ALD 反应腔内，以 TMA 和 H_2O 为前驱体源，于 300℃进行氧化铝薄膜的 ALD 沉积。每一沉积周期的步骤及条件为：

图 4-60　刻蚀的 HDSPC 沟槽截面图[56]

① 向反应腔内通入气体前驱体 TMA（流量为 20mL/min）15ms；

② 吹扫 4s；

③ 通入气体前驱体 H_2O（流量为 20mL/min）15ms；

④ 吹扫 4s。

进行循环沉积 13min 后，在 HDSPC 沟槽表面制备了 10nm 厚的氧化铝薄膜，获得了晶圆级 ALD 涂层。将硅晶片切割成单个器件，与 Borofloat 玻璃晶片阳极键合，安装入口/出口石英毛细管。再用 10mmol/L 二甲基十八烷基氯硅烷的甲苯溶液对色谱柱通道表面进行钝化处理。

研究表明，ALD 薄膜的密度随沉积温度的升高而增加。在较低温度下沉积的氧化铝薄膜密度较低，这归因于通道表面较高的羟基浓度以及较高的膜孔隙率。羟基浓度的增加（在较低温度下）反过来又为硅烷官能化提供了更多的活性位点。这两种机制导致了溶质与固定相之间相互作用的表面积增加，致使溶质的保留值随氧化铝薄膜沉积温度的降低而增加，即在较低温度下生成的氧化铝薄膜具有较强的保留行为。色谱柱性能测试显示，与其他沉积条件相比，氧化铝薄膜的沉积温度为 300℃、薄膜厚度为 10nm 时，所制备的 HDSPC 固定相表现出了最佳色谱性能，对测试混合物产生了最高分辨率和峰容量，其有效理论塔板数达 8000 塔板/m，明显高于同种技术制备的 SPC（4000 塔板/m）[55]。

可见，ALD 技术为具有极狭窄通道（甚至<5μm）结构的 μGC 柱中固定相的涂覆提供了解决途径。此外，该固定相涂覆技术的加工成品率较高，在不同的晶圆（6 片晶圆和 24 个器件）上加工成品率达 90%。需注意的是，虽然该 HDSPC 利用在通道内嵌入高密度的极细立柱来提升柱效，但同时也带来了柱压降增高的问题。

4.4.8　沉积金薄膜/硫醇自组装技术

美国弗吉尼亚理工学院和州立大学 VT MEMS 实验室（VT MEMS Laboratory）对沉积金薄膜/硫醇自组装固定相制备技术进行了系统研究[57-64]。他们采用多种工艺在不同结构微型气相色谱柱（SCC、MCC、SPC）的沟槽表面沉积金薄膜，硅玻键合密封通道后，再用硫醇化合物对金薄膜功能化，利用硫醇分子在金表面的自组装特性，制备单分子层保护的金固定相（monolayer-protected gold，MPG）。加工的基本流程为：色谱柱沟槽刻蚀→金薄膜沉积→硅玻键合→金薄膜功能化。其中一个重要环节是沟槽表面的金薄膜沉积，他们提出了几种不同的金薄膜沉积工艺，包括：无籽晶脉冲电镀、电子束蒸发、LbL。下面分别介绍每种工艺的基本原理及相关研究成果。

4.4.8.1　无籽晶脉冲电镀金薄膜/硫醇自组装技术

采用无籽晶脉冲电镀工艺，可以在刻蚀好色谱柱沟槽的硅晶片上沉积金薄膜。该技术制备的金薄膜均匀一致，具有良好的保形性、化学稳定性和热稳定性，通过改变电镀参数可灵活调节金薄膜厚度，以使不同结构和尺寸的色谱柱均能获得最佳分离性能。若直接在色谱柱沟槽表面非选择性地沉积金薄膜，微结构表面会被金薄膜完全覆盖。故电镀完成后需要对沉积的金薄膜图形化，即彻底清除沟槽顶面上的金薄膜，以便于进行后续的硅玻键合。针对金薄膜的图形化方式，他们提出了不同的脉冲电镀沉积工艺，主要分为手动图形化沉积工艺与自图形化沉积工艺。

最初采用"手动图形化沉积"工艺，即先对刻蚀好沟槽的硅晶片进行浓磷掺杂处理，随后脉冲电镀沉积金薄膜。接下来，利用金硅之间较弱的粘附性，借助黏性胶带手动除去沟槽顶面上沉积的金薄膜，实现图形化。该工艺只需对硅片进行一次磷掺杂处理，操作步骤相对简单。但黏性胶带不易把沉积的金薄膜清除干净，若顶面上的金薄膜清除不彻底，会影响后续步骤中硅玻键合的质量。此外，在手动图形化过程中有可能会损坏顶面周边侧壁上的金薄膜，甚至会损坏极薄的沟槽壁。上述原因导致该工艺的加工成品率较低。

为克服手动图形化沉积工艺存在的不足,发展了"自图形化沉积"工艺,即通过合适的技术手段进行选择性金沉积,从而使沟槽顶面不发生金沉积,实现了金薄膜的自图形化沉积。该工艺又分为两种类型:

① 单掺杂自图形化沉积工艺(single-doped self-patterned,SDSP)。将刻蚀好沟槽的硅晶片浓磷掺杂后放入电镀槽中,利用"周期换向脉冲电镀"技术,通过控制合适的脉冲电镀参数,进行选择性无应力电镀,即只在沟槽的垂直侧壁表面沉积金薄膜,而水平方向的顶面和底面上无金沉积,由此达到金薄膜自图形化沉积的目的。

该工艺的技术关键是脉冲电镀参数的选择,主要包括:正向脉冲电流密度、反向脉冲电流密度、正向脉冲导通时间、反向脉冲导通时间,这些参数选择的恰当与否直接关系到自图形化沉积的成败,其中正向脉冲导通时间与反向脉冲导通时间是影响选择性沉积最重要的参数。而电镀参数的选择与沟槽的几何结构和尺寸密切相关,需针对不同的微结构仔细调整优化,该过程费时费力。此外,SDSP 对电镀条件控制的要求十分严格,且电镀时间较长,加工成品率不高,器件需进行复杂的表征,因沟槽底面上无金薄膜沉积,使色谱柱承载固定相的总面积有所下降。

② 双掺杂自图形化沉积工艺(double-doped self-patterned,DDSP)。针对SDSP 的缺点进一步改进,提出了双掺杂自图形化沉积工艺(DDSP)。即通过在沟槽顶面预先制备二氧化硅掩膜,实现脉冲电镀时金薄膜的自图形化沉积。加工时先对硅晶片进行第一次磷掺杂,接着在掺杂的硅片表面沉积上一薄层二氧化硅,然后刻蚀沟槽,再对刻蚀后的硅片进行第二次磷掺杂,随后脉冲电镀金薄膜。由于沟槽顶面存在二氧化硅掩膜层,故脉冲电镀时只会在沟槽侧壁和底面上沉积金薄膜,而用于阳极键合的顶面不会有金薄膜沉积,从而实现了自图形化。

与 SDSP 相比,在 DDSP 工艺中硅片需经过两次磷掺杂处理,加工程序复杂。但电镀条件的选择与控制相对容易,加工成品率高,所沉积的金薄膜能完全覆盖微通道的内表面,用于制备固定相的面积大,柱效率高。此外,他们还探索了DDSP 沉积金薄膜/硫醇自组装条件下的固定相重构技术。

以下结合研究实例进行详细阐述。

(1) 手动图形化沉积工艺

Zareian-Jahromi 等[57]采用手动图形化沉积工艺,分别在 SCC、MCC 柱内制备了 MPG 固定相。其基本流程为:DRIE 刻蚀硅晶片→浓磷掺杂→脉冲电镀沉积金薄膜→手动图形化→硅玻键合→金薄膜功能化。具体加工步骤如下:

首先在硅晶片上采用 DRIE 工艺刻蚀 SCC 沟槽(深 250μm×宽 25~100μm×长25cm)和 MCC-4 沟槽(深 250μm×宽 63μm×长 25cm)。接着对刻蚀好沟槽的硅晶片进行浓磷掺杂(n^+)处理,于 950℃下、磷固态源扩散掺杂 6h,在硅片表面获得

$2\mu m$ 深的掺杂区域，以增强电镀时沟道的导电性。用氢氟酸缓冲腐蚀液（BHF）除去硅片表面的本征氧化物，随后将硅片放入电镀槽作阴极，镀铂钛网作阳极。其中阳极距阴极 2cm，其尺寸至少为阴极的 2 倍，以保障为硅晶片提供均匀的电场。电镀槽中放入酸性电镀液亚硫酸金钠，温度保持在 55℃，搅拌速度为 200r/min，阳极和阴极之间的电流由方波脉冲发生器控制。通过选择合适的电镀参数，获得所需的金薄膜沉积厚度（250nm ~ $2\mu m$ 之间厚度可调）。电镀完成后，用黏性胶带手动除去硅片沟槽顶面上沉积的金层，使金薄膜图形化。然后将硅晶片与制备有 Ti/Au 薄膜的 Pyrex 7740 盖片进行阳极键合（350℃，1250V），密封通道。在低于 Si-Au 共晶温度（365℃）下进行的键合过程中，也同时实施了对器件的热退火，从而显著增强了电镀金薄膜在掺杂硅表面的粘附性，使金薄膜更加牢固和稳定。切割器件，安装流体端口。最后一步是用十八烷基硫醇（ODT）的己烷溶液将色谱柱充满并保持 6h，对金薄膜进行功能化处理，利用硫醇分子在金表面的自组装（SAM），将烷烃基团连接到金薄膜表面，制得 MPG-C_{18} 固定相。表示为：

$$C_{18}H_{37}SH+Au^0 \xrightarrow{\text{SAM}} [\,C_{18}H_{37}S^- Au^+\,]+1/2H_2$$

该技术可以通过在金薄膜表面引入各种带有巯基官能团的有机分子来调整 MPG 固定相的极性，从而为 μGC 应用中制备不同性质的色谱柱提供了一条通用途径。这里电镀沉积的金薄膜不仅用于固定相的制备，同时还起到了覆盖硅片表面所有活性点的作用，省去了常规涂覆方法中的钝化处理步骤。该研究在具有高深宽比和矩形拐角的超窄型 μGC 柱内成功制备了 MPG 固定相。图 4-61 所示的色谱柱 SEM 图展示了该工艺制备的金薄膜质量。性能测试表明，通道宽度为 $25\mu m$ 的 SCC 理论塔板数为 20000 塔板/m，MCC-4 的理论塔板数为 7700 塔板/m。

（2）自图形化沉积工艺

1）单掺杂自图形化沉积工艺（SDSP）

Zareie 等[58]采用单掺杂自图形化沉积工艺（SDSP），分别在 MCC-8 和 MCC-16 柱内沉积金薄膜，制备 MPG 固定相。基本流程为：DRIE 刻蚀硅晶片→浓磷掺杂→周期换向脉冲电镀沉积金薄膜→硅玻键合→金薄膜功能化。具体加工步骤如下：

首先在硅晶片上采用 DRIE 工艺刻蚀 MCC 沟槽（深 $250\mu m$ × 宽 $30\mu m$ × 长 25cm），接着对刻蚀好沟槽的硅晶片于 950℃ 下、磷固态源扩散掺杂 9h，随后将硅片放入电镀槽（温度 55℃，搅拌速度 300r/min）进行周期换向脉冲电镀。选用的电镀参数为：正向脉冲电流密度 $J_f = 3mA/cm^2$；反向脉冲电流密度 $J_r = 1mA/cm^2$；正向脉冲导通时间 $\tau = 100ms$；反向脉冲导通时间 $T-\tau = 3s$。在该条件下，金选择性地只沉积在沟槽侧壁上，形成均匀的金薄膜。然后将硅片与 Pyrex 玻璃晶片阳极键合，切割器件，安装流体端口，用 ODT 对色谱柱功能化，获得 MPG-C_{18} 固定相。

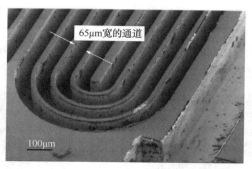

(a)MCC-4沟槽内沉积的金薄膜

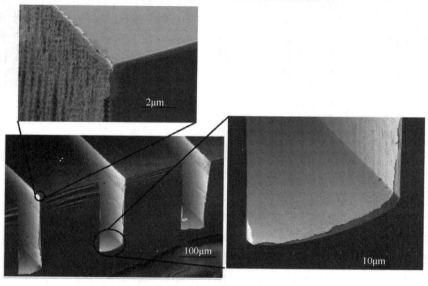

(b)SCC沟槽侧壁和矩形拐角处均匀分布的金薄膜

图4-61　手动图形化沉积工艺制备的金薄膜[57]

实验测得MCC-8、MCC-16的理论塔板数分别为6800塔板/m和6200塔板/m，成功地分离了8种正构烷烃混合物（$C_9 \sim C_{17}$）。

Shakeel等[59]对SDSP做了进一步研究，详细讨论了电镀参数的优化过程及选择性沉积的原理，并在MCC-16柱内制备MPG固定相。

首先在直径4in的p型（100）硅晶片上，采用DRIE工艺刻蚀MCC沟槽（深250μm×宽30μm×长25cm），接着用丙酮、氧等离子体清除光刻胶和残留聚合物。将刻蚀好沟槽的硅晶片于950℃下、磷固态源扩散掺杂10h，切割晶圆，用BHF除去芯片上的本征氧化物。器件先用甲醇浸泡2min以润湿表面，然后放入电镀槽（温度55℃，搅拌速度300r/min）进行选择性金沉积。周期换向脉冲电镀参数为：正向脉冲电流密度$J_f = 3mA/cm^2$；反向脉冲电流密度$J_r = 1mA/cm^2$；正向脉

冲导通时间 $\tau = 100\text{ms}$；反向脉冲导通时间 $T-\tau = 3\text{s}$；电镀时间 $t = 90\text{min}$。在此条件下电镀，沟槽顶面和底面没有观察到金薄膜沉积，而沟槽垂直侧壁上沉积的金薄膜厚度约为 310nm，见图4-62。通过改变电镀时间，可进一步调整沉积的金薄膜厚度。最后两步是硅片与 Pyrex 玻璃晶片阳极键合、用 ODT 功能化。

(a)沟槽俯视图   (b)沟槽底部截面图

图4-62 SDSP 制备的金薄膜[59]

实验测得，该 MCC-16 的理论塔板数为 5400 塔板/m。该工艺中由于采用了独特的"周期换向脉冲电镀"技术，使金能够选择性地在硅片的沟槽侧壁上沉积而不在顶面和底面沉积，从而实现了金薄膜的自图形化。

周期换向脉冲电镀技术选择性沉积金薄膜的原理[59,60]：电镀过程中，在正向脉冲期间离子被还原沉积，而在反向脉冲期间水平面上的离子被排斥。如果反向脉冲导通时间 $(T-\tau)$ 比相应的正向脉冲导通时间 τ 长得多，沉积在水平面上的离子在反向脉冲期间开始被除去；若反向脉冲导通时间足够长，则在水平面上不会发生离子沉积。即通过选用合适的脉冲电镀参数，可实现水平面上电镀的综合结果为离子的零沉积。再者，由于电场对沟槽顶面与沟槽内离子的影响不同，使得离子在沟槽顶面与侧壁上沉积的结果截然不同。在正向脉冲期间，离子在沟槽顶面和侧壁上均可还原沉积。在反向脉冲期间，顶面上的电场很强，已沉积的离子将从顶面上除去；而沟槽内由于等高度上的电场强度大小相等，方向相反，它们相互抵消，使沟槽内的电场强度趋于零，离子所受的电场力为零。故在反向脉冲期间，离子将滞留在沟槽内；而在随后的正向脉冲期间，滞留在沟槽内的离子将沉积在垂直侧壁上。

2）双掺杂自图形化沉积工艺（DDSP）

Shakeel 等[61]采用双掺杂自图形化沉积工艺（DDSP），在 MCC-16 柱内制备了 MPG 固定相。其基本流程为：硅片第一次浓磷掺杂→PECVD 沉积 SiO_2→DRIE 刻蚀硅晶片→硅片第二次浓磷掺杂→自图形化沉积金薄膜→硅玻键合→金薄膜功能化。具体加工步骤如下：

首先在950℃下对硅晶片进行浓磷掺杂10h，接着在硅片的掺杂层上PECVD沉积覆盖一层极薄的二氧化硅(厚度约220nm)，该层被用作电镀金薄膜时沟槽顶面的掩膜，且不会对硅玻键合造成影响。随后进行光刻、DRIE工艺刻蚀HAR沟槽(深250μm×宽30μm×长25cm)。硅片用丙酮、氧等离子体清除光刻胶和残留聚合物后，进行第二次磷掺杂(950℃，10h)。切割晶片，用BHF除去沟槽内及边缘处的二氧化硅，以便于进行脉冲电镀时的电气连接。器件先用甲醇浸泡2min，然后放入电镀槽(温度55℃，搅拌速度200r/min)进行自图形化无籽晶镀金。电镀参数为：正向脉冲电流密度$J_f = 3mA/cm^2$；反向脉冲电流密度$J_r = 1mA/cm^2$；正向脉冲导通时间$\tau = 3s$；反向脉冲导通时间$T-\tau = 100ms$；电镀时间$t = 8min$。接下来将硅器件与Pyrex衬底进行阳极键合(350℃，1250V)，安装流体端口。最后用2mmol/L ODT溶液涂覆色谱柱40h，制得MPG-C_{18}固定相。

实验测得该工艺制备的MCC-16的理论塔板数为7300塔板/m，其柱效率比先前SDSP工艺[58]制备的MCC-16(6200塔板/m)有所提高。这可能归因于：DDSP工艺沉积的金薄膜对微通道内表面的完全覆盖，为硫醇自组装提供了更多的表面积，以及制备的金薄膜更加均匀。

之后，他们又采用DDSP工艺在SPC(深250μm×宽190μm×长1m，内嵌直径20μm，间距20μm的圆形立柱阵列)柱内成功制备了MPG-C_{18}固定相[62]。因加工过程中在"硅玻键合"之后增加了"玻璃表面的去活化"处理步骤，有效地改善了色谱峰的对称性，使9种宽沸点范围的正构烷烃($C_5 \sim C_{17}$)混合物获得了良好分离。

3) 固定相重构技术

用一般工艺制备在MEMS色谱柱内的固定相不易更换，当遇到不同性质的样品需要改变固定相时，则必须更换色谱柱，造成了微型色谱柱的浪费。而固定相重构(stationary phase reconfiguration)技术可以实现在同一色谱柱内更换不同的固定相。该技术是利用一定的方法先把柱内前一种固定相清除，再将另一种固定相制备在该色谱柱内，这样可在不更换色谱柱的前提下完成多种分离工作，色谱柱的使用更加方便。根据分离对象的性质，可在同一色谱柱内灵活配置不同的固定相，实现一柱多用，拓展了微型色谱柱的应用范围。固定相重构技术使微型色谱柱的分离特性更加多样化，可针对不同分离对象重构制备选择性更好的固定相，提高了色谱柱的分离效能和分辨率。此外，该技术使得一根色谱柱能够承载不同的固定相而被反复使用，显著提高了MEMS色谱柱的利用率，节约了资源、时间和成本。

Shakeel等[63]在采用DDSP制备MPG-C_{18}固定相的基础上，又探索了固定相重构技术，在同一色谱柱内成功地将非极性MPG-C_{18}固定相，重构为极性的

MPG-6M1H 固定相。其基本流程为：硅片第一次浓磷掺杂→PECVD 沉积 SiO$_2$→DRIE 刻蚀硅晶片→硅片第二次浓磷掺杂→自图形化沉积金薄膜→硅玻键合→玻璃表面去活化→金薄膜功能化→MPG 固定相重构。具体加工步骤与文献[61]类似，主要区别是在"金薄膜功能化"后增加了"固定相重构"一步。

为了重构 MPG 固定相，利用硫醇分子在高温下的萘烷溶液中不稳定的特性，将已经自组装到金薄膜表面的前一种硫醇除去，再用另一种硫醇化合物对金薄膜进行功能化处理，即可制得性质不同的新 MPG 固定相。欲将非极性的十八烷基硫醇(ODT)柱重构为强极性的 6-巯基-1-己醇(6M1H)柱，首先在 220℃下用萘烷冲洗 ODT 柱 45min，以除去与 Au 共价结合的 ODT，然后再用 6M1H 使金薄膜表面功能化，从而制得强极性的 MPG-6M1H 固定相。两种硫醇化合物在金薄膜表面自组装后的化学结构示意图见图 4-63(a)，该色谱柱在固定相重构前后对 5 种混合醇(丁醇、戊醇、庚醇、辛醇、壬醇)的分离结果见图 4-63(b)。由图可见，非极性 MPG-C$_{18}$固定相(ODT 柱)对 5 种极性的醇类化合物完全不能分离；而重构后的极性 MPG-6M1H 固定相(6M1H 柱)对 5 种醇类化合物实现了良好分离，由此证明了重构固定相的有效性。

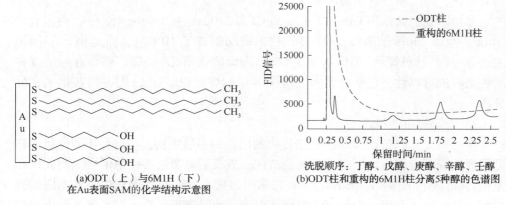

(a)ODT（上）与6M1H（下）
在Au表面SAM的化学结构示意图

洗脱顺序：丁醇、戊醇、庚醇、辛醇、壬醇
(b)ODT柱和重构的6M1H柱分离5种醇的色谱图

图 4-63　DDSP/固定相重构技术制备的 MCC-16[63]

4.4.8.2　电子束蒸发沉积金薄膜/硫醇自组装技术

Shakeel 等[62]采用电子束蒸发沉积工艺(e-beam evaporation，EBE)在 SPC 柱内制备了 MPG 固定相，并与 DDSP 进行了比较。其基本流程为：DRIE 刻蚀硅晶片→EBE 沉积金薄膜→剥离工艺图形化→硅玻键合→玻璃表面去活化→金薄膜功能化。具体加工步骤如下：

首先在直径 4in 的 p 型(100)硅晶片上旋涂光刻胶，然后在 110℃下软烘焙 1min，曝光、显影后，采用 DRIE 工艺刻蚀 SPC 沟槽(深 250μm×宽 190μm×长 1m，内嵌直径 20μm，间距 20μm 的圆形立柱阵列)。刻蚀完成后，保留硅片上的光刻胶，以便于随后的剥离工艺。接着用 EBE 沉积 25nm/150nm 厚的 Cr/Au

薄膜。将硅片浸入丙酮中，剥离掉沟槽顶面上的光刻胶，实现金薄膜图形化。随后将硅器件与 Borofloat 玻璃晶片阳极键合（400℃，1250V），安装流体端口。再用 10mmol/L ODTS 的己烷溶液充满色谱柱，对玻璃表面的硅羟基进行去活化处理。最后用 2mmol/L ODT 溶液涂覆色谱柱 40h，制得 MPG-C$_{18}$ 固定相。

EBE 可进行晶圆级加工且工艺简单，在 SPC 柱内制备的 MPG-C$_{18}$ 固定相，能分离 9 种宽沸点范围的正构烷烃（C$_5$~C$_{17}$）混合物。但实验发现，受到 EBE 对高深宽比的微结构所固有的阴影效应（shadowing effect）的影响，所沉积的金薄膜不能完全覆盖 SPC 微通道的内表面，导致峰形拖尾。相比之下，DDSP 提供了均匀的保形沉积，实现了金薄膜对微通道的完全覆盖，固定相的分离效能好，峰形对称。

之后，Shakeel 等[64]针对 HAR 结构内金属薄膜的沉积问题，又提出了一种"改进的剥离图形化工艺"。该工艺的新颖之处在于：使用单层正性光刻胶（PR）和三步干法刻蚀工艺（各向异性、氧等离子体和各向同性）加工，使色谱柱沟槽顶部产生一个底切的轮廓。这样，在剥离阶段就能很容易地将 PR 去除而留下一层定义完好的金属薄膜。

他们采用 EBE 沉积金薄膜/改进的剥离图形化工艺，在 SPC 柱内制备了 MPG 固定相。其基本流程为：硅片光刻→三步干法刻蚀→EBE 沉积金薄膜→剥离工艺图形化→硅玻键合→玻璃表面去活化→金薄膜功能化。具体加工步骤如下：

首先在直径 4in 的 p 型（100）硅晶片上涂覆一层六甲基二硅氮烷（HMDS），并于 110℃加热 5min，然后旋涂正光刻胶（PR），在 110℃下软烘焙 90s，曝光、显影，随后对硅晶片进行三步干法刻蚀：

第一步是各向异性刻蚀。采用标准 Bosch-DRIE 工艺在 0℃下刻蚀硅片 48min，获得 SPC 沟槽（深 220μm×宽 190μm×长 1m，内嵌直径 20μm、间距 42μm 的圆形立柱阵列）。

第二步是氧等离子体刻蚀。使用 Trion RIE 系统继续对硅片进行氧等离子体刻蚀 2min，以去除第一步刻蚀期间沉积在微结构表面的钝化层。这一步骤很重要，因为所有的垂直表面都被 DRIE 过程中产生的钝化聚合物所覆盖，必须将其除去才能实现所需的底切。经过该步的刻蚀，也使 PR 与硅片之间的界面清晰暴露出来。

第三步是各向同性刻蚀。用 SF$_6$ 在 0℃下各向同性刻蚀硅片 2min，最终获得了底切的 HAR 微结构，见图 4-64。

接下来保持 PR 的完整性，用 EBE 沉积 25nm/240nm 厚的 Cr/Au 薄膜。沉积完成后，将硅片浸入丙酮中超声波处理 5min，以剥离 PR，实现金薄膜图形化。其后的步骤与文献[62]类似。所制备的色谱柱在 45s 内，实现了对 6 种高沸点正构烷烃（C$_{10}$~C$_{15}$）混合物的基线分离。

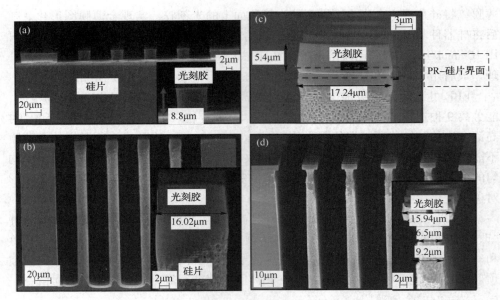

图 4-64　器件在不同加工阶段的 SEM 图像[64]

（a）光刻后；（b）DRIE 各向异性刻蚀后；（c）氧等离子体刻蚀掉钝化层；（d）各向同性刻蚀后的 HAR 立柱

4.4.8.3　LbL 沉积金薄膜/硫醇自组装技术

Shakeel 等[64]还采用 LbL 沉积金薄膜/改进的剥离图形化工艺，在 SPC 柱内制备 MPG 固定相，其基本流程为：硅片光刻→三步干法刻蚀→LbL 沉积金薄膜→剥离工艺图形化→硅玻键合→玻璃表面去活化→金薄膜功能化。除了"LbL 沉积金薄膜"步骤外，其他均与 EBE 法相同。LbL 沉积金薄膜过程如下：

三步干法刻蚀完成后，将具有完整 PR 的硅晶片切割成单个器件，放置在自动浸渍系统中，通过将器件交替浸入 10mmol/L PAH 水溶液（pH＝4.0±0.1，搅拌过夜）和 GNP 胶体溶液（平均粒径 3.2nm，浓度 20×10⁻⁶ 水溶液）各 3min，进行 LbL 沉积。工作步骤为：

① 器件浸入 PAH 水溶液中 3min；
② 去离子水冲洗 3 次，45s/次；
③ 器件浸入 GNP 悬浮液中 3min；
④ 去离子水冲洗 3 次，45s/次。

重复上述步骤，直至达到 100 个 BLs。涂覆完成后，用去离子水彻底冲洗器件，并用低流量氮气吹干。将器件浸入丙酮中超声处理 5min，以实现金属剥离，再把器件置于 500℃ 高温炉中煅烧 4h，燃烧除去 PAH。最终，在所需的微结构表面仅留下均匀分布的具有纳米级粗糙度的 GNP 涂层，其厚度约为 300nm。功能化后的色谱柱性能与 EBE 法制备的相近，柱效能稍低。

与无籽晶脉冲电镀金薄膜工艺相比，LbL 沉积金薄膜工艺简单，所需的加工温度低、时间短，加工成品率较高。

4.4.9 碳纳米材料功能化 PDMS 固定相

碳纳米管（CNTs）和石墨烯均属于碳纳米材料，具有优异的物理、化学、力学和电学特性。例如：碳纳米管具有高纵横比、高比表面积、高机械强度、良好的热稳定性、优异的化学惰性等性能，单壁碳纳米管（SWCNTs）和多壁碳纳米管（multi-walled carbon nanotubes，MWCNTs），已被证明是 μGC 中极佳的固定相材料。石墨烯具有与 CNTs 类似的 sp^2 键结构，可以吸附和解吸多种分子，还可通过疏水作用与多氯联苯、有机磷酸酯农药和芳香族污染物等有机分子发生作用。与 CNTs 相比，石墨烯具有更强的导电性、更高的比表面积和更好的机械性能。因此，石墨烯具有用作更高分离效能 μGC 固定相的潜力。

为了探索上述两种碳纳米材料的色谱分离性能，Li 等[65]分别在微型开管柱和 SPC 柱内涂渍 PDMS 固定相，然后在开管柱内制备 MWCNTs 功能化的 PDMS 固定相、在 SPC 柱内制备石墨烯纳米片功能化的 PDMS 固定相，其基本流程为：硅片光刻→DRIE 刻蚀→切割硅片→硅玻粘合→动态法涂渍 PDMS→功能化。具体加工步骤如下：

在直径 4in、厚 500μm、单面抛光的 p 型硅片上旋涂光刻胶，图形化。采用 DRIE 工艺刻蚀蛇形沟槽（深 320μm×宽 150μm），除去光刻胶后，将硅片切割为 3cm×5cm 的芯片。将相同尺寸的 Pyrex 玻璃盖片涂上紫外光胶，压在芯片正面，然后在紫外光下曝光处理 12min，使硅玻粘合。再将色谱柱芯片放入 100℃ 烘箱中保持 30min，进行固化。安装流体端口。加工 SPC 柱（深 320μm×宽 150μm，内嵌直径 30μm、间距 30μm 的圆形立柱阵列）时，由于通道内存在微立柱，光刻前需将硅片在 100℃ 烘箱中加热 50min，使光刻胶掩膜硬化，以便能更好地进行 DRIE 刻蚀。其他步骤与开管柱加工相同。

采用动态法涂渍固定相。连接好涂渍装置，在微泵作用下使 PDMS 固定相溶液充满色谱柱，再用氮气流将涂渍液驱出。该过程重复 30min，以确保 PDMS 液膜涂覆在柱通道表面，其厚度约为 2μm。接下来用碳纳米材料对 PDMS 固定相功能化。将 MWCNTs 和石墨烯纳米片分别配成 0.1%（质量分数）的水溶液，超声处理 30min 制成悬浮液，按照涂渍 PDMS 相同的方式，将碳纳米材料悬浮液引入色谱柱微通道中。MWCNTs 或石墨烯将会沉积下来并与通道表面的 PDMS 发生反应，实现固定相的功能化。该过程持续 20min 后，用氮气流将悬浮液驱出，再用二次水洗去多余的纳米材料。然后将色谱柱芯片转入 110℃ 烘箱中加热 4h，以确保固定相材料完全固化。为了进行性能比较，分别制备了四根 μGC 柱，即 Str1：PDMS 涂渍的开管柱；Str2：PDMS 涂渍的 SPC 柱；Str3：MWCNTs 功能化的开管柱；Str4：石墨烯功能化的 SPC 柱。

　　对制备的 μGC 柱进行了表征，结果显示，动态法涂渍的 PDMS 固定相在开管柱和 SPC 柱内分布均匀。在 Str3 中，MWCNTs 被吸附在 PDMS 表面，并形成了如图 4-65(c) 所示的多孔结构，使 MWCNTs 功能化 PDMS 固定相的粗糙度和表面积显著增加，致使其分离性能优于未功能化的 Str1。在 Str4 中，石墨烯也被吸附在 PDMS 的表面，观察到如图 4-66(b) 所示的簇结构，且在通道底部和侧壁处，石墨烯功能化的 PDMS 表现为多孔结构和粗糙度增加[图 4-66(c) 和 (d)]，这些改变均有利于提高 Str4 的分离性能。

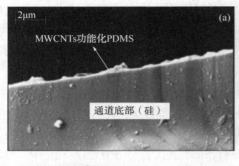
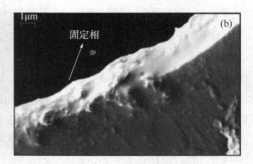
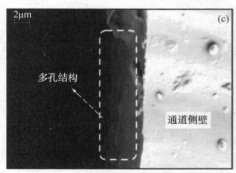
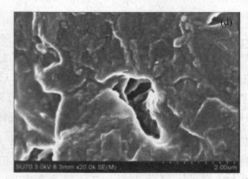

图 4-65　Str3 内固定相的 SEM 图像[65]

(a) 通道底部正视图；(b) 通道底部俯视图；(c) 通道侧壁；(d) 通道表面 MWCNTs 功能化的 PDMS

　　为了研究和比较四根 μGC 柱的色谱分离性能，选择了 13 种非极性化合物（$C_5 \sim C_{17}$ 正构烷烃）和 4 种极性化合物（甲醇、乙醇、丙醇、丁醇）作为分析对象。测试结果如下：

　　① 在分离 13 种非极性化合物时，Str1 显示出最差的分离性能，而 Str3 表现出最高的分辨率和最短的分析时间；Str2 和 Str4 对 13 种非极性化合物都具有优异的分离能力。可见，当 PDMS 柱用 MWCNTs 或石墨烯功能化后，其分离性能得到了显著提高，能在更短分析时间（3~4min）内、以更高分辨率实现对 13 种非极性化合物的完全分离。这主要归因于两种功能化 PDMS 固定相表面积的大幅度增加，以及碳纳米材料本身所具有的额外的吸附能力。

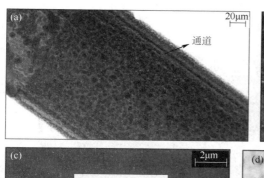
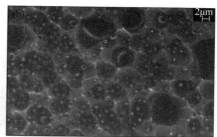

图 4-66　Str4 内固定相的 SEM 图像[65]

(a)通道内固定相涂层俯视图；(b)石墨烯功能化的 PDMS；(c)通道底部；(d)通道侧壁上的多孔结构

② 在分离 4 种极性化合物时，仍是 Str1 表现最差，几乎没有分离能力；Str2 可分离出 1 个组分；Str3 可分离出 3 个组分；Str4 表现最佳，可实现对 4 个组分的完全分离。这可能是由于石墨烯比 MWCNTs 能够更均匀地分布和涂覆在 PDMS 上的缘故。

总之，与单纯涂覆 PDMS 的 Str1 和 Str2 相比，碳纳米材料功能化的 Str3 和 Str4 无论是分离非极性化合物还是极性化合物，都表现出了更佳的分离性能。此外，该功能化的固定相还具有极高的样品容量、分离效能、分辨率和优异的重复性。由此证明，碳纳米材料功能化的 PDMS 固定相能够显著提高 μGC 的性能。

Li 等[66] 还采用相同方法，在通道长度为 3m 的微型开管柱内制备 MWCNTs 功能化的 PDMS 固定相(图 4-67、图 4-68)，配合 FID 检测，用于农田土壤样品中烷烃污染物的测定，建立了分离 11 种正构烷烃(辛烷、邻壬烷、正癸烷、正十一烷、正十二烷、正十三烷、正十四烷、正十五烷、正十六烷、正十七烷、正十八烷)的新方法。

为了考察 MWCNTs 功能化 μGC 柱的有效性，与相同尺寸未功能化的 PDMS-μGC 柱进行了对比。实验表明，单纯涂覆 PDMS 的 μGC 柱，在 8min 内仅低分辨率洗脱出 11 种烷烃混合物中的 5 个色谱峰，其他峰重叠或消失；而 MWCNTs 功能化的 μGC 柱，能够在不到 3.5min 时间内完全分离全部 11 种烷烃混合物(图 4-69)。可见，无论是保留值，还是分辨率都得到了极大的改善，进一步证明了 MWCNTs 功能化固定相的优良特性。

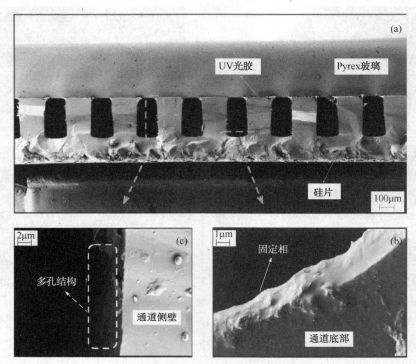

图 4-67　色谱柱微通道和固定相的 SEM 图像[66]

(a)通道截面；(b)通道底部的固定相；(c)通道侧壁的固定相

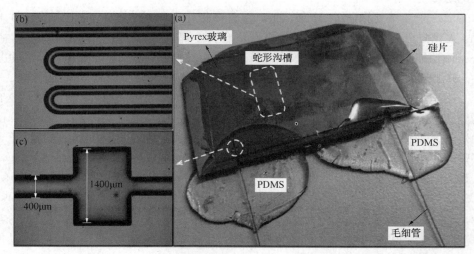

图 4-68　MWCNTs 功能化开管柱的光学显微照片[66]

(a)μGC 柱；(b)蛇形沟槽放大图；(c)流体端口的缓冲结构

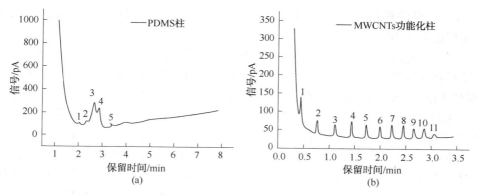

图 4-69　MWCNTs 功能化柱与未功能化柱分离烷烃混合物的性能比较[66]

峰号：1—辛烷；2—邻壬烷；3—正癸烷；4—正十一烷；5—正十二烷；6—正十三烷；
7—正十四烷；8—正十五烷；9—正十六烷；10—正十七烷；11—正十八烷

分析认为，功能化后色谱柱性能的提高，可能是由于 MWCNTs 与 PDMS 相比具有独特的吸附性能。鉴于碳纳米管表面能的色散性成分相对较高，MWCNTs 与分析物之间可能存在色散相互作用，因为正构烷烃均为非极性分子，范德华力中的色散相互作用对 MWCNTs 的吸附贡献最大。在碳纳米管的内、外表面以及纳米管束的间隙处存在着高能吸附位点，这些位点对分析物具有很强的亲和力。MWCNTs 功能化的固定相与正构烷烃之间亲和力的增加，有助于提高色谱柱的理论塔板数，从而提高分离效能。

为了验证 μGC 分析的准确性，同时用传统的 GC-MS 进行样品测定。结果表明，GC-MS 完成 11 种烷烃混合物的分析需要 40min，而 μGC 分析的准确度与 GC-MS 相同，但用时只有其十分之一。由此证明了 μGC-FID 是一种快速、高效的土壤样品中正构烷烃的定量测定方法，在快速分析领域有着巨大的应用潜力。

4.4.10　动态法涂渍离子液体

离子液体（ionic liquids，ILs）是指在 100℃以下呈现液态、完全由阴阳离子所组成的有机盐，其中在室温下呈液态的离子液体通常称为室温离子液体（room temperature ionic liquids，RTILs）。ILs 具有很多独特性能，如化学惰性、蒸气压极低、热稳定性好、对无机和有机物都有良好的溶解性、不易燃、易于合成等，被誉为环境友好的"绿色溶剂"，在有机合成、催化、电化学、分离分析等领域被广泛应用。

1999 年，Armstrong 等[67]首次将咪唑类离子液体用作气相色谱固定相，通过对烃类、芳香族化合物、醚、酮、醇、酰胺、羧酸等化合物的分离分析，发现离子液体固定相具有"两性"的特点，即当分离非极性物质或弱极性物质时，表现出非极性或弱极性固定相的特点；当分离极性化合物时，表现出极性固定相的特点，ILs 对极性和非极性化合物均具有良好的分离选择性。目前，ILs 已被用作常规气相色谱的固定相。

与传统色谱固定相不同的是，离子液体固定相与分离对象间存在多种溶剂-溶质相互作用形式，包括：孤对电子与 π 电子相互作用、偶极相互作用、氢键（碱性和酸性）相互作用以及内聚力和色散力相互作用等。离子液体固定相还具有传统固定相所不具备的氢键酸性，能够对酯类、酮类和醚类等碱性化合物产生附加的保留作用。由于 ILs 与样品分子间的作用形式更加多样化，且 ILs 种类繁多，通过改变阳离子、阴离子的不同组合，可以容易地调节它们的选择性，还可针对分离对象设计、合成出适宜的离子液体固定相。与传统固定相有限的分离选择性不同，ILs 能够提供可微调的固定相选择性。因此，离子液体固定相对于复杂混合物体系的分离具有显著优势和巨大潜力。

2017 年，Regmi 等[68]尝试将离子液体用作 μGC 固定相，探索其对复杂混合物进行高性能分离的可行性。他们选择了两种阳离子有显著差异的室温离子液体：三己基十四烷基鏻双三氟甲基磺酰亚胺（[P66614][NTf2]）和 1-丁基吡啶双三氟甲基磺酰亚胺（[BPyr][NTf2]）作为固定相，采用动态法将这两种离子液体分别涂覆在 SPCs 内，制备了以离子液体为固定相的半填充柱（RTILs-SPCs），并用 3 种不同性质的测试物对微型色谱柱的性能进行了评价。色谱柱制备基本流程为：DRIE 刻蚀硅晶片→硅玻键合→芯片切割→动态法涂渍 RTILs。具体加工步骤如下：

首先采用标准 Bosch-DRIE 工艺在硅晶片上刻蚀出蛇形 SPC 沟槽（深 240μm×宽 190μm×长 1m，内嵌直径 20μm、间距 40μm 的圆形立柱阵列），见图 4-70。除去光刻胶和钝化聚合物后，将硅晶片与 700μm 厚的 Borofloat 玻璃晶片阳极键合。切割晶片，安装入口/出口石英毛细管。以丙酮为溶剂溶解 RTILs 固定相，新鲜制备成浓度为 8mg/mL 的涂渍液，采用动态涂渍法将 RTILs 沉积在 SPCs 通道内。

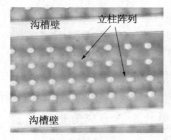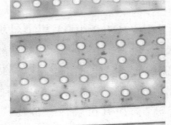

(a)未涂覆固定相的SPC柱　　(b)涂覆[P66614][NTf2]的SPC柱　　(c)涂覆[BPyr][NTf2]的SPC柱

图 4-70　RTILs-SPCs 柱的光学显微照片[68]

实验表明，涂覆[P66614][NTf2]与[BPyr][NTf2]固定相的 SPCs 分别在 380℃和 320℃下保持稳定，其理论塔板数分别为 2128 塔板/m 和 2273 塔板/m，两根色谱柱的选择性各不相同。对 3 种不同类型测试物的色谱分离结果如下：

测试物 1 是由碳氢化合物、芳香族卤化物和硝基芳香族化合物组成的 15 种有害化学污染物的混合物(庚烷、苯、甲苯、乙苯、对二甲苯、间二甲苯、邻二甲苯、苯乙烯、苄基氯、1,2-二氯苯、1,2,4-三氯苯、萘、2-硝基甲苯、3-硝基甲苯、4-硝基甲苯),沸点范围 80.1～238℃。除了对二甲苯与间二甲苯外,两种固定相对样品中其他组分均具有良好的分辨率,色谱峰尖锐而对称,且分析速度非常快(<3min)。还发现 RTILs 中阳离子的变化对分离选择性有很大影响,可引起组分洗脱顺序的改变(图 4-71)。

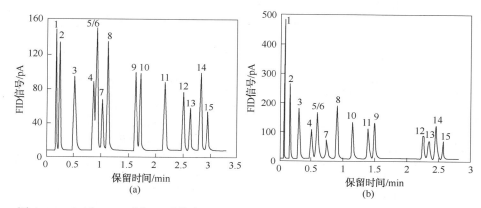

图 4-71 (a)[P66614][NTf2]柱和(b)[BPyr][NTf2]柱分离 15 种污染物的色谱图[68]
峰号:1—庚烷;2—苯;3—甲苯;4—乙苯;5/6—对二甲苯+间二甲苯;7—邻二甲苯;8—苯乙烯;
9—苄基氯;10—1,2-二氯苯;11—1,2,4-三氯苯;12—萘;
13—2-硝基甲苯;14—3-硝基甲苯;15—4-硝基甲苯

测试物 2 是 8 组分的脂肪酸甲酯(FAME)混合物[辛酸甲酯(C8:00)、癸酸甲酯(C10:00)、月桂酸甲酯(C12:00)、豆蔻酸甲酯(C14:00)、棕榈酸甲酯(C16:00)、硬脂酸甲酯(C18:00)、油酸甲酯(C18:01)和亚油酸甲酯(C18:02)]。[P66614][NTf2]柱不能分离 C18:00、C18:01 和 C18:02,其他 FAME 可达基线分离;而[BPyr][NTf2]柱能够在不到 4min 内,使这 8 种 FAME 全部实现基线分离(图 4-72)。

测试物 3 是汽油样品,由主成分低沸点碳氢化合物、有害化学物质 BTEX(苯、甲苯、乙苯、二甲苯)和萘等构成的复杂混合物。[BPyr][NTf2]柱能够实现对 BTEX 以及萘的良好分离,而[P66614][NTf2]柱对 BTEX 不能很好分离。

总之,Regmi 等人的研究工作证明了离子液体用作 μGC 固定相的可行性,并发现该固定相具有诸多优势:

① 无论对非极性化合物还是极性化合物,都能获得非常尖锐和对称的色谱峰,提高了色谱分辨率;

② 用 RTILs 涂渍的 SPCs,固定相在柱内分布较均匀,不易发生淤积现象;

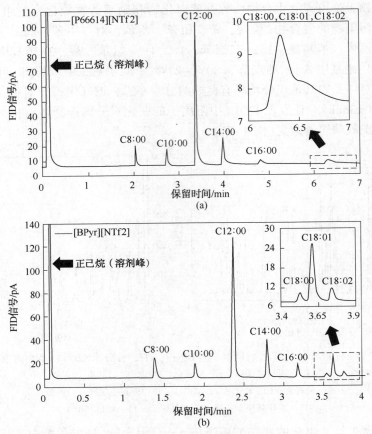

图 4-72　（a）［P66614］［NTf2］柱和
（b）［BPyr］［NTf2］柱分离 8 种脂肪酸甲酯的色谱图[68]

③ Golay 曲线更加平坦，故在高流速下工作也不会明显损失柱效率，能够实现快速分析；

④ 对不同性质的化合物能够产生不同的分离选择性。

鉴于 RTILs 的选择性可以通过改变其离子组成来轻松调整，故离子液体固定相为开发出能够分离各种复杂混合物的高性能 μGC 柱提供了新方法。

4.4.11　通道表面改性-动态法涂渍离子液体

为进一步提高 RTIL-μGC 柱的分离性能，Regmi 等[69] 又探索了先对微柱通道进行表面改性，然后再涂渍 RTIL 固定相的方法。他们首先采用 ALD 技术在刻蚀好的 SPC 通道表面沉积一层氧化铝薄膜，进行通道表面改性，然后再将 RTIL 涂覆在氧化铝层的表面，并对通道表面改性前后的色谱柱性能进行了表征和比较。其基本流程为：DRIE 刻蚀硅晶片→ALD 沉积氧化铝薄膜→硅玻键合→芯片切

割→动态法涂渍 RTILs。具体加工步骤如下:

采用标准 Bosch-DRIE 工艺在硅晶片上刻蚀出蛇形 SPC 沟槽(深 240μm×宽 190μm×长 1m,内嵌直径 20μm、间距 42μm 的圆形立柱阵列),随后将硅晶片放入 ALD 反应腔中,在刻蚀的硅通道表面 ALD 沉积 10nm 厚的氧化铝薄膜。接下来将硅晶片与 Borofloat 玻璃晶片阳极键合,切割芯片,安装入口/出口石英毛细管。以丙酮为溶剂,分别将两种不同极性的 RTILs:[P66614][NTf2]与 [BPyr][NTf2]制备成质量浓度为 8mg/mL 的涂渍液,再用动态法进行涂渍。先使涂渍液充满整个色谱柱,再用压力为 10psi 的氮气流将涂渍液驱出,最后将色谱柱置于真空条件下蒸发除去残留的溶剂,制成表面改性的 SPC 柱(图 4-73)。

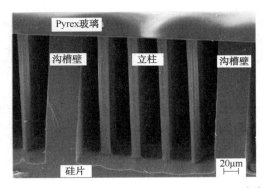

图 4-73 表面改性 SPC 柱横截面的 SEM 图像[69]

对制备的微型气相色谱柱进行了表征,结果表明:硅通道表面被氧化铝材料改性后,RTILs 柱的最佳载气线速 u_{opt} 和最高塔板数 n_{max} 均有变化。[BPyr][NTf2]柱在改性前后的 u_{opt} 分别为 31cm/s 和 39cm/s,对应的 n_{max} 分别为 3822 塔板/m 和 8000 塔板/m;[P66614][NTf2]柱在改性前后的 u_{opt} 分别为 27cm/s 和 39cm/s,对应的 n_{max} 分别为 3917 塔板/m 和 7158 塔板/m。可见,在通道表面先沉积一层氧化铝薄膜,再涂覆 RTIL 固定相,可使柱效率提高至原来的 1.8~2.1 倍。同时,u_{opt} 也有所增大,更适合做快速分析。由此证明,先对通道进行适当的表面改性再涂渍 RTIL 固定相,可以获得高效分离柱。这归因于在氧化铝薄膜表面上形成了比在硅表面更薄、更均匀的 RTIL 膜,从而降低了色谱分离过程中的传质阻力,提高了柱效能。

色谱分离试验所用测试物之一是由饱和烷烃、芳烃、芳族卤化物和硝基芳族化合物组成的 21 组分标准混合物,化合物的沸点从 80℃(庚烷)至 238℃(4-硝基甲苯),色谱分离图见图 4-74 和图 4-75。结果显示:

① 通道经氧化铝薄膜表面改性后,色谱柱的分辨率有所提高。[BPyr][NTf2]柱的分辨率由 1.09~21.1(改性前)提高到了 1.38~32.2(改性后),并使原来完全重叠的对二甲苯与间二甲苯难分物质对得到了部分分离。

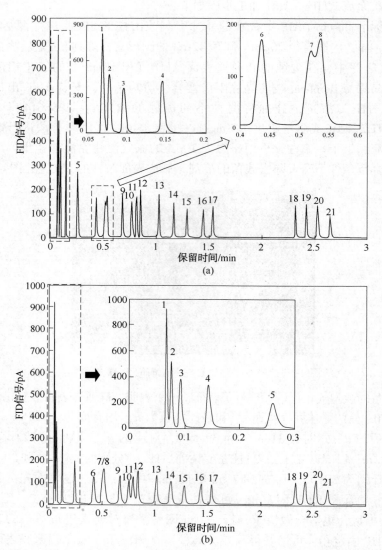

图 4-74 改性后(a)与改性前(b)的[BPyr][NTf2]柱分离 21 种化合物的色谱图[69]

峰号：1—庚烷；2—辛烷；3—壬烷；4—苯；5—甲苯；6—乙苯；7—对二甲苯；8—间二甲苯；
9—邻二甲苯；10—2-氯甲苯；11—异丁基苯；12—苯乙烯；13—丁基苯；
14—1,2-二氯苯；15—2,5-二氯甲苯；16—1,2,4-三氯苯；17—苄基氯；18—萘；
19—2-硝基甲苯；20—3-硝基甲苯；21—4-硝基甲苯

② 涂覆相同 RTIL 固定相的 μGC 柱，经氧化铝表面改性后并没有引起组分洗脱顺序的变化，改性前后的保留值也很相近。由此证明了起分离作用的主要是 RTIL 固定相，其与分析物之间相互作用的类型和相对强度决定了保留值。

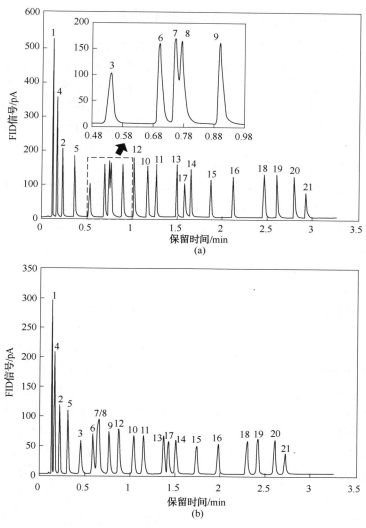

图 4-75 改性后（a）与改性前（b）的［P66614］［NTf2］柱分离 21 种化合物的色谱图[69]

峰号：同图 4-74。

③ μGC 柱的固定相由［BPyr］［NTf2］更换为［P66614］［NTf2］后，组分的洗脱顺序发生了变化。表明分离选择性主要依赖于 RTIL 固定相的类型，而通道的表面性质对选择性影响很小。

该工作通过用合适的材料对涂渍固定相前的硅通道进行表面改性，开辟了提高 μGC 柱分离性能的新途径。因通道改性材料氧化铝存在一定表面活性，该类色谱柱不适于分离强极性化合物。可进一步探索用惰性材料代替氧化铝进行硅通道的表面改性，以实现对更多极性化合物的分离。

4.4.12　介孔二氧化硅用作色谱固定相和载体

孔径范围在 2~50nm 之间的多孔性固体材料称为介孔材料。介孔二氧化硅 (mesoporous silica，MS)是一种重要的无机介孔材料，由于其具有巨大的比表面积和比孔容、可调的粒径孔径、规则的孔道、高的热稳定性、可进行表面修饰以及良好的生物相容性等独特的结构特点而备受关注，在吸附、分离、催化等领域具有广泛应用。近年来，介孔二氧化硅也被研究用作 μGC 分析的固定相和载体。

4.4.12.1　静态法涂覆介孔二氧化硅固定相

2018 年，田博文等[70]在单片集成的微型气相色谱柱通道内，静态法涂覆了一层具有大比表面积的介孔二氧化硅薄膜作固定相，有效提高了微型色谱柱的柱容量和分离性能。

μGC 柱设计为 SPC 结构、蛇形沟槽，通道尺寸为：深 300μm×宽 250μm×长 2m，内嵌 3 列直径为 40μm 的圆形立柱，在 x 方向和 y 方向的立柱间距分别为 30μm 和 40μm，通道转弯区域不设立柱。将刻蚀好的硅片与玻璃盖片阳极键合，密封通道，安装流体端口，获得 μGC 芯片。接下来进行 MS 固定相的制备与涂覆。

MS 的制备：采用溶胶-凝胶法制备 MS，主要包括前驱体的水解、表面活性剂的自组装和表面活性剂的去除三个步骤。首先，将 50mL 乙醇、50mL 正硅酸乙酯(TEOS)、4.14mL 去离子水和 1μL HCl(36.5%)混合加热至 60℃；然后，在溶液中加入 16.6mL 去离子水和 76μL HCl(36.5%)，在室温下搅拌 15min，并在 50℃的水浴环境下保持 15min；最后，加入 250mL 乙醇和 8.4g 十六烷基三甲基溴化铵粉末，在室温下搅拌 1h，随后将溶液倒入培养皿并静置 48h，待溶剂挥发后，550℃高温煅烧 8h，除去表面活性剂，最终形成多孔结构的 MS 白色结晶体。

MS 的涂覆：将 MS 结晶研磨成粉末，取 20mg 与 10mL 乙醇混合，超声处理 4h。在常温下采用静态涂覆法将混合液注满单片集成 μGC 芯片的微沟道，用固化后的聚二甲基硅氧烷胶体封住 μGC 芯片的一端，放入 50℃的真空干燥箱中静置 48h，使溶剂挥发完毕，MS 均匀沉积在 SPC 通道内，形成一层固定相薄膜。见图 4-76。

以甲烷、乙烷、丙烷、丁烷混合物为样品进行了色谱分离试验，分析时间为 33s，分离度 ≥5.17，上述各组分测得的柱效能(理论塔板数)分别为：3418、3796、11420、2908。

研究结果表明，介孔二氧化硅用作固定相可有效增大微型气相色谱柱的内表面积，显著提高色谱柱的分离效能。

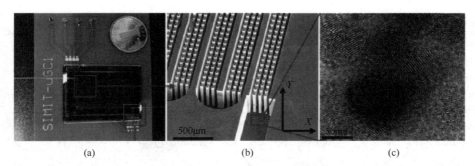

图4-76 静态法涂覆介孔二氧化硅固定相的SPC柱[70]

(a)μGC芯片照片;(b)涂有MS固定相的通道;(c)MS薄膜的透射电镜(TEM)图

4.4.12.2 提拉法浸涂介孔二氧化硅固定相

2019年,杨雪蕾等[71]通过提拉法,将介孔二氧化硅构筑到具有椭圆形立柱阵列的SPC通道内作固定相(MS-Column),以增大色谱柱内表面积,提高分离效能。设计的SPC为蛇形沟槽结构,通道尺寸为:深300μm×宽250μm×长2m,内嵌4列椭圆形立柱,立柱的半长轴和半短轴分别为30μm和10μm,通道转弯区域不嵌入立柱。色谱柱制备的基本流程为:DRIE刻蚀硅晶片→合成MS固定相→提拉法浸涂MS→高温煅烧→硅玻键合。具体加工步骤如下:

首先,采用MEMS工艺在硅片上刻蚀色谱柱;然后,以十六烷基三甲基溴化铵为模板剂,通过溶胶-凝胶法使得硅源(正硅酸四乙酯)在酸性环境下发生水解和缩聚,制备介孔二氧化硅胶体溶液;再经提拉法将二氧化硅胶体溶液沉积到微色谱柱的内表面,并在550℃高温煅烧8h,去除模板剂,产生介孔结构;最后,通过阳极键合工艺完成硅片和玻璃盖片的键合,形成气密的微沟道。

对构筑在SPC通道表面的介孔二氧化硅薄膜层进行了表征,其平面和截面的扫描电镜图如图4-77(c)、(d)所示。由图可知,介孔二氧化硅固定相的孔径约2nm,薄膜厚度约32nm。

以$C_5 \sim C_{10}$烷烃混合物为样品测试MS-Column的分离性能,并与涂覆PDMS固定相的相同结构和尺寸的SPC(PDMS-Column)进行对比。结果显示:

① MS-Column的理论塔板高度小于PDMS-Column;MS-Column对辛烷的理论塔板数比PDMS-Column提高了46%,达到14458塔板/m,即采用介孔二氧化硅作固定相提高了微型色谱柱的柱效率。

② PDMS-Column未能将戊烷与溶剂(杂质)峰分离开,而MS-Column实现了对烷烃($C_5 \sim C_{10}$)混合物的基线分离,其中戊烷与溶剂(杂质)间的分离度得到显著提高,达到3.6。

③ MS-Column在提高分离度的同时,还能大幅提高分离组分的峰面积,壬烷的峰面积提高了349.8%。与涂覆常规固定相的PDMS-Column相比,构筑介孔二氧化硅固定相的微型色谱柱具有更好的分离性能。

图 4-77　提拉法涂覆介孔二氧化硅固定相的 SPC 柱[71]

(a)色谱柱芯片照片；(b)椭圆形立柱阵列 SPC 通道结构的 SEM 图；

(c)立柱表面构筑的介孔二氧化硅 SEM 图；(d)介孔二氧化硅薄膜截面的 SEM 图

上述结果表明，由于构筑了介孔二氧化硅固定相，使得 MS-Column 的表面积远大于 PDMS-Column，在相同柱长条件下，MS-Column 具有更高的分离效率、分离度和柱容量。以大比表面积介孔二氧化硅为固定相的微型色谱柱分离性能优越，在气相色谱系统微型化中具有广泛的应用前景。

4.4.12.3　介孔二氧化硅固定相孔径对分离性能的影响

固定相孔径大小直接影响着色谱保留值和分辨率，选择合适孔径及孔隙结构的固定相，对色谱分离十分重要，搞清楚介孔二氧化硅固定相的孔径与其色谱行为的关系具有实际意义。

Hou 等[72]详细研究了介孔二氧化硅固定相孔径大小对微型气相色谱柱分离性能的影响。他们分别以十六烷基三甲基溴化铵（CTAB）和三嵌段共聚物 $EO_{20}PO_{70}EO_{20}$（P123）为模板剂，合成了两种不同孔径的介孔二氧化硅：MS-CTAB 和 MS-P123，并分别制备在 SPC 内用作固定相，通过对其结构和形貌等进行表征以及分离性能测试，分析了两种固定相的特性及其对色谱分离的影响。所用 SPC 为蛇形沟槽结构，通道尺寸为：深 220μm×宽 250μm×长 2m，内嵌 3 列直径为 40μm 的圆形立柱，通道转弯区域不嵌入立柱。两种介孔二氧化硅的合成过程简述如下：

MS-CTAB：首先，将50mL乙醇、50mL TEOS、4.14mL去离子水和1μL HCl（36.5%）搅拌混匀并于60℃下加热回流；然后，在溶液中加入16.6mL去离子水和76μL HCl（36.5%），室温下搅拌15min，再于50℃下保持15min，用250mL乙醇稀释，加入8.4g CTAB，室温下搅拌1h；最后，将溶液稀释5倍，获得涂渍液。

MS-P123：首先，将50mL TEOS、67.5mL乙醇和25mL盐酸溶液（pH=2）在室温下搅拌20min；然后，加入45mL P123的乙醇溶液（25%），室温下搅拌3h；最后，将溶液稀释10倍，获得涂渍液。

将制备好的涂渍液倒入烧杯中，以61.8mm/min的速度进行固定相浸涂。浸涂后的硅片置于干燥器中保存72h，以除去溶剂，再于550℃高温煅烧，形成最终的介孔结构。

对制备的微型色谱柱进行了多方表征和性能研究，主要结果如下：

（1）SPC内表面的形貌

微型色谱柱的SEM图像（图4-78）显示：

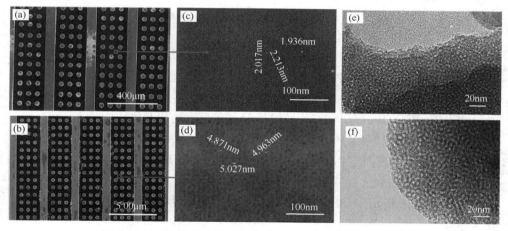

图4-78 不同孔径介孔二氧化硅固定相SPC的SEM图[72]

(a)涂有MS-CTAB固定相的通道；(b)涂有MS-P123固定相的通道；(c)a的局部放大图；
(d)b的局部放大图；(e)MS-CTAB的TEM图；(f)MS-P123的TEM图

① 介孔二氧化硅固定相已经均匀沉积在SPC通道的底部、侧壁以及立柱的表面，形成了一层厚度约100nm的薄膜。

② 色谱柱内表面存在着一层本征SiO_2（10~100Å），为介孔二氧化硅的沉积提供了理想载体。

③ 以CTAB为模板剂制备的MS-CTAB固定相的孔径约为2nm；而使用P123作模板剂制备的MS-P123固定相的孔径约为5nm。实验指出：溶胶-凝胶法合成的介孔二氧化硅，其孔径大小主要取决于模板剂中的疏水性基团（表面活性剂），

疏水性基团的分子量越大，制备的介孔二氧化硅的孔径越大。因此，以嵌段共聚物 P123 为模板剂制备的 MS-P123 的孔径，要大于以低分子量表面活性剂 CTAB 为模板剂的 MS-CTAB 的孔径。可见，通过选择不同的模板剂，可以灵活地制备出不同孔径的介孔二氧化硅材料。

（2）色谱分离性能

以烷烃（$C_1 \sim C_{10}$）混合物为样品测试了两种不同孔径 MS 固定相的色谱分离性能，并与具有相同结构和尺寸、涂覆 OV-101 固定液的微型色谱柱进行了对比，结果表明：

① 两种 MS 固定相的分离性能均优于 OV-101 固定液。因介孔二氧化硅层具有较大的表面积，能为分析物提供更多的相互作用位点，故使其分离性能得到了提高。

② $C_1 \sim C_4$ 以及 $C_5 \sim C_{10}$ 样品在两种 MS 固定相上都能得到较好分离。

③ 烷烃组分在 MS-P123 固定相上的保留时间均大于 MS-CTAB，且分析物的碳链越长，其保留时间增加的越显著。这可归因于随着 MS 固定相孔径的增大，分析物，特别是具有较长碳链的分析物更容易进入固定相的孔穴中，从而有更多机会与固定相相互作用，导致保留时间的增加。

④长链烷烃（包括 C_9、C_{10}）在两种 MS 固定相上均表现出了明显的拖尾效应。对于给定化合物，在 MS-P123 上的拖尾效应更为严重；而在两种固定相上保留时间相近的化合物，具有相似的对称因子。由此推断：拖尾效应主要是由固定相的保留作用所致；MS 固定相与长链烷烃间存在强烈的相互作用。

根据上述实验结果，Hou 等人提出了改善介孔二氧化硅固定相分离性能的三条途径：①优化 MS 固定相的孔径，以达到最佳的分辨率和分离速度；②将 MS 用作商品固定液的载体；③用十八烷基三氯硅烷修饰 MS 的表面。该研究成果为选择适宜孔径的介孔二氧化硅固定相提供了参考，对色谱固定相的设计和优化具有指导意义。

4.4.12.4 介孔二氧化硅用作色谱载体

介孔二氧化硅不仅被用作 μGC 分析的固定相，还可用作色谱载体。2018 年，Luo 等[73]提出了一种以 MS 作载体来改善微型气相色谱柱分离效能的新方法。

他们首先在刻蚀的硅通道表面制备上一层 MS 载体，密封通道后，再于 MS 载体上涂渍固定液。将 MS 用作色谱载体，其优异的表面性质使色谱柱内表面积得到显著提高，从而增大了固定液承载量，增加了组分在两相间的分配平衡次数，进一步改善了色谱柱的分离效能。μGC 柱设计为 SPC 结构、蛇形沟槽，通道尺寸为：深 304μm×宽 250μm×长 2m，内嵌 3 列直径为 40μm 的圆形立柱，同列立柱的间距为 40μm，相邻列立柱的间距为 30μm，立柱与通道壁的间距为 35μm，通道转弯区域不嵌入立柱。微型色谱柱制备的基本流程为：DRIE 刻蚀硅晶片→合成 MS 载体→MS 浸涂硅片→硅玻键合→芯片切割→静态法涂渍 PDMS 固定液。具体加工步骤如下：

在直径 4in、厚 530μm、双面抛光的硅片上生长一层 SiO_2 用作刻蚀掩膜，旋涂光刻胶，图形化。将硅片在 105℃ 硬烘焙 3min，RIE 工艺刻蚀 SiO_2，DRIE 工艺刻蚀硅片，除去硅片表面的光刻胶和 SiO_2 掩膜，获得 SPC 通道结构。以十六烷基三甲基溴化铵为模板剂，采用前面介绍的溶胶-凝胶法合成介孔二氧化硅[72]。将制备的 MS 溶液室温下搅拌 1h，在该溶液中以 61.8mm/min 的速度浸涂硅片，使 MS 沉积在通道表面。将浸涂后的硅片置于干燥器中保存 72h，待溶剂挥干后于 550℃ 煅烧，生成最终的 MS 孔隙结构。接下来将制备有 MS 载体的硅晶片与玻璃晶片阳极键合，切割芯片，获得尺寸为 47mm×31mm 的器件。色谱柱清洗后，静态法涂渍 PDMS 固定液。

对所制备的微型气相色谱柱进行了表征及性能测试，结果如下：

① MS 均匀分布在微通道的表面，如图 4-79(a) 所示。介孔二氧化硅载体的孔径约为 2.5nm，沉积厚度为 855nm，如图 4-79(b) 和 (c) 所示。

图 4-79 以介孔二氧化硅作色谱载体的 SPC 柱[73]
(a)通道横截面 SEM 图；(b)通道表面制备的 MS 载体；
(c)MS 俯视图；(d)MS 透射电镜图

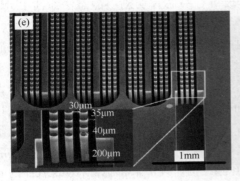

图 4-79 以介孔二氧化硅作色谱载体的 SPC 柱[73]（续）

(e)SPC 通道 SEM 图；(f)色谱柱芯片照片

② 以辛烷为参考物测得的理论塔板数为 9290 塔板/m。

③ 分别以重质烃（$C_6 \sim C_{10}$）和苯系物（苯、甲苯、对二甲苯）为测试样品，与不含 MS 载体的微型气相色谱柱进行了分离对比试验，结果表明，引入 MS 载体后分析时间有所增加，分离度得到提高。重质烃样品中的难分物质对 C_6 与 C_7 的分离度，由不能分离提高到 7.44；在苯系物样品的分离中，苯与甲苯的分离度由 1.04 提高到 6.06，分离度提高了 483%，如图 4-80、图 4-81 所示。

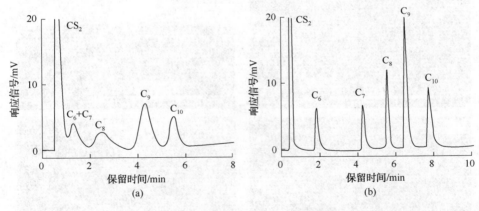

图 4-80 不含(a)与含有(b)MS 载体的
SPC 柱对重质烃（$C_6 \sim C_{10}$）的色谱分离图[73]

④ 还用二甲苯异构体混合物（对二甲苯、间二甲苯、邻二甲苯）评价了含 MS 载体色谱柱的分离选择性，测得对二甲苯与间二甲苯、间二甲苯与邻二甲苯物质对的分离度分别为 15.2 和 1.21。

可见，介孔二氧化硅载体的引入，对微型气相色谱柱性能的改善产生了积极作用，不仅提高了色谱分辨率，还提高了分离选择性。

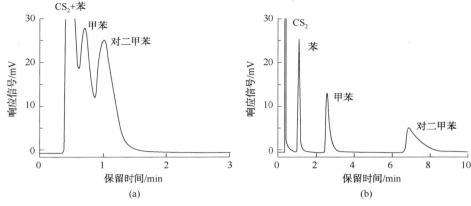

图 4-81 不含(a)与含有(b)MS 载体的
SPC 柱对苯系物的色谱分离图[73]

参 考 文 献

[1] Ghosh A, Vilorio C R, Hawkins A R, et al. Microchip gas chromatography columns, interfacing and performance[J]. Talanta, 2018, 188: 463-492.

[2] 王力, 杜晓松, 胡佳, 等. MEMS 微型气相色谱分离柱结构的研究进展[J]. 微纳电子技术, 2011, 48(10): 639-647.

[3] 廖明杰, 王力, 杜晓松, 等. 基于 MEMS 技术的微型气相色谱柱的研究进展[J]. 电子器件, 2011, 34(4): 383-389.

[4] Radadia A D, Salehi-Khojin A, Masel R I, et al. The effect of microcolumn geometry on the performance of micro-gas chromatography columns for chip scale gas analyzers[J]. Sensors and Actuators B, 2010, 150: 456-464.

[5] Zareian-Jahromi M A, Ashraf-Khorassani M, Taylor L T, et al. Design, modeling, and fabrication of MEMS-based multicapillary gas chromatographic columns[J]. Journal of Microelectromechanical Systems, 2009, 18(1): 28-37.

[6] Lambertus G, Elstro A, Sensenig K, et al. Design fabrication and evaluation of microfabricated columns for gas chromatography[J]. Analytical Chemistry, 2004, 76: 2629-2637.

[7] Agah M, Potkay J A, Lambertus G R, et al. High-performance temperature-programmed microfabricated gas chromatography columns[J]. Journal of Microelectromechanical Systems, 2005, 14(5): 1039-1050.

[8] Agah M, Lambertus G R, Sacks R, et al. High-speed MEMS-based gas chromatography[J]. Journal of Microelectromechanical Systems, 2006, 15(5): 1371-1378.

[9] Beach K T M, Reidy S M, Gordenker R J M, et al. A low-mass high-speed μGC separation column with built in fluidic chip to chip interconnects[C]. 2011 IEEE 24th International Conference on MEMS, Cancun, Mexico, 2011.

[10] Sanchez J B, Berger F, Daniau W, et al. Development of a gas detection micro-device for

hydrogen fluoride vapours[J]. Sensors and Actuators B, 2006, 113(2): 1017-1024.

[11] Gaddes D, Westland J, Dorman F L, et al. Improved micromachined column design and fluidic interconnects for programmed high-temperature gas chromatography separations[J]. Journal of Chromatography A, 2014, 1349: 96-104.

[12] Nishino M, Takemori Y, Matsuoka S, et al. Development of μGC(micro gas chromatography) with high performance micromachined chip column[J]. IEEJ Transactions on Electrical and Electronic Engineering, 2009, 4(3): 358-364.

[13] 孙建海, 崔大付, 蔡浩原, 等. 基于微机电系统技术高性能气相色谱柱的制备[J]. 分析化学, 2010, 38(2): 293-295.

[14] Sun J H, Cui D F, Li Y T, et al. A high resolution MEMS based gas chromatography column for the analysis of benzene and toluene gaseous mixtures[J]. Sensors and Actuators B, 2009, 141(2): 431-435.

[15] Lee C Y, Liu C C, Chen S C, et al. High-performance MEMS-based gas chromatography column with integrated micro heater[J]. Microsystem Technologies, 2011, 17: 523-531.

[16] Radadia A D, Salehi-Khojin A, Masel R I, et al. The fabrication of all-silicon micro gas chromatography columns using gold diffusion eutectic bonding[J]. Journal of Micromechanics and Microengineering, 2010, 20: 1-7.

[17] Ghosh A, Johnson J E, Nuss J G, et al. Extending the upper temperature range of gas chromatography with all-silicon microchip columns using a heater/clamp assembly[J]. Journal of Chromatography A, 2017, 1517: 134-141.

[18] 罗凡, 冯飞, 赵斌, 等. 基于微机电系统的高深宽比气相微色谱柱[J]. 色谱, 2018, 6(9): 911-916.

[19] Radadia A D, Salehi-Khojin A, Masel R I, et al. The effect of microcolumn geometry on the performance of micro-gas chromatography columns for chip scale gas analyzers[J]. Sensors and Actuators B, 2010, 150: 456-464.

[20] Radadia A D, Masel R I, Shannon M A. New column designs for micro GC[C]. Transducers' 07 International Conference on Solid-State Sensors, Actuators and Microsystems, Lyon, France, 2007, 2011-2014.

[21] Yuan H, Du X, Tai H, et al. The effect of the channel curve on the performance of micromachined gas chromatography column[J]. Sensors and Actuators B, 2017, 239: 304-310.

[22] Radadia A D, Morgan R D, Masel R I, et al. Partially buried microcolumns for micro gas analyzers[J]. Analytical Chemistry, 2009, 81: 3471-3477.

[23] Zareian-Jahromi M A, Ashraf-Khorassani M, Taylor L T, et al. Design, modeling, and fabrication of MEMS-based multicapillary gas chromatographic columns[J]. Journal of Microelectromechanical Systems, 2009, 18(1): 28-37.

[24] 李臆, 杜晓松, 高超, 等. 具有快速分离效果多道微型气相色谱柱[J]. 分析试验室, 2014, 33(4): 493-496.

[25] Zampolli S, Elmi I, Stürmann J, et al. Selectivity enhancement of metal oxide gas sensors using a micromachined gas chromatographic column[J]. Sensors and Actuators B, 2005, 105:

400-406.

[26] Sun J H, Guan F Y, Zhu X F, et al. Micro-fabricated packed gas chromatography column based on laser etching technology[J]. Journal of Chromatography A, 2016, 1429: 311-316.

[27] Ali S, Ashraf-Khorassani M, Taylor L T, et al. MEMS-based semi-packed gas chromatography columns[J]. Sensors and Actuators B, 2009, 141: 309-315.

[28] Sun J H, Cui D F, Chen X, et al. Fabrication and characterization of microelectromechanical systems-based gas chromatography column with embedded micro-posts for separation of environmental carcinogens[J]. Journal of Chromatography A, 2013, 1291: 122-128.

[29] 李臆, 杜晓松, 高超, 等. MEMS 半填充气相色谱柱研究[J]. 传感器与微系统, 2014, 33(9): 32-34, 41.

[30] Lee J, Park T H, Kang H S, et al. Miniaturized gas chromatography module with micro posts embedded mems column for the separation of exhaled breath gas mixtures[C]. SENSORS, 2016 IEEE, Orlando, FL, USA.

[31] Han B, Wu G, Huang H, et al. A semi-packed micro GC column for separation of the NAFLD exhaled breath VOCs[J]. Surface & Coatings Technology, 2019, 363: 322-329.

[32] Tian B, Zhao B, Feng F, et al. A micro gas chromatographic column with embedded elliptic cylindrical posts[J]. Journal of Chromatography A, 2018, 1565: 130-137.

[33] Jespers S, Schlautmann S, Gardeniers H, et al. Chip-based multicapillary column with maximal interconnectivity to combine maximum efficiency and maximum loadability[J]. Analytical Chemistry, 2017, 89: 11605-11613.

[34] Sun J, Cui D, Guan F, et al. High resolution microfabricated gas chromatography column with porous silicon acting as support[J]. Sensors and Actuators B, 2014, 201: 19-24.

[35] Yuan H, Du X, Li Y, et al. MEMS-based semi-packed gas chromatography column with wavy channel configuration[C]. 2016 IEEE International Conference on Manipulation, Manufacturing and Measurement on the Nanoscale(3M-NANO), Chongqing, China, 2016, 283-286.

[36] Chan R, Agah M. Semi-packed gas chromatography columns with density modulated pillars [J]. Journal of Microelectromechanical Systems, 2019, 28(1): 114-124.

[37] Alfeeli B, Narayanan S, Moodie D, et al. Interchannel mixing minimization in semi-packed micro gas chromatography columns[J]. IEEE Sensors Journal, 2013, 13(11): 4312-4319.

[38] Noh H, Hesketh P J, Frye-Mason G C. Parylene gas chromatographic column for rapid thermal cycling [J]. Journal of Microelectromechanical Systems, 2002, 11(6): 718-725.

[39] Agah M, Wise K D. Low-mass PECVD oxynitride gas chromatographic columns[J]. Journal of Microelectromechanical Systems, 2007, 16(4): 853-860.

[40] Potkay J A, Lambertus G R, Sacks R D, et al. A low-power pressure-and temperature-programmable micro gas chromatography column [J]. Journal of Microelectromechanical Systems, 2007, 16(5): 1071-1079.

[41] Bhushan A, Yemane D, Trudell D, et al. Fabrication of micro-gas chromatograph columns for fast chromatography[J]. Microsystem Technologies, 2007, 13: 361-368.

[42] Lewis A C, Hamilton J F, Rhodes C N, et al. Microfabricated planar glass gas chromatography

with photoionization detection[J]. Journal of Chromatography A, 2010, 1217(5): 768-774.

[43] 杨丽, 张思祥, 李姗姗, 等. 用于恶臭气体检测的微型气相色谱柱的研发[J]. 微纳电子技术, 2014, 51(7): 447-450.

[44] 李俊成, 张思祥, 王晓辰, 等. 基于微气相色谱技术的快速检测系统[J]. 分析试验室, 2016, 35(6): 726-730.

[45] Reidy S, Lambertus G, Reece J, et al. High-performance, static-coated silicon microfabricated columns for gas chromatography[J]. Analytical Chemistry, 2006, 78(8): 2623-2630.

[46] Stadermann M, McBrady A D, Dick B, et al. Ultrafast gas chromatography on single-wall carbon nanotube stationary phases in microfabricated channels[J]. Analytical Chemistry, 2006, 78: 5639-5644.

[47] Reid V R, Stadermann M, Bakajin O, et al. High-speed, temperature programmable gas chromatography utilizing a microfabricated chip with an improved carbon nanotube stationary phase[J]. Talanta, 2009, 77: 1420-1425.

[48] Nakai T, Okawa J, Takada S, et al. Carbon nanotube stationary phase in a microfabricated column for high-performance gas chromatography[C]. Olfaction and Electronic Nose: Proceedings of the 13 International Symposium, Brescia, Italy, 2009.

[49] 叶超, 宁兆元. 纳电子器件中的超低介电常数材料与多孔 SiCOH 薄膜研究[J]. 物理, 2006, 35(4): 322-329.

[50] Ricoul F, Lefebvre D, Bellemin-Comte A, et al. Novel stationary phase for silicon gas chromatography microcolumns[C]. SENSORS, 2014 IEEE, Valencia, Spain.

[51] Nakai T, Nishiyama S, Shuzo M, et al. Micro-fabricated semi-packed column for gas chromatography by using functionalized parylene as a stationary phase[J]. Journal of Micromechanics and Microengineering, 2009, 19(6): 1-6.

[52] Alfeeli B, Ali S, Jain V, et al. MEMS-based gas chromatography columns with nano-structured stationary phases[C]. SENSORS, 2008 IEEE, Lecce, Italy, 2008.

[53] Wang D, Shakeel H, Lovette J, et al. Highly stable surface functionalization of micro gas chromatography columns using layer-by-layer self-assembly of silica nanoparticles[J]. Analytical Chemistry, 2013, 85, 8135-8141.

[54] Vial J, Thiébaut D, Marty F, et al. Silica sputtering as a novel collective stationary phase deposition for microelectromechanical system gas chromatography column: feasibility and first separations[J]. Journal of Chromatography A, 2011, 1218: 3262-3266.

[55] Shakeel H, Rice G W, Agah M. Semipacked columns with atomic layer-deposited alumina as a stationary phase[J]. Sensors and Actuators B, 2014, 203: 641-646.

[56] Shakeel H, Agah M. High density semipacked separation columns with optimized atomiclayer deposited phases[J]. Sensors and Actuators B, 2017, 242: 215-223.

[57] Zareian-Jahromi M A, Agah M. Microfabricated gas chromatography columns with monolayer-protected gold stationary phases[J]. Journal of Microelectromechanical Systems, 2010, 19(2): 294-304.

[58] Zareie H, Alfeeli B, Zareian-Jahromi M A, et al. Self-patterned gold electroplated multicapil-

lary separation columns［C］. SENSORS，2010 IEEE，Kona，Hawaii，2010.

［59］Shakeel H，Agah M. Self-patterned gold-electroplated multicapillary gas separation columns with MPG stationary phases［J］. Journal of Microelectromechanical Systems，2013，22（1）：62-70.

［60］Zareie H，Agah M. Self-patterned gold electroplating for high-aspect-ratio MEMS structures［J］. ECS Transactions，2010，33（8）：309-312.

［61］Shakeel H，Agah M. High-performance multicapillary gas separation columns with MPG stationary phases［C］. SENSORS，2011 IEEE，Limerick，Ireland.

［62］Shakeel H，Agah M. Semipacked separation columns with monolayer protected gold stationary phases for microgas chromatography［C］. SENSORS，2012 IEEE，Taipei，Taiwan.

［63］Shakeel H，Rice G，Agah M. First reconfigurable MEMS separation columns for micro gas chromatography［C］. 2012 IEEE 25th International Conference on Micro Electro Mechanical Systems，Paris，France，2012，823-826.

［64］Shakeel H，Wang D，Heflin J R，et al. Improved self-assembled thiol stationary phases in microfluidic gas separation columns［J］. Sensors and Actuators B，2015，216：349-357.

［65］Li Y，Zhang R，Wang T，et al. A micro gas chromatography with separation capability enhanced by polydimethylsiloxane stationary phase functionalized by carbon nanotubes and graphene［J］. Talanta，2016，154：99-108.

［66］Li Y，Zhang R，Wang T，et al. Determination of n-alkanes contamination in soil samples by micro gas chromatography functionalized by multi-walled carbon nanotubes［J］. Chemosphere，2016，158：154-162.

［67］Armstrong D W，He L，Liu Y. Examination of ionic liquids and their interaction with molecules，when used as stationary phases in gas chromatography［J］. Analytical Chemistry，1999，71（17）：3873-3876.

［68］Regmi B P，Chan R，Agah M. Ionic liquid functionalization of semi-packed columns for high-performance gas chromatographic separations［J］. Journal of Chromatography A，2017，1510：66-72.

［69］Regmi B P，Chan R，Atta A，et al. Ionic liquid-coated alumina-pretreated micro gas chromatography columns for high-efficient separations［J］. Journal of Chromatography A，2018，1566：124-134.

［70］田博文，冯飞，赵斌，等. 单片集成微型气相色谱芯片研究［J］. 分析化学，2018，46（9）：1363-1371.

［71］杨雪蕾，赵斌，冯飞，等. 以介孔二氧化硅为固定相的高性能微色谱柱［J/OL］. 分析化学. https：//doi. org/10. 19756/j. issn. 0253-3820. 191005.

［72］Hou L，Feng F，You W，et al. Pore size effect of mesoporous silica stationary phase on the separation performance of microfabricated gas chromatography columns［J］. Journal of Chromatography A，2018，1552：73-78.

［73］Luo F，Zhao B，Feng F，et al. Improved separation of micro gas chromatographic column using mesoporous silica as a stationary phase support［J］. Talanta，2018，188：546-551.

第5章　微型气相色谱检测器

　　检测器是微型气相色谱系统中另一个关键部件，它对仪器的检测指标起着至关重要的作用。有关微型气相色谱检测器的研究主要集中在两个方面：一方面是对常规气相色谱仪中广泛应用的检测器进行改进，实现微型化；另一方面是利用新原理和技术构建适用于 μGC 系统的新型检测器。目前有研究报道的微型气相色谱检测器已不下十几种，包括微型热导池检测器、氢火焰离子化检测器、表面离子化检测器、光离子化检测器、化学阻抗传感器阵列检测器、表面声波检测器等，其中微型热导池检测器、氢火焰离子化检测器、光离子化检测器等已用于商品化便携式气相色谱仪。这里着重介绍微型热导池检测器和微型氢火焰离子化检测器。

5.1　微型热导池检测器(μTCD)

　　在常规气相色谱仪中，热导池检测器(TCD)已经发展得十分成熟，是应用最广泛的检测器之一。TCD 因具有响应快、制造简单、坚固耐用、通用性好、易于微型化等优点，成为微型气相色谱系统中最早采用的检测器。由于 TCD 对混合物中被测物质的浓度而不是样品总量敏感，因此，在仪器微型化后，虽然进样的体积减小了，但被测物的浓度不受大的影响，故与其他类型的检测器相比，TCD 在 μGC 系统中占有很大优势。

　　μTCD 与常规 TCD 在检测原理上并无差异，都是利用热敏元件对温度的敏感性以及被测组分与载气的热导率不同而进行响应的浓度型检测器。用热敏元件组成惠斯通电桥的一个或几个臂，当载气携带组分通过测量池时，由于载气与组分二元体系的热导率与纯载气不同，气流从热敏元件上所带走的热量发生了变化，从而引起热敏元件电阻值的变化，使惠斯通电桥失去平衡，输出响应信号，该响应信号大小与气流中组分浓度存在定量关系，依此进行检测。

　　热敏元件是热导池检测器的感应部件，直接关系到检测信号的获取，是检测器重要组成部分。一个性能优良的 μTCD 对热敏元件的要求是：①电阻温度系数大。接通桥电流加热后可以得到高阻值，利于提高检测器灵敏度；②强度好、抗冲击性强。利于延长使用寿命；③耐氧化、耐腐蚀。④体积小、结构合理。以利于实现微型化。

　　微型气相色谱系统中使用的 μTCD，虽然在检测原理上与常规 TCD 相同，但在检测器的结构、形状、制造工艺等方面都发生了显著变化。在制造工艺方面，

μTCD 大多采用 MEMS 技术加工。在 TCD 的微型化中，研究重点主要涉及：热敏元件的结构设计与加工工艺、微型池的结构设计与加工、微型检测器器件的封装制作工艺、微型检测器与微型色谱柱的整体制造集成工艺、测量电路设计与制作等。从已报道的研究成果来看，可以将 μTCD 分为三大类：作为独立器件加工的μTCD、与微型色谱柱单片集成加工的 μTCD、嵌入微型色谱柱内加工的（嵌入式）μTCD。下面结合研究实例分别介绍。

5.1.1　独立加工的 μTCD

早期的 μTCD 制造是先将其加工成独立的微型器件，再与 μGC 系统进行连接或集成，实现对分析物的检测。μTCD 的制造通常以硅片或玻璃晶片为基质材料，利用 MEMS 技术在上面加工出微型气体通道、微型池、热敏元件等，然后进行封装。μTCD 热敏元件的材料大多采用金属镍或铂，利用 MEMS 技术将金属材料直接沉积在微型池内侧的底面上或沉积在悬浮于微型池中的支架上，再刻蚀成不同形状的热敏元件，前者制成的检测器称为平面型 μTCD，后者称为非平面型μTCD。借助支架将热敏元件悬浮于微型池中制成的非平面型 μTCD，可以增强气体的热传导，获得更高的检测灵敏度，故这种悬浮式的结构设计成为研究热点，其主要技术关键在于：如何有效增强气体的热传导和使悬浮结构良好绝热。还有的采用 MEMS 技术制造微型池，以常规技术将细金属丝加工成微型螺旋状热敏元件，再将其装配到微型池中，制成另一种形式的非平面型 μTCD。

5.1.1.1　平面型 μTCD

实例 1 ▶▶▶

1979 年，Terry 等[1]研制的第一个微型气相色谱系统中装配的检测器就是平面型 μTCD。他们采用标准集成电路加工技术制造 μTCD 芯片，具体方法为：选用金属镍制作热敏元件，因为该材料具有高的电阻温度系数和高熔点，且容易加工。以主体硅片外的另一块 200μm 厚的（100）硅片作基质材料制备热敏元件。首先在该硅片正面热生长一层约 1000Å 厚的 SiO_2，接着溅射沉积一层 1.5μm 厚的Pyrex 玻璃。在硅片背面刻蚀出 300μm×700μm 大小的腔槽，以消除检测器敏感区下方硅的热传导。最后，在硅片正面蒸发 1000Å 厚的镍层，光刻定位后，刻蚀成热敏元件。载有镍热敏元件的检测器芯片被牢固安装到刻蚀有气体通道的 μGC系统主体硅片上，使热敏元件恰好位于气体通道中，构成 μTCD，见图 5-1。由微型色谱柱出口流出的载气穿过硅片上刻蚀的微孔，沿着气体通道流经检测器热敏元件，最后放空。

在此结构中，作为热敏元件的镍薄膜电阻被制备在微型池内侧的底面上，防震动和抗冲击性能良好。但由于该设计刻蚀的气体通道很浅，检测器对载气压力的变化非常敏感，稳定性较差。

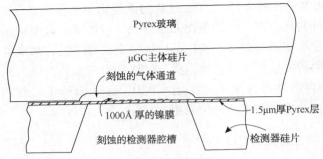

图 5-1　μTCD 截面图[1]

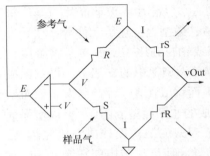

图 5-2　改进后的 TCD 控制电路[2]

实例 2 ▶▶▶

2007 年，曹德祥等[2]报道了采用 MEMS 技术研制的微型气相色谱仪，该仪器所配备的检测器为 μTCD。以电阻温度系数较高的金属镍为材料制作热敏元件，将其设计成薄片状电阻。针对镍丝容易氧化，尤其是在高温下线性响应较差的缺点，他们对常规 TCD 控制电路进行了改进，如图 5-2 所示。当载气携带样品通过测量池通道时，由于二元混合物的热传导变差，导致散热不畅，镍丝升温，电阻增大。但由于改进后测量池中镍丝的电压恒定，电流就会相应减小，从而减小镍丝发热，达到保护镍丝的目的。

整个 μTCD 被制作在同一硅片上。首先采用 PECVD 工艺在基质硅片上沉积一层高质量的下层钝化层 SiN_xO_y 薄膜，然后用溅射工艺在该薄膜上生成厚度 5000~5500nm 纯镍薄层，在此基础上再用 PECVD 工艺沉积上层钝化层 SiN_xO_y。接下来采用 RIE 工艺刻蚀出需要的热丝、参比池通道、测量池通道，再用阳极键合工艺将玻璃片与硅片键合在一起，形成微型热导检测器部件，然后通过硅片封装工艺，将其固定在陶瓷座上，并焊接相应的引脚，制成完整的 μTCD 器件，如图 5-3 所示。该微型热导池检测器的物理尺寸大约为 1.5cm×1cm×0.5cm（包含陶瓷座），内部单通道的体积大约为 240nL，流量大约为 1~2mL/min，具有热容量小、体积小、灵敏度高、不用维护等特点，能够检测浓度低至 $1×10^{-6}$ 量级的样品，如乙烯、乙烷和丙烯等。

图 5-3　μTCD 器件[2]

实例 3 ▶▶▶

2009 年，孙建海等[3]采用 MEMS 技术研制了微型热导池检测器。选用高电阻率、高温度系数的铂材料制作热敏元件。首先在 Pyrex 7740 玻璃片上溅射沉积一层金属铂薄膜，再通过剥离工艺制备成热敏元件。在硅片上利用深刻蚀技术得到热导池及其气体沟道，最后通过阳极键合技术将玻璃片与硅片对准键合，制得 μTCD 芯片。芯片尺寸 21mm×23mm，整个池体积为 0.4μL，见图 5-4。由于热敏元件直接沉积在玻璃基底上，几乎不受气流的影响，故噪声和漂移小，稳定性和抗冲击性强。

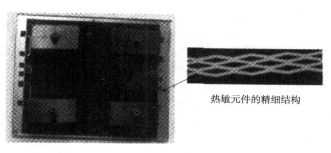

热敏元件的精细结构

图 5-4　μTCD 芯片[3]

5.1.1.2　非平面型 μTCD

在平面型结构的 μTCD 中，大多是紧贴检测器流通池的顶面或底面沉积制备热敏元件，这样的热敏元件与气流的接触面积小，传导的热通量不够高；此外，该结构还存在着来自基底的热传导损失，二者都会影响检测器灵敏度。为克服上述缺点，发展了非平面型 μTCD。

实例 1 ▶▶▶

2002 年，Wu 等[4]设计了热敏元件横跨于两个流体通道之间所构成的"三明治"式非平面型 μTCD。从热传递的角度来看，较为理想的 TCD 设计应该是热敏元件位于尺寸、材料、结构完全相同的两个流体通道之间。工作时，热敏元件产生的热量会通过上、下两通道中等体积的气体完全相同地传递，这样不仅传导的热通量高、传导均衡，还可消除原平面结构中由热敏元件下方的基底带来的热传导损失，有利于提高检测器灵敏度。然而，因很多金属薄膜不具备良好的机械性能，使得位于两个流体通道中间的热敏元件没有足够的强度防止自身偏转。为解决这个难题，Wu 等首先采用强度好、热导率低的电绝缘材料加工一个横跨于两流体通道之间的固体薄膜作为支撑梁，再将用作热敏元件的金属材料（镍）沉积在该薄膜表面，制成了三明治式 μTCD，又称为双道 μTCD。详细研究了其热传导性能，考察了流体通道结构和薄膜材料种类对检测器传热特性和灵敏度的影响，并与单道 μTCD 进行了比较。检测器结构如图 5-5 所示，加工过程如下：

采用湿法刻蚀工艺在硅片上刻蚀流体通道，然后将支撑薄膜材料键合或沉积在硅片上。试验了 3 种薄膜材料：Pyrex 玻璃、聚酰亚胺、氮化硅，结果显示聚酰亚胺材料最佳。接下来利用剥离工艺在支撑薄膜表面制备镍热敏元件。为增加镍的粘附性，在曝光、显影后的光刻胶上旋涂 15~25nm 厚的铬层。利用热蒸发法沉积金属镍，随后将镍膜在丙酮中浸泡 2h，超声搅拌 1~2min 除去不需要的镍，最终获得蛇形结构的热敏元件。图 5-5(c) 是该热敏元件的激光扫描电镜图（LSM），其宽度约为 14μm，平均厚度 1.5μm。将该部件与刻有相同流体通道的另一块硅片用环氧树脂胶粘在一起，就制成了双道 μTCD，见图 5-5(a)。

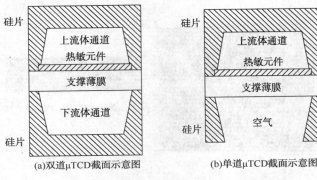

(a)双道μTCD截面示意图   (b)单道μTCD截面示意图

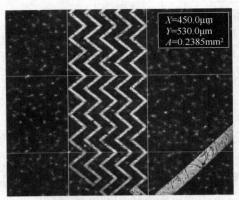

(c)沉积在薄膜上的镍热敏元件SLM图

图 5-5　三明治结构的 μTCD[4]

试验表明，双道 μTCD 的传热率比单道 μTCD 高出约 20%，但二者的灵敏度相差无几。在该设计中，通过将热敏元件沉积制备在位于流通池中央的支撑薄膜上，避免了热敏元件发生偏转，获得了较高的热通量。其不足之处在于支撑薄膜与池体间接触面积较大，会产生不可忽视的热传导，可能引起潜在的灵敏度损失。若进一步减小支撑薄膜的厚度以及与池体的接触面积，改进其在流通池中的结构，使热敏元件能够"悬浮"于流通池中，应能有效提高检测器灵敏度。该研究为 μTCD 的进一步改进提供了有益的探索。

实例2▶▶▶

2006年，彭强等[5]以激光加工技术替代复杂的光刻掩模工艺，构建了另一种形式的非平面μTCD，实现了一种快速制作微型气相色谱热导检测器的新方法。加工过程为：

采用激光刻写的方法在厚度为500μm的硅片中间区域刻写出双T形槽(将硅片刻穿，槽宽约300μm)，图形四周没有刻划的硅片区域留作支撑。硅片的两面都沉积上Si_3N_4保护层，用湿法刻蚀工艺将T形槽加宽到500μm，硅片表面不被腐蚀。接着采用双面阳极键合工艺，在硅片图形区的上下两面键合上厚度1mm的Pyrex 7740玻片。然后将图形区周围留作支撑的硅片切除。最终在芯片上形成截面为500μm×500μm的矩形封闭腔体。在竖直腔体区装入用直径6μm的镍丝绕成的螺旋状热丝(直径200μm，电阻约11Ω)，腔体两头的出口用铅封堵以实现气密和电路连接。另外两个通道出口粘接石英毛细管(内径200μm，外径375μm)实现气路接口。热丝所在的腔体区长度约2.5mm，得到的检测器池体积约625nL，芯片表面贴铝散热片以保证热导池温度稳定。检测器结构示意图见图5-6。

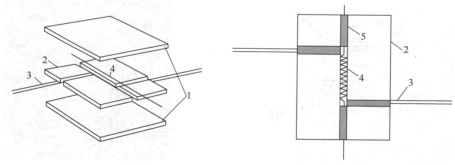

图5-6 μTCD芯片的结构示意图(左)与俯视图(右)[5]
1—Pyrex 7740；2—硅片；3—石英毛细管；4—螺旋状镍丝；5—铅封

实例3▶▶▶

2007年，Cruz等[6]报道了μChemLab上用于μGC分析的微型热导池检测器。该μTCD创新性地将金属铂沉积在氮化硅薄膜做成的支架上，使热敏元件"悬浮"于流通池中，以增强热传导，改善绝热性能；采用四臂热导池设计，进一步提高检测器灵敏度；对检测器几何尺寸以及载气通过流通池的流型进行了系统研究。

采用传统的硅微加工工艺制造μTCD，包括一系列光刻步骤、薄膜沉积、体硅湿法刻蚀等，原材料是直径为4in的(100)硅晶片。首先利用LPCVD工艺在硅片上沉积一层1μm厚非化学计量的氮化硅(Si_xN_y)薄膜，随后在氮化硅薄膜上溅射沉积Cr/Pt金属层，利用剥离工艺制备热敏元件。把该器件放入氮气中退火以降低在氮化硅薄膜中的应力。接着，采用电子束蒸发和剥离工艺制备金焊盘。金属化后，将硅片再次光刻，以便在氮化硅膜上形成刻蚀开口。用 CF_4-O_2 等离子体刻蚀氮化硅，接着用 KOH 刻蚀硅片，获得锥形或梯形流通池。支撑热敏元件的氮化硅悬浮膜，在此也充当了 KOH 刻蚀硅片的硬掩膜。晶片经清洗、切割后，引线键合，再用环氧树脂胶将带有流体连接（Teflon 毛细管）的 Pyrex 盖片粘到 μTCD 上进行密封，获得完整的 μTCD 器件。检测器结构见图 5-7。

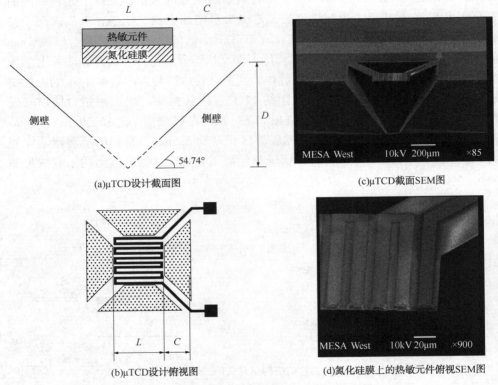

图 5-7　热敏元件悬浮于梯形池上部的 μTCD[6]

该设计以高强度的氮化硅薄膜作为热敏元件在流通池中的支架，不仅解决了热敏元件的偏转问题，还实现了使热敏元件悬浮于流通池中的构想。该支架与池体间的接触面积很小，显著提高了其绝热性能。将金属材料（Pt）沉积在氮化硅表面制成蛇形热敏元件悬浮于流通池中，这种新颖的悬浮结构有利于提高检测器的响应速度和灵敏度。根据器件集成的方向，载气能以垂直于或平行于热敏元件平面的方式流过检测器，这会产生两种不同的流型——垂直流和平行流，对 μTCD 的灵敏度有影响。实验证明，垂直流设计（载气以垂直于热敏元件平面的流型通过流通池）产生的响应信号大约是平行流设计（载气以平行于热敏元件平面的流型通过流通池）的 3 倍。原因是采用垂直流设计时，载气流直接冲击热敏元件表面产生涡流，使其热传导大于平行流。在平行流设计中，广泛存在着层流，使热传导受限。该μTCD能够检出浓度低至$1×10^{-6}$水平的化学物质，功耗小于1W。

使热敏元件悬浮于流通池中的独特设计是一个重要创新。该设计的不足之处是采用了锥形或梯形流通池，导致检测器的死体积较大。为克服这一缺点，后来的设计大多采用矩形流通池，并设法使热敏元件悬浮于流通池的正中心。

实例4 ▶▶▶

2009年，Kaanta等[7]报道了热敏元件悬浮于矩形流通池中心的μTCD。在该结构中，热敏元件（镍丝）制备在由四个细腿支撑着的氮化硅支架上，具有绝热性能好，死体积小，功耗低，对流量变化敏感性低的特点。μTCD的加工过程如下：

首先在硅片上沉积一层0.5μm厚的氮化硅薄膜，然后旋涂光刻胶，图形化。对暴露的氮化硅预刻蚀150nm深，随后蒸发沉积Cr/Ni金属层，剥离后，获得线宽为5μm的镍丝热敏元件。再次图形化后，刻蚀氮化硅膜，定义出支架和流通池。用30%KOH溶液刻蚀体硅，释放结构后，获得深80μm、宽150μm的流通池及悬浮在其上载有热敏元件的氮化硅支架。用不含热敏元件的硅片镜像来制作Pyrex玻璃盖片。将硅片与Pyrex玻璃盖片对准，进行阳极键合，获得热敏元件悬浮于矩形流通池中心的μTCD。见图5-8。

图5-8 悬浮式μTCD结构俯视图[7]

性能测试表明，该μTCD的响应时间为150μs，对正己烷的检出限为$260×10^{-9}$，线性范围10^4。

实例5 ▶▶▶

为了获得灵敏、可靠的检测信号，2011年Sun等[8]设计加工了具四臂热导池结构的μTCD。以铂薄膜作热敏元件，沉积在由多层材料（扩散硅层/氧化硅层/氮化硅层）构成的高强度支架上，几乎不受气流的影响，提高了检测器的稳定性和可靠性；组成惠斯通电桥的四个热敏元件都悬浮于矩形流通池的中心，增强了热传导能力及绝热效果；用PDMS材料代替玻璃作流通池盖片，其强劲的粘结特性能够在室温下将μTCD密封，避免了普通硅玻键合过程中因使用高温而引起的热敏元件阻值的变化，使经历了键合过程的惠斯通电桥仍能保持平衡状态，检测器响应得到极大改善。载有热敏元件和微通道的硅片与具微通道的PDMS盖片分别加工，然后将二者粘合在一起，构成μTCD。见图5-9。

(a)热敏元件俯视SEM图　　　　　　　　　(b)μTCD器件照片

图5-9　硅-PDMS材质的四臂 μTCD[8]

　　硅片上热敏元件和流通池的制造：采用离子注入技术在硅片表面注入硼离子 B^+，形成 $15\mu m$ 厚含有硼离子（B^+ 浓度为 $1\times10^{19}/cm^3$）的掩膜层（扩散硅层）。将 5000Å 厚的氧化硅膜和 4000Å 厚的 LPCVD 氮化硅膜相继沉积到扩散硅层表面。利用磁控溅射技术沉积 $200\text{Å}/1500\text{Å}$ 厚的 Cr/Pt 层，经图形化、剥离工艺获得铂热敏元件。利用相同技术沉积 $300\text{Å}/3500\text{Å}$ 厚的 Cr/Au 层，制备金接触电极，将铂层与接触电极连接。在硅片上旋涂 $2\mu m$ 厚的光刻胶、图形化作为氮化硅和氧化硅刻蚀的掩膜。用 RIE 工艺刻蚀氮化硅和氧化硅层；随后，用 DRIE 工艺除去含有硼离子的扩散硅层，暴露硅表面；再用 30%NaOH 于 80℃ 腐蚀 70min，除去约 $100\mu m$ 厚的硅层后释放结构，获得宽度尺寸（$250\mu m$）相同的流通池和微通道以及由扩散硅层/氧化硅层/氮化硅层作支架的热敏元件悬浮结构。

　　PDMS 盖片的制造：第一步，在 p 型（100）硅片上电子束蒸发沉积 $0.2\mu m$ 厚的铝膜用作刻蚀掩膜，旋涂光刻胶、图形化，作为铝的掩膜。用 H_3PO_4 溶液除去未涂光刻胶的铝，暴露硅表面，利用 DRIE 工艺除去 $50\mu m$ 厚的硅，再除去铝膜，得到热导池和微通道的模具。第二步，取质量比为 1∶10 的硅橡胶和硅橡胶固化剂，搅拌均匀，真空脱气 1h。第三步，将上述混合物倒入模具，室温下固化 24h。通过控制 PDMS 的注入量，使其形成 2mm 厚的 PDMS 膜。在脱模前，必须对硅酮表面进行处理。用沸腾的去离子水洗几次，再以 O_2 作刻蚀剂 RIE 刻蚀 5min，然后，立即将 PDMS 膜与加工好的硅片对准密封，得到完整的 μTCD 器件。

　　性能测试表明，该 μTCD 能够承受 0.5MPa 的压力而不会发生泄漏及芯片损坏，池体积为 100nL，响应时间<30s，功耗<0.5W。该设计采用矩形截面的流通池，与锥形或梯形池相比，死体积大幅度减小；热敏元件悬浮于流通池的中心，提高了载气的热传导；细腿支架的绝热效果良好。

　　实例 6 ▶▶▶

　　2013 年，Sun 等[9]制备了硅-玻材质的悬浮式四臂 μTCD，如图 5-10。加工过程如下：

将硼离子注入硅片表面，使其形成 15μm 厚的扩散硅层，该层作为刻蚀硅的掩膜以及热敏电阻的支撑梁。在扩散硅层表面 LPCVD 沉积 400nm 氮化硅膜，再用磁控溅射技术和剥离工艺制备 20nm/250nm 的 Cr/Pt 热敏电阻。旋涂 2μm 厚的光刻胶并图形化，作为刻蚀氮化硅的掩膜。先用

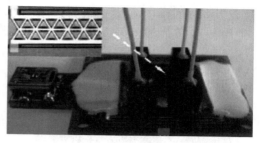

图 5-10　硅-玻材质的四臂 μTCD 照片[9]

RIE 工艺刻蚀氮化硅层，接着用 DRIE 工艺除去含有硼离子的扩散硅层，暴露硅表面，再用 30%KOH 于 80℃ 腐蚀 70min，除去约 100μm 厚的硅层，获得微通道并释放由扩散硅层/氮化硅层作支架的热敏元件悬浮结构。接下来在玻璃晶片上加工微通道。首先磁控溅射沉积 20nm/200nm 的 Cr/Au 层作刻蚀掩膜，然后旋涂光刻胶，图形化。接着，用刻蚀剂除去未被光刻胶保护的金，暴露玻璃表面，HF 缓冲液刻蚀玻璃，形成 100μm 深的微通道。除去残留的光刻胶和金掩膜后，进行硅玻阳极键合，密封通道，热敏元件悬浮于矩形流通池的中心。

由于流通池的深、宽尺寸与流体通道相同，故检测器的死体积极小。而载有热敏电阻的支架厚 15.5μm，具有较高的结构强度，能够抵抗气流的冲击。该 μTCD 绝热性能好，线性范围较宽，检出限接近 10^{-6} 浓度水平。

实例 7 ▶▶▶

2017 年，Feng 等[10]报道了一种新的 μTCD 结构及其加工工艺。该器件为玻璃/SOI/玻璃基质构成的三明治式结构。在 SOI 衬底上加工热敏元件和微通道，然后分别与具微通道的玻璃盖和玻璃底座进行硅玻键合，将悬浮的热敏元件密封于流通池中。为了使热敏元件获得良好的绝热性能和牢固支撑，以 SOI 顶层硅作支架，在上面分别沉积氮化硅/铂/氮化硅薄膜，加工成由交叉网状结构支撑的热敏元件。再从 SOI 背衬底上刻蚀开口，释放热敏结构。加工过程如下：

以热生长的二氧化硅作掩膜，用 KOH 刻蚀 SOI 衬底的顶层硅，形成 1.6μm 深的焊盘区。除去二氧化硅掩膜，在顶层硅上沉积 500nm 氮化硅，然后溅射 400nm 铂金属膜并图形化为铂电阻，再沉积覆盖 500nm 的氮化硅膜以保护铂电阻。以 RIE 工艺刻蚀掉焊盘区和键合区的氮化硅膜，随后用 DRIE 工艺刻蚀，形成交叉网状结构的支撑层。采用阳极键合工艺将刻蚀好的玻璃盖与 SOI 顶面进行键合。再从 SOI 背衬底上进行 DRIE 刻蚀，去除支撑层下方的硅，完全释放热敏元件并获得流通池通道。将 SOI 底面与玻璃底座进行键合，密封结构，使热敏元件悬浮于流通池中。封装后得到 μTCD 芯片。见图 5-11。

该技术采用一步 DRIE 法在 SOI 背衬底上定义出流通池，与其他底切工艺相比，减小了流通池额外的死体积，缩短了微加工的时间。热敏元件由多层材料支

撑，更加牢固稳定，耐气流扰动。测试结果表明，在不使用富集器的情况下，该 μTCD 可检测出 20×10^{-6} 量级的 $C_{14} \sim C_{16}$ 烷烃化合物。

(a)交叉网状结构支撑的热敏元件SEM图 　　　　(b)封装的μTCD器件照片

图 5-11　具三明治结构的 μTCD[10]

实例 8 ▶▶▶

2019 年，Ali 等[11]报道了用于监测室内空气质量的 μTCD。他们将 Pt 丝热敏元件沉积在氮化硅材质的支架上，悬浮于流通池中，以减小热损失，提高灵敏度。μTCD 加工过程如下：

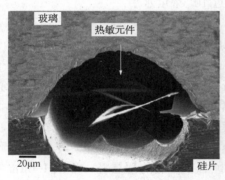

图 5-12　悬浮结构热敏元件
μTCD 的 SEM 图[11]

首先，在双面抛光的 500μm 厚硅晶片上沉积一层 300nm 厚的氮化硅，图形化，用作热敏元件的基底。然后，采用剥离工艺在氮化硅上制备长 1mm、宽 10μm、厚 450nm 的 Pt 丝热敏元件。接着，用标准 Bosch-DRIE 工艺在硅片上刻蚀入口/出口孔道。随后再进行各向同性刻蚀，获得流通池并使热敏元件悬浮于其中。用刻蚀的玻璃晶片（厚 500μm）与硅片阳极键合，密封腔体，如图 5-12 所示。该器件可检测浓度低至 500×10^{-6} 的甲苯、乙苯、二甲苯污染物。

5.1.2　与色谱柱单片集成的 μTCD

在常规气相色谱仪中，色谱柱与检测器是两个独立的器件，需要用流体连接进行组装。这些流体连接的存在会产生柱外效应，从而导致色谱峰变宽、色谱分辨率下降。对于常规气相色谱系统来说，一般柱上展宽占优势，柱外效应的影响较小。而在微型气相色谱中，通常分析时间很短，因柱外效应随载气流速的平方而增大，故其会成为快速分析中的主要影响因素，尤其是在高速 μGC 系统中，随着分析时间的大大缩短，柱外效应就成了导致分辨率损失的关键因素。作为独立器件制造的μTCD，需要进行后续的系统集成，要与上游的色谱柱进行连接，这样会不可避免地引起柱外效应。解决这一问题的有效途径之一就是与微型色谱柱单片集成制造μTCD。

2010年，Kaanta等[12,13]报道了与微型色谱柱单片集成制造μTCD的方法。利用体微加工工艺，将μTCD与微型气相色谱柱(μGC柱)同时制造在同一块硅晶片上，然后用Pyrex玻璃盖片进行整体密封。由刻蚀在基质硅片上的沟道将检测器与色谱柱直接连在一起，无须再进行其他形式的外部连接，制成了单片集成的μGC柱-μTCD器件。其加工流程如图5-13所示，具体过程如下：

采用两块掩膜版分别对金属化层和流体通道图形化。首先在一块单面抛光的(100)硅片上LPCVD沉积一层500nm厚的低应力氮化硅膜，然后旋涂光刻胶，图形化，并对氮化硅膜预刻蚀200nm深。随后蒸发沉积Cr/Ni金属层，采用剥离工艺制备热敏元件。接下来用第二块掩膜版进行流体通道图形化，使用两步DRIE工艺刻蚀流体通道以及释放检测器结构：第一步各向异性刻蚀150μm深；第二步进行各向同性刻蚀，将硅片暴露在SF_6中不作钝化处理，底切出悬浮的检测器，同时获得统一深度为200μm的通道结构。接着用氧等离子体清洗，除去残

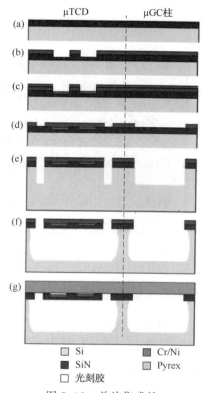

图5-13 单片集成的
μGC柱-μTCD加工流程[12]

留的光刻胶。将Pyrex 7740制成的盖片与刻蚀好的硅衬底阳极键合，使色谱柱及检测器整体密封。最终获得的具有蛇形通道结构的色谱柱尺寸为：深200μm×宽400μm×长50cm，色谱柱末端与检测器入口之间的连接长度仅为3mm。分别以Carbopack和HayeSep A为固定相填充色谱柱。将固定相倒入芯片侧面的端口并置于振动台上，以确保填充物在柱通道内分布均匀。装填完毕，用环氧树脂胶密封。将熔融石英毛细管装在该集成器件的入口和出口。单片集成制造的μGC柱-μTCD见图5-14。

与传统色谱系统的分立元器件相比，高灵敏度检测器与微型色谱柱整体制造工艺有许多潜在的优越性。该技术使检测器与色谱柱直接相连，拉近了两者的距离，消除了由额外的流体连接带来的误差和精度损失，例如泄漏、限流器和死体

积等所有对整个系统不利的因素，使色谱分辨率得到改善。此外，检测器与色谱柱的同时制造工艺也使整个 μGC 系统的最后集成得到了简化，从而降低了装置的复杂度和制造成本。其不足之处是：在硅衬底上底切热敏元件造成刻蚀的通道过宽，从而会影响柱效，并使色谱柱结构设计的灵活性受限。

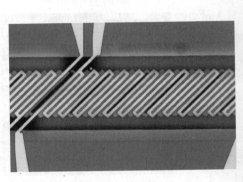 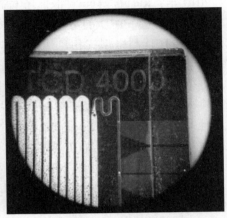

(a) 悬浮于流通池中的镍热敏元件SEM图　　　(b) 单片集成的μGC柱-μTCD器件照片

图 5-14　单片集成的 μGC 柱-μTCD[12]

5.1.3　嵌入色谱柱内(嵌入式)的 μTCD

（1）非悬浮型嵌入式 μTCD

常规的双臂 μTCD 有两个流通池，每个流通池中装有一个热敏元件，分别用作参考池和测量池。当分析物随载气流经测量池时，引起热敏元件温度的变化，进而引起阻值的变化，将此与参考池中的纯载气进行对照，输出差动信号。该结构的 μTCD 器件中存在 4 个流体端口，加工处理困难；还需要使用限流器以维持两个流通池的流速相等，占据的空间较大，会产生死体积，影响检测器的分辨率。

为减少流体端口的数目和省去限流器，Narayanan 等[14-16]设计并制造了平面结构的嵌入式 μTCD。该研究的新颖之处在于：不需设立单独的检测器腔体，而是将两个完全相同的热敏元件分别加工在微型色谱柱的入口和出口处，位于入口的热敏元件作参考臂，位于出口的热敏元件作测量臂，也就是将 μTCD 嵌入在色谱柱微通道内，制成了嵌入式的 μTCD。其工作原理是：在进样的瞬间，由于样品流经参考臂而此时测量臂仍处于纯载气中，故产生一个倒置的进样信号。随后样品在柱内分离，被分离的组分流出色谱柱的同时流经测量臂，引起测量臂热敏元件的温度变化和阻值变化，而此时位于柱入口处的参考臂热敏元件只有纯载气通过，其温度和阻值不变，故在惠斯通电桥的测量臂与参考臂之间有差动信号输出，由此得到组分的响应值。该设计原理如图 5-15(a)所示，嵌入式 μTCD 制造过程如下：

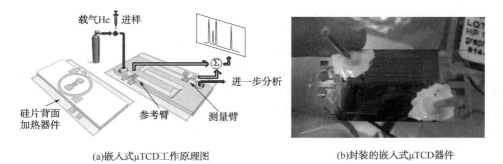

(a)嵌入式μTCD工作原理图 　　　　　(b)封装的嵌入式μTCD器件

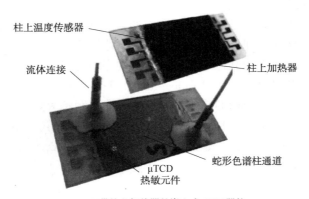

(c)带柱上加热器的嵌入式μTCD器件

图 5-15　非悬浮型嵌入式 μTCD[14-16]

　　在硅衬底上加工不同用途(色谱柱、热敏元件和 μTCD 电路)的微通道；在 Pyrex 玻璃基片上加工 μTCD 元件；再将硅玻阳极键合，实现结构密封，获得集成器件。首先，在 Pyrex 玻璃上旋涂光刻胶、图形化，再分别蒸发沉积 200Å/600Å/150Å 厚的 Ti/Pt/Au 金属层，剥离，获得 μTCD 金属元件，它由三部分组成，即热敏元件、互连和焊盘。该设计需要在同一硅片上刻蚀不同深度的通道以满足不同用途。将硅片热氧化，生成约 5000Å 厚的氧化层，该层连同光刻胶一起充当双层掩膜，采用 RIE-Lag 工艺在硅片上刻蚀出不同深度的通道。将刻蚀有微通道的硅片与制备了 μTCD 元件的 Pyrex 玻璃晶片对准，于 300℃下进行阳极键合，再经两个切割步骤，暴露焊盘，在互连下方的浅刻蚀区域填充环氧树脂密封。在 Pyrex 晶片上打孔制作流体端口，装上石英毛细管，获得完整的色谱柱-μTCD 芯片器件，尺寸为 2cm×4cm，见图 5-15(b)。该器件上加工有蛇形通道的色谱柱(深 70μm×宽 140μm×长 50cm)，柱内静态涂渍聚二甲基硅氧烷固定相。

　　为了提高柱温以实现对高沸点组分的程序升温分析，他们在随后的研究中又增加了柱上加热装置。在硅片背面沉积 Ti/Pt 金属层，制成环形的柱上加热器以及温度传感器，封装的芯片器件见图 5-15(c)。实验表明，该温控技术能满足分离所需的高温，但不会干扰 μTCD 的检测。这款具有柱上加热与温控装置的芯片，在 1min 内成功分离了 4 组分的碳氢化合物($C_8 \sim C_{11}$)，使分析时间大大缩短。

与常规 μTCD 相比，该检测器设计不需要限流器，简化了气动控制；不设立单独的热导池腔体，节省了空间，减小了死体积和柱外效应；流体端口的数目由 4 个减少至 2 个，降低了仪器制造成本。其不足之处在于：因热敏元件制备在 Pyrex 玻璃盖片的内表面，为非悬浮的平面结构，工作时电阻产生的热量会通过玻璃向外界环境传递，故绝热效果差，功耗高，检测灵敏度较低。

（2）悬浮型嵌入式 μTCD

Narayanan 等[17]在非悬浮型嵌入式 μTCD 研究的基础上，进一步改进热敏元件的结构和加工工艺，发展了悬浮结构的嵌入式 μTCD。其工作原理与非悬浮结构的嵌入式 μTCD 相同（图 5-16），主要区别在于：采用高温退火金属薄膜工艺将热敏元件制备成三维立体结构，并使其呈悬浮态嵌入在色谱柱入口/出口处的微通道中。工艺过程为：以 Borofloat 玻璃为基底沉积热敏元件金属层，利用特殊的微加工技术使平面结构的热敏元件发生卷曲，制备成具有三维立体结构的螺旋状电阻；在硅片上利用 DRIE 工艺加工出色谱柱微通道，与制备有热敏元件的 Borofloat 玻璃基片进行阳极键合，使螺旋状热敏元件悬浮于色谱柱入口/出口处的微通道中。加工流程见图 5-17，具体步骤如下：

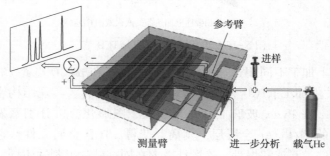

图 5-16　悬浮型嵌入式 μTCD 的工作原理图[17]

在 700μm 厚的 Borofloat 玻璃基片上，首先利用 PECVD 工艺沉积一层 650μm 厚的氧化物牺牲层，旋涂光刻胶，光刻定义出热敏元件固定点的位置。接着电子束蒸发沉积 200nm 厚的硅牺牲层，剥离多余的硅材料，再沉积覆盖一层 1.5μm 厚的 PECVD 氧化物结构层。随后蒸发沉积 60nm/70nm 厚的 Cr/Ni 金属层，剥离热敏元件。用光刻胶保护热敏元件，切割基片后进行刻蚀。先以 BOE（缓冲氧化物刻蚀剂）对氧化物结构层湿法刻蚀 5min，接着用 SSLDE（silicon sacrificial layer dry etching）工艺刻蚀[18]，除去硅牺牲层。释放结构后，将器件置于加热板上在空气中加热到 400℃，使金属薄膜退火并发生卷曲，获得干法制备的螺旋状热敏元件，其直径为 168μm。最后将制备有热敏元件的 Borofloat 玻璃基片与刻蚀有色谱柱微通道的硅片对准封装，制备成悬浮结构的嵌入式 μTCD 芯片（2.5cm×2cm）。蛇形色谱柱尺寸为：深 250μm×宽 100μm×长 1m，静态法涂渍 OV-1 固定液。透过玻璃可观察到，具有三维结构的螺旋状热敏元件悬浮于宽 400μm、深 250μm 的微通道中，并能实现对通道的有效覆盖。见图 5-18。

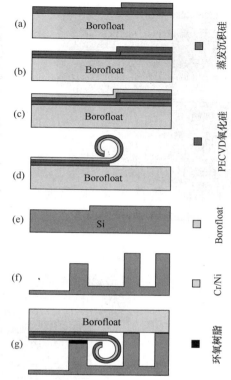

图 5-17　悬浮型嵌入式 μTCD 加工流程[17]
（a）-（d）利用硅牺牲层刻蚀工艺加工线圈状热敏元件；
（e）-（f）两步各向异性刻蚀工艺加工微流体通道；
（g）阳极键合与器件密封

该研究将热敏元件加工成卷曲的螺旋状三维结构悬浮于微通道中，增大了热通量，减小了经玻璃盖片的热损失，显著改善了检测器的绝热性能、功耗、预热时间和灵敏度。测试结果表明，该悬浮型热敏元件可在不到 6ms 时间内快速升温至 100℃，而功耗仅需 13mW，比非悬浮结构降低了 1 个量级；检测器对戊烷的检出限为 200×10^{-6}，灵敏度提高了 1 个量级。此外，所采用的分别在 Borofloat 玻璃基底上制备热敏元件而在硅衬底上单独刻蚀色谱柱沟槽的技术工艺，给色谱柱的结构设计带来了较大的灵活性。该悬浮结构的嵌入式 μTCD 在提高检测器绝热性能等方面具有较大优势，其不足之处在于：因悬浮于微通道中的热敏元件缺乏稳固的支撑，这样在较大气流冲击下易产生机械振动，导致器件的噪声增高。

2018 年，田博文等[19]报道了由微型色谱柱与 μTCD 构成的单片集成 μGC 芯片，提出了一种具有稳固支撑层的悬浮型嵌入式 μTCD 结构，解决了之前 μTCD 中因热敏元件缺乏稳固支撑而引起的机械噪声问题。制造的 μTCD 由两个参考电阻和两个测量电阻构成，这些热敏元件在氮化硅薄膜结构稳固的支撑下悬浮于色谱柱的入口/出口处，组成了"四臂"惠斯通电桥，其检出信号是"双臂"电桥的两倍。微型色谱柱为具有 61 条蛇形通道的半填充柱，见图 5-19。该 μTCD 的结构特点是：在悬浮的热敏元件上增加了氮化硅薄膜作为支撑结构，使热丝变得牢固而稳定。由氮化硅薄膜制备的支撑层为交叉网状结构，由 12 个锚点连接固定在

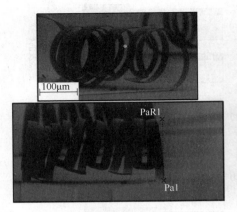

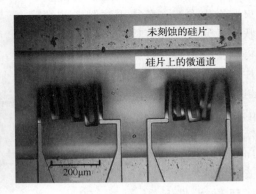

(a)干法制备的螺旋状热敏元件

(b)悬浮于微通道中的热敏元件

色谱柱

悬浮的热敏元件

入口/出口毛细管

(c)封装的μTCD芯片

图 5-18　悬浮型嵌入式 μTCD[17]

色谱柱沟道的侧壁上，一方面热敏结构未与玻璃盖板和底层硅接触，有利于提高热敏结构的隔热性能；另一方面，稳固的支撑结构降低了气流变化对热敏结构的影响，有利于降低器件的机械噪声。单片集成 μGC 芯片的制造过程如下：

首先，在(100)晶向的硅片表面氧化一层 500nm 厚的二氧化硅阻挡层，光刻显影后，用 BOE 溶液图形化二氧化硅层。以剩余的二氧化硅层作掩膜，用 KOH 溶液腐蚀暴露的硅，形成芯片的金属引线区域，之后用 BOE 溶液去除剩余的二氧化硅。接下来，采用 PECVD 工艺生长 800nm 厚的氮化硅作为电阻的支撑层；然后溅射铂金属薄膜层，通过离子束刻蚀形成线宽为 4μm 的铂电阻。再次通过 PECVD 法沉积 800nm 厚的氮化硅，利用 RIE 工艺去除多余的氮化硅，形成交叉网状结构的电阻支撑层(线宽 8μm)。采用 DRIE 工艺完成色谱柱微沟道的刻蚀，并通过各向同性刻蚀去除支撑层下方的硅，完全释放 μTCD 结构。再通过磁控溅射仪在 500μm 厚的玻璃表面溅射一层 50nm 厚的铬金属粘附层和 200nm 厚的金掩膜层，光刻图形化后，用铬腐蚀液和 KI 溶液去除部分掩膜层，露出玻璃的待腐蚀区域；用配制好的玻璃腐蚀液（HCl 和 HF 的混合溶液）在水浴加热 30℃ 的环境下腐蚀玻璃；最后，去胶并去除剩余的掩膜层，采用阳极键合工艺将腐蚀好的玻璃与硅片键合，形成密封的微沟道和微热导池。

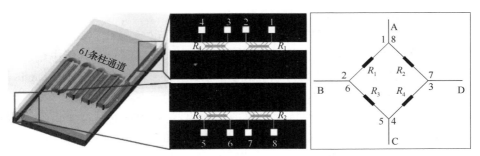

(a)单片集成μGC芯片的结构与沟道内热敏电阻的排布

(b)单片集成μGC芯片入口端的SEM图   (c)μTCD的SEM图

图 5-19　具稳固支撑层的悬浮型嵌入式 μTCD[19]

对制备的 μTCD 进行了表征，图 5-19（c）的 SEM 图显示，热敏元件（铂电阻）由交叉网状结构的氮化硅薄膜支撑着悬浮于色谱柱微沟道的入口/出口顶部，其交叉网状结构也得到完全释放，处于悬浮状态。交叉网状结构的支撑层仅通过锚点与周围体硅接触，未与玻璃盖板贴合，并且这种镂空结构具有很小的比热容，铂电阻上绝大部分热量只能通过气体向周围进行热传导，故绝热性能良好。又对非悬浮结构和悬浮结构 μTCD 的温度场进行了仿真，结果表明，与非悬浮结构相比，悬浮型 μTCD 的热丝温度更高，使得带有交叉网状支撑层结构的悬浮型μTCD 具有更高的灵敏度。在悬浮型 μTCD 中，热丝的厚度通常只有 100nm，如果没有稳固的支撑层结构，气流会对 μTCD 造成较大影响，较高的柱流量甚至会使热丝发生振动与机械形变。可见，交叉网状支撑层结构对热丝起到了牢固的支撑作用，使得 μTCD 具有较强的稳定性。

5.2 微型氢火焰离子化检测器(μFID)

氢火焰离子化检测器(FID)是气相色谱仪中应用最广泛的检测器。其灵敏度高、死体积小、响应速度快、线性范围宽、普适性强，几乎对所有的有机化合物均有响应，特别适用于含碳有机物的测定。

在常规 FID 的结构布局中，燃气(氢气)和助燃气(氧气或空气)一般由检测器底部引入燃烧室，且两种气体的流动方向相同，火焰在富氧的气氛中燃烧，其典型的工作条件和响应特性为：氢气流量 30mL/min，空气流量 300mL/min；线性范围 10^7，检出限<10^{-10}g/s。

与常规 FID 相比，在微型氢火焰离子化检测器(μFID)的构建中，除了检测器尺寸显著缩小以外，还需要解决很多关键问题，如：①在微型腔体中运行强劲而稳定的火焰；②大幅度降低气体消耗；③火焰气体安全、防爆，不需储运；④良好的信噪比和线性，具有与常规 FID 相近的响应特性。这些都对 μFID 的结构设计和制造技术提出了挑战。

目前，μFID 的制造技术主要有两种，即常规机械加工技术和 MEMS 技术。采用常规机械加工技术制造 μFID，其工艺与常规 FID 类似，但检测器尺寸大大缩小，结构上也做了不同形式的改进，以获得稳定的微型火焰以及适宜的响应特性；而 MEMS 技术制造 μFID，无论是检测器结构、尺寸和加工工艺均与常规 FID 显著不同。

5.2.1 常规机械加工技术制造 μFID

(1) 积木式结构的 μFID

Deng 等[20]设计并制造了一种积木式结构的微型氢火焰离子化检测器，其主要部件包括：石英毛细管喷嘴、喇叭形收集器、多孔金属扩散板、不锈钢外罩和自加热系统。该 μFID 具有积木式结构，易于制造和组装，体积小、能耗低，只需两种气体(氢气和空气)，可用铝电池为加热器供电，器件整体高度≤3cm。检测器结构见图 5-20。

该检测器以不锈钢管作外罩，构成圆柱形腔体。位于中部的多孔金属扩散板将腔体分为上下两部分。喇叭形收集极位于腔体的上部，收集极与金属扩散板之间采用特氟龙绝缘。腔体上部空间作为燃烧室。石英毛细管材质的喷嘴(0.25mm i.d.)沿检测器轴心穿过金属扩散板伸入腔体上部，喷嘴顶端与收集极下端的间距为 4~6mm。将收集极设计为喇叭形，可实现在高极化电压下对离子化产生的带电体的高效收集，有利于提高检测器灵敏度。

喷嘴是检测器的关键部件，其详细结构见图 5-20(b)。石英毛细管的外侧设有两层套管，里层为不锈钢套管兼极化极，其顶端比石英毛细管喷嘴低 1.0mm；外层是绝缘套管，其顶端低于不锈钢套管 0.5mm。检测器的下端连接一个细三通管，其作用是将补充气（氢气）和携带柱后流出物的载气引入喷嘴毛细管中。助燃气空气从金属扩散板下方的腔体侧面引入，腔体下部空间作为空气流动的缓冲室。在金属扩散板的导引作用下，空气流能够平稳而迅速地进入喷嘴周围。金属扩散板由球形不锈钢粉加工而成，利用其良好的多孔性可使流经的空气获得平稳均匀的气流，从而保证了火焰的稳定性。该设计可降低火焰的闪烁噪声，提高信噪比。此外，还缩短了空气入口与喷嘴顶端之间所需的距离，使结构更加紧凑，降低了检测器的整体高度，有利于实现器件的小型化和节省能耗。在不锈钢外罩内部加工有电阻加热器和温度传感器。由于该检测器的热容量很小，允许使用铝电池（18.5V，9Ah）为加热器供电，可在 2min 内加热至约 250℃。

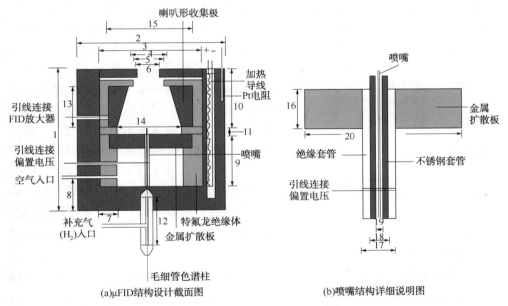

图 5-20　积木式结构的 μFID[20]

1—19.4mm；2—19.0mm；3—11.8mm；4—6.5mm；5—4.3mm；6—2.9mm；7—5.3mm；
8—4.0mm；9—4.6mm；10—11.2mm；11—2.3mm；12—15.2mm；13—10.2mm；14—10.1mm；
15—11.0mm；16—2.0mm；17—1.2mm；18—0.80mm；19—0.4mm；20—9.0mm

对检测器进行了性能测试，测得对苯、正十二烷、萘和正十四烷的检出限分别为 0.518ng、0.430ng、0.473ng 和 0.509ng，线性范围达 10^6。实验结果表明，该 μFID 具有良好的检出限和线性响应，可作为便携式气相色谱仪的检测器。

（2）逆流模式的 μFID

检测器体积的微型化对其结构设计和制造技术提出了挑战。微型氢火焰离子化检测器受体积的限制，其使用的通道往往是纳升级，且要求在如此微小的腔体内运行稳定的火焰。为满足这一需求，发展了逆流模式的 μFID。这里所说的"逆流（counter-current）"就是指燃气和助燃气两种气流在燃烧器内彼此沿着相反的方向作相对流动。为实现这种操作，燃气（H_2）由检测器底部引入，助燃气（O_2）则由检测器顶端引入，两种气流按照同轴且相对的方式流动。研究表明，燃气和助燃气采用这种逆流模式输送，可以在很宽的气体流速范围内以及在微小的腔体内获得极其稳定的火焰。

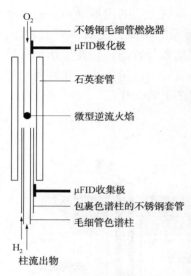

图 5-21　柱后逆流模式的
μFID 结构布局示意图[21]

2007 年，Hayward 等[21]报道了一种柱后逆流模式的 μFID，其结构示意图见图 5-21。以一段不锈钢管（6.35mm o.d.）作检测器外壳，内部嵌入石英套管（6mm o.d. ×2mm i.d.）。将 1.5cm 长的不锈钢套管（1.5875mm o.d.）通过检测器底部的不锈钢接头（6.35mm o.d.）插入石英套管中，用于输送氢气并将大口径石英毛细管色谱柱（EC-5，30m×0.53mm i.d.，厚度 1μm）出口端引入检测器中。再将另一根不锈钢毛细管（0.4572mm o.d. ×0.254mm i.d.）由检测器的顶部隔膜插入石英套管，用于输送氧气并兼作燃烧器，微火焰位于其末端，在来自底部与氧气逆流的氢气气流中燃烧。极化极连接到上端的不锈钢燃烧器上，收集极连接到下端的不锈钢套管上。该检测器产生了一个极小的（30nL）倒置火焰。通过对大量含碳有机物的测试，该检测器的最佳操作条件和响应特性为：氢气流量 40mL/min，氧气流量 7mL/min，线性范围约 10^5，检出限 $2×10^{-10}$gC/s。

有研究表明，μFID 的最佳氢气流量与所用套管的内径成比例，减小套管内径有利于降低氢气流量，节省燃料气体。另一方面，上述实验结果是在逆流、富氢的火焰环境中获得的，而常规 FID 是在扩散型、富氧火焰环境中操作。若在逆流模式的 μFID 中使用富氧火焰，有可能进一步改善 μFID 的响应行为。Hayward 等[22]对此进行了深入研究，改进了微型逆流火焰的操作模式，创建了"柱上反向操作模式的 μFID"。

图 5-22 为柱上逆流模式的 μFID 结构布局示意图。将作为燃烧器和输送氧气的不锈钢毛细管（0.4572mm o.d. ×0.254mm i.d.）由检测器顶部垂直插入毛细管色谱柱（EC-5，30m×0.53mm i.d.，厚度 1μm）内距出口约 5mm 处；用作载气和燃气的氢气携带着分析物在毛细管柱内的出口区域与氧气相遇并作相对流动（逆流），逆流火焰在燃烧器末端燃烧。极化极连接到不锈钢燃烧器上，而收集

极是一段 0.508mm o.d. 的细钢丝，以柱出口为中心绕成线圈状（约 10 圈，5mm o.d.）。为使极化极与收集极之间保持绝缘，将 2cm 长的石英管套在不锈钢毛细管上，以防止其与柱出口外的收集极线圈相接触。

采用这种模式获得的 μFID 最佳气体流量条件是：氢气 10mL/min，氧气 4mL/min，其响应特性与之前所用的"柱后模式"相同，但所需的气体流量显著降低。氢气和氧气流量分别比原来减少了 30mL/min 和 3mL/min，这都归因于微型逆流火焰在毛细管柱内的微小空间燃烧。

他们同时探索了"柱后反向富氧逆流模式的 μFID"。检测器的基本结构为：输送氧气的不锈钢毛细管（0.4572mm o.d. ×0.254mm i.d.）由检测器顶部向下插入 5cm 长的 Pyrex 玻璃套管（5mm o.d. ×0.55mm i.d.）中。玻璃套管下方连接一个自制的不锈钢接头（2cm×6.35mm o.d. ×1mm i.d.），接头的上端带有一段 5mm 长的不锈钢管（0.508mm o.d. ×0.254mm i.d.），将其嵌入玻璃套管底部作为氢气输送管兼燃烧器，其顶端与输送氧气的不锈钢毛细管相距约 1~2mm。毛细管色谱柱从不锈钢接头的底部穿入，氢气沿色谱柱外侧的环隙流入氢气燃烧器。其结构示意图见图 5-23。

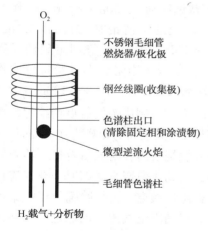

图 5-22　柱上逆流模式的
μFID 结构布局示意图[22]

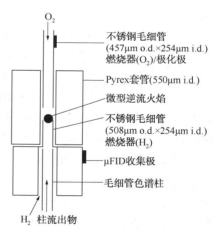

图 5-23　柱后反向富氧逆流模式的
μFID 结构布局示意图[22]

在 Pyrex 玻璃套管内，氢气与氧气作相对流动。随着氧气流速的不断增大，火焰由上方的氧气燃烧器迁移至下方的氢气燃烧器，形成了一种以"反向"模式运行且在富氧环境中燃烧的微逆流火焰。火焰性质和运行模式都发生了改变，其最佳流量条件是：氢气 10mL/min，氧气 20mL/min。此时火焰是在过量的氧气而不是过量的氢气中燃烧，从而获得了一个类似于常规 FID 的富氧火焰环境。微逆流火焰性质的改变显著改善了检测器的响应特性，其线性范围增至 10^6，检出限下降为 $7×10^{-11}gC/s$，可与常规 FID 相媲美，而火焰气体流量比常规 FID 减少了 3~5 倍。

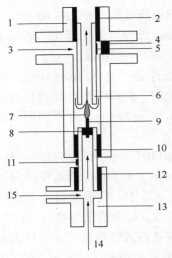

图 5-24　新颖空气流型的
μFID 结构示意图[23]

1—不锈钢四通管；2—PTFE 管；3—空气；
4—PTFE 套管；5—信号线；6—收集极；
7—火焰；8—耐热无机胶；9—喷嘴；
10—不锈钢管；11—极化电压；
12—PTFE 管；13—三通接头；
14—载气；15—补充气

（3）新颖空气流型的 μFID

Wang 等[23]研究发现，FID 喷嘴周围的空气流型会影响检测器的噪声水平。在常规 FID 的燃烧室腔体中，由于气流自下而上流动，火焰周围的空间较大，扰动强烈，当试图通过增加极化电压来提高信号值时，相应的噪声也随之增加，检测器的信噪比和灵敏度并不能得到显著改善。只有设法降低噪声水平，才能有效提高信噪比，获得理想的灵敏度和检出限。而火焰周围空气流场的对称性越好，流态越稳定，噪声水平就越低。根据该思路，他们设计了新型的检测器结构，采用常规机械加工技术研制了新颖空气流型的 μFID，旨在获得稳定的空气流以降低火焰噪声。检测器结构见图 5-24。

采用不锈钢四通管（50mm×φ10mm）作检测器外壳，较粗的不锈钢管（21mm×3.2mm o. d. ×2.5mm i. d.）用 PTFE 管固定到四通管的上部作为收集极。用耐热无机胶将一段不锈钢毛细管（8mm×0.4mm o. d. ×0.18mm i. d.）

粘到较细的不锈钢管（1.6mm o. d. ×0.8mm i. d.）上端，制成燃烧器喷嘴组件，再用 PTFE 管将该组件固定到四通管的下部，喷嘴与收集极间的距离为 0~1mm。作为助燃气的空气由四通管上部侧面导入，在进入燃烧室前，空气沿着检测器壳体内壁与收集极之间的缝隙以环状气流向下流动，当到达燃烧室底部时，空气流折返，再沿中空的收集极内壁向上流动，由收集极出口放空。火焰喷嘴位于收集极下方燃烧腔正中心的轴线上，这种设计有益于火焰周围空气流动的稳定性。在火焰周围附近，空气形成了极为对称而稳定的流场，使得该区域空气的流动非常稳定，从而有效地抑制了噪声，获得的信噪比是商品 FID 的 3 倍。图 5-25 分别给出了空气在 μFID 和常规 FID 内的流型示意图。

通过试验获得了检测器最佳操作条件：氢气流量 10mL/min，空气流量 120mL/min，极化电压 800V。并测得对正癸烷的检出限为 $5×10^{-13}$ g/s，线性范围 10^5。由于采用了这种新颖的空气流路设计，检测器噪声显著降低，可以在很高的极化电压下工作，获得了比常规 FID 高得多的信噪比和灵敏度，而气体消耗量仅有后者的 1/3，且只需氢气和空气两种气体，降低了成本和能耗，非常适用于便携式 GC 进行野外或原位分析。

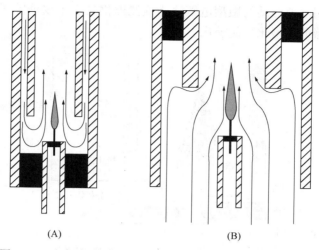

(A)   (B)

图 5-25　空气在 μFID(A)和常规 FID(B)内的流型示意图[23]

　　之后，Wang 等[24]进一步研究了检测器的结构参数对 μFID 性能的影响，并对喷嘴材料、喷嘴内径、收集极长度、喷嘴与收集极间距、极化电压、气体流量等关键参数进行了优化。研究表明，不同结构参数对检测器性能的影响不同，其中喷嘴材料的影响远大于喷嘴内径的影响。采用不锈钢毛细管喷嘴获得的灵敏度显著高于石英毛细管。而喷嘴与收集极之间的距离是另一个重要影响因素。当二者间距在 0~1mm 范围内时，获得的灵敏度最高且保持稳定。这有别于常规 FID，后者的最佳间距通常为 2mm。还制备了 4 种不同内径尺寸(2.2mm，2.6mm，3.0mm 和 3.6mm)、长度均为 21mm 的收集极。发现收集极内径在上述范围内变化时，响应值和信噪比基本保持不变。这一结果对 FID 的微型化十分有益，故将收集极尺寸设置为：内径 2.2mm，外径 3.0mm，长度 21mm。此外，该 μFID 所使用的极化电压(800V)远高于传统 FID(150~300V)，由此可通过增大极化电压来提高灵敏度。这得益于检测器独特的气流模式给火焰周围空气流带来的极高稳定性，火焰产生的噪声非常低，以及喷嘴与收集极之间极小的间距，从而使得检测器在 800V 的极化电压下工作仍能获得很高的信噪比。用所制造的 μFID 对实际水样中 5 种酚类化合物进行了分析，检出限为 0.21~2.44μg/L。

5.2.2　微加工技术制造 μFID

(1) 立式结构的 μFID

　　Zimmermann 等[25,26]采用现代微加工技术研制了立式结构的 μFID，其工作原理见图 5-26。该检测器采用氢-氧气体预混合模式以及独特的样品引入系统，保障了样品进入时火焰的稳定性，通过对检测器结构和参数的优化，降低了气体消耗，获得了小而稳定的氢火焰。由于气体消耗量小，不需要燃气与助燃气的储存装置，而是采用电池驱动的微型电解池为检测器供气，不仅消除了爆炸的危险，而且更适于仪器的微型化、便携化。

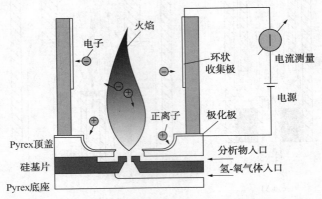

图 5-26　立式结构 μFID 的工作原理图[26]

　　该 μFID 主要由微型燃烧器和电极系统构成，所有部件单独制造，再用标准微加工技术集成在一起。微型燃烧器为三明治式结构，其顶盖和底座均为 Pyrex 玻璃材质，中间一层是厚 520μm 的硅基片，上面加工有氢-氧气体的微型喷嘴和同轴的环状样品气引入系统，成为燃烧器的核心部件。加工过程如下：

　　首先，采用各向异性湿法刻蚀技术在硅片背面刻蚀出深 470μm 的锥形喷嘴腔，并形成一层厚 50μm，边长 125μm×125μm 的硅薄膜。接下来，采用各向异性等离子体刻蚀工艺于硅片正面刻蚀 100μm 的深度，同时制备出微型喷嘴和样品气引入系统。微型喷嘴的开口位于硅薄膜的中心，喷嘴直径为 60μm，硅薄膜的厚度（50μm）即为微型喷嘴的长度。样品气引入系统设计为与喷嘴同轴、在喷嘴周围呈圆环状均匀分布的八通道结构，见图 5-27。采用这种结构设计可有效调节气流压力，使样品气流沿着 8 个狭窄的通道口能够平稳、均匀地径向流入火焰中心，以确保火焰的稳定。若采用直接引入样品气流的简单设计会导致火焰不稳定。随后，用 500μm 厚的 Pyrex 玻璃制作微型燃烧器的顶盖和底座。采用 HF 湿法刻蚀工艺在 Pyrex 玻璃顶盖上加工样品气入口和燃烧器的圆形开口；采用同样的方法在玻璃底座上加工氢-氧气体入口。最后，利用阳极键合工艺将玻璃顶盖、硅基片、玻璃底座紧密连接为一个整体。将毛细管插入气体入口，并用环氧胶黏剂密封，制成微型燃烧器。见图 5-28。

　　检测器电极系统由极化极和收集极组成。其中极化极是利用溅射工艺在微型燃烧器的 Pyrex 玻璃顶盖上沉积一层惰性金涂层加工而成；收集极则是以一段二氧化硅材质的中空圆柱体为绝缘衬底，然后在该中空圆柱体上半部的内表面溅射沉积一层金薄膜，制成环状收集极，再用环氧胶黏剂将该收集极粘接到微型燃烧器的顶端，并使其与喷嘴同轴，构建成完整的 μFID 器件。见图 5-29。

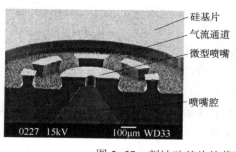 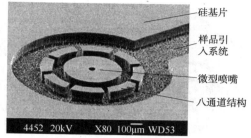

图 5-27　刻蚀硅基片的截面(左)与俯视(右)SEM 图[25]

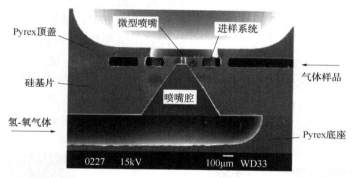

图 5-28　微型燃烧器单元截面 SEM 图[25]

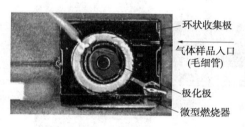 

图 5-29　μFID 器件的俯视(左)与侧视(右)SEM 图[25]

　　由于该 μFID 工作时所消耗的燃气量很低(35mL/min)，可用微型质子交换膜电解器(PEM 电解器)提供所需的氢气和氧气。电解器所需电压为 1.8V，能耗仅6W，故可采用电池供电。电解器体积小(50mm×50mm×10mm)，工作效率高，容易操作，不存在爆炸风险。

　　之后，他们又对样品气引入系统的结构进行了改进，增加了气体流动的缓冲结构(见图 5-30)，使气流的均匀性和平稳性进一步增强，获得了更加稳定的火焰，提高了信噪比，解决了芯片结构的 μFID 存在的火焰不稳定问题。该 μFID 对戊烷和甲烷的检出限分别为 $104×10^{-9}$ 和 $441×10^{-9}$。

　　在 μFID 的设计制造中，维持火焰稳定是一个基本要求。随着器件表面积/体积比值的升高，热量损失大大增加，给微小空间内的火焰稳定造成了困难。而加热

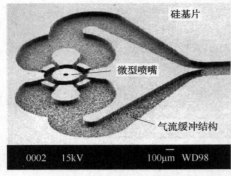

图 5-30 带缓冲结构的
样品气引入系统 SEM 图[26]

板-催化剂相结合的燃烧器设计为该问题的解决提供了一条途径。Moorman 等[27]制备了带有微加热板-催化剂燃烧器的 μFID。

首先将 1μm 厚低应力氮化硅膜沉积在硅片正面用作加热器的支架，然后在氮化硅膜上制备 100Å/1700Å 厚的 Ti/Au 电阻加热器（兼传感器），构成微加热板。利用 Bosch 工艺或 KOH 从微加热板下方的硅片背面刻蚀开口，使氮化硅膜悬浮于硅片上。接下来在微加热板表面利用微笔打印系统沉积氧化铝负载的铂催化剂，于

100~300℃ 干燥除去溶剂后，获得 25μm 厚的铂催化剂膜。微加热板的使用可以补偿燃烧过程中的热量损失；铂催化剂具有助燃、降低生成氢自由基的温度、维持火焰稳定的作用。微加热板与铂催化剂的结合可以实现在微小空间内稳定、持续的燃烧，由此构成了检测器的微燃烧器，再用特制的夹具封装。见图 5-31。

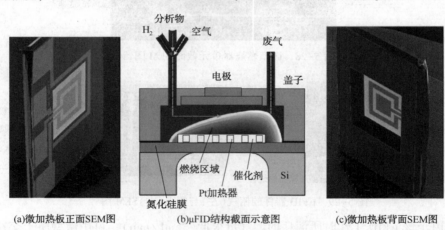

(a)微加热板正面SEM图　　　(b)μFID结构截面示意图　　　(c)微加热板背面SEM图

图 5-31　带加热板-催化剂燃烧器的 μFID[27]

初步测试表明，该 μFID 可在预混的氢气/空气中检测出 1.2%~2.9% 的乙烷。与传统的扩散火焰相比，微燃烧器设计的催化特性扩大了碳氢化合物的燃烧极限（limits of flammability，LoF），降低了燃烧温度和所需的燃气流量，可在贫燃条件下保持稳定的燃烧。所采用的微笔打印沉积技术能够在精准控制催化剂体积的同时，控制催化剂的沉积位置，重现性好。

（2）平面结构的 μFID

1）氢-氧预混式 μFID

Kuipers 等[28]采用 MEMS 技术构建了一种氢-氧预混式平面结构的 μFID，见

图5-32。该μFID为玻璃-硅片-玻璃三明治式结构，器件整体尺寸为：长12mm×宽9mm。其主体部分加工在中层的硅基片上，并于该层燃烧形成微型火焰，上下两层用热传导率低的玻璃材质进行隔热，使热损失最小化。在燃烧室的一侧制备Pt热反射器并兼作燃烧过程的催化剂。

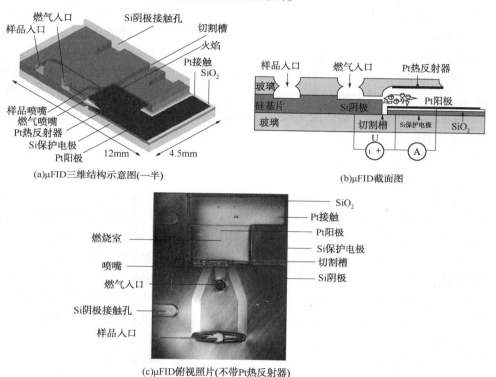

(a)μFID三维结构示意图(一半)　　　　　　(b)μFID截面图

(c)μFID俯视照片(不带Pt热反射器)

图5-32　氢-氧预混式μFID[28]

燃气喷嘴的高度由刻蚀深度（100μm）决定，喷嘴宽度是光刻掩膜的设计参数，可根据特定的气体流量进行调整，以避免预混火焰出现回火或波动。喷嘴宽度为40μm时，其面积为$4.0×10^{-9}m^2$；而直径为0.5mm的标准FID的喷嘴面积是$2.0×10^{-7}m^2$。可见，前者比后者小得多。样品气喷嘴被单独设置，这样可以在不改变氢-氧气体流速的情况下，在较大范围内改变样品气体的流量。鉴于火焰具有较好的稳定性，将样品气喷嘴对称设置在火焰两侧，且尺寸相对较宽（800μm），以实现较小的流出速度。

为了消除漏电流对测量信号的干扰，特增设了保护电极。为此，将硅基片分为两部分：含有喷嘴的那部分作阴极，而火焰下方的部分作保护电极。在Si保护电极的顶部沉积制备Pt阳极，并用不导电的热氧化物层（SiO_2）将Si保护电极与Pt阳极隔开，以实现绝缘。这样，Pt阳极就完全被Si保护电极所环绕，只有离子电流才会被皮安计记录下来，从而消除了漏电流的影响。

详细考察了影响 μFID 灵敏度和检出限的因素，旨在通过提高灵敏度改善检出限。试验表明，适当增大氢-氧气体流量有助于灵敏度的提高。当氢-氧气体流量增加至 39mL/min（其中氢气流量 26mL/min，氧气流量 13mL/min）时，获得了最佳检出限 $4.5×10^{-10}$ g/s。此外，喷嘴宽度对灵敏度也有重要影响，当喷嘴宽度由 40μm 增至 60μm 时，灵敏度下降为原来的 45%。原因是随喷嘴面积的增大，燃气的流出速度减小，离子靠近喷嘴产生，其中很多被保护电极捕获，导致灵敏度下降。

该平面结构 μFID 的气体消耗量较常规 FID 大大减少，助燃气从常规的 300mL/min（空气）减少到 13mL/min（纯氧气）。这样小的耗气量可通过电解水的方式提供，不仅降低了爆炸的风险，还将储气体积减小了近 2000 倍。该检测器的不足之处在于：微型火焰对大分子有机物分解不完全，导致检测灵敏度比小分子有机物低，其信噪比仍需改进。

2）氢-氧逆流式 μFID

受到 Hayward 和 Thurbide 报道的"逆流式 μFID"的启发，Kuipers 和 Müller 对他们先前研制的氢-氧预混式 μFID[28] 进行了改进，推出了采用 MEMS 技术制造的氢-氧逆流式微型氢火焰离子化检测器（counter-current micro flame ionization detector，cc-μFID）[29]。该 cc-μFID 由一个对置的双喷嘴微型燃烧器组成，氢气和氧气分别从燃烧室的两侧相对喷出，形成逆流，并在所谓的"停滞点"附近发生反应。在该点处气体的流速低，强制对流的热损失小，燃气燃烧完全，样品离子化率高，停留时间长，检测灵敏度高，且因氢-氧气体逆流，能获得极其稳定的微型火焰。

该 cc-μFID 由氢-氧气体入口、燃烧室、喷嘴、测量电极、保护电极等组成，加工在玻璃-硅片-玻璃材质的三明治结构的基片上，各层基片的厚度均为 500μm，器件尺寸为 8mm×8mm。逆流扩散型微火焰在位于器件中部的燃烧室中燃烧。其中燃烧器的参数为：喷嘴高度 100μm，玻璃顶盖上燃烧腔的深度 300μm，排气口宽度 700μm。在燃烧室的两侧对称设有氢气、氧气两个进气口，样品气既可与氢气预混，又可与氧气预混，故不必单独设置样品气入口。利用 HF 湿法刻蚀工艺，从玻璃晶片的正反两面同时刻蚀来制备顶盖上的进气口和燃烧腔，而硅片上的结构则利用各向异性 DRIE 工艺进行刻蚀。

为了测量样品在离子化过程中产生的离子流，需要制备一个 Pt 测量电极，极化电压施加在硅电极（硅片）与 Pt 测量电极之间。此外，由于硅硼玻璃在高温下会变成导体，使检测器工作时产生漏电流，必须增设一个保护电极对漏电流进行拦截。测量电极与保护电极均采用溅射工艺制备。在玻璃底座上燃烧腔下方对应的部位，通过溅射一层 Cr 薄膜来制备保护电极，在 Cr 保护电极表面先溅射 SiO_2 绝缘层，再溅射 Pt 薄膜制备测量电极，最后将两个薄膜电极引线键合到 cc-μFID 下方的印刷电路板上。硅电极则用固定在硅接触孔上的导线连接，通过加工在硅片上两个相距 300μm 的尖端之间的高压放电进行点火，见图 5-33。

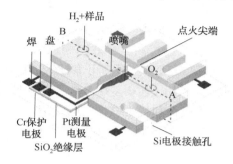

(a)cc-μFID三维结构示意图

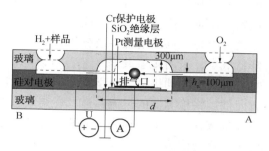

(b)cc-μFID截面图

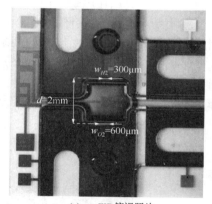

(c)cc-μFID俯视照片

(d)cc-μFID测量界面

图 5-33　氢-氧逆流式 μFID[29]

研究表明，燃烧器参数(如氢气、氧气喷嘴的宽度 w，两喷嘴的间距 d)和操作条件直接影响检测器性能。在中等气体流量下，灵敏度随 w 和 d 的下降而增加。氧气流量对灵敏度影响显著，采用富氧火焰更有利于提高灵敏度。样品与氧气预混合使灵敏度下降，而与氢气预混合会使灵敏度上升。由此证明，在样品离子化之前有机分子分解为单碳碎片的过程中，氢原子起着重要作用。该 cc-μFID 的检出限为 $1.46×10^{-10}$ g/s，对甲烷的最小检出浓度为 $3.43×10^{-6}$。

上述 cc-μFID 虽然具有很多优点，但因器件是加工在玻璃-硅片-玻璃材质的基片上，而异质材料的组合会产生热应力问题。鉴于此，Lenz 等[30]采用低温共烧陶瓷(low temperature co-fired ceramic，LTCC)技术，研制了陶瓷材质的氢-氧逆流式 μFID。LTCC 技术是一种用于实现高集成度、高性能结构的电子封装技术。它利用流延工艺将陶瓷浆料制成厚度精确且致密的生瓷带，在生瓷带上利用激光打孔、微孔注浆、精密导体浆料印刷等工艺制出所需要的电路图形，并将多个无源元件埋入陶瓷基板中，然后叠压在一起，在 900℃ 左右烧结，制成三维电路网络的无源集成组件，也可制成内置无源元件的三维电路基板，在其表面可以贴装 IC 和有源器件，制成无源/有源集成的功能模块。LTCC 工艺流程主要包括：混料、流延、打孔、填孔、丝网印刷、叠片、等静压、排胶、烧结等工序。该工艺的特点是：可以实现各层分别设计、一体烧结，从而提高生产效率和成品率，降低成本；采用多层共烧工艺，可以降低工艺的复杂程度，提高可靠性。LTCC材料具有优异的机械、电学及热学特性。Lenz 等人采用 LTCC 多层叠片工艺和埋置元件，将检测器的气流通道、燃烧室、带有点火电极和测量电极的电气结构等单片集成在一个陶瓷体内，获得的 μFID 器件具有良好的耐热性和化学鲁棒性，解决了之前的研究中因异质材料引起的热失配问题。

该陶瓷材质的 μFID 芯片主要由燃烧室、喷嘴、电极等构成，其外形尺寸为15mm×15mm×2.5mm。燃烧室位于陶瓷体的中央，氢火焰在燃烧室内燃烧。在垂直于燃烧室的方向相对设置了双喷嘴系统，其中一个是"氢气+样品气"喷嘴，另一个是"氧气"喷嘴，它们分别与进气口相连；而排气口位于燃烧室的两端，以使背压降至最低。测量电极和对电极分别位于燃烧室的底部和顶部，两个点火电极设置在喷嘴下面。所有集成电极都由通孔与芯片表面的焊盘连接。芯片表面的温度传感器用于测量流体和电气连接处的温度并监控火焰。见图 5-34。其加工过程如下：

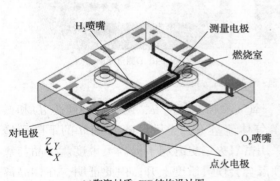

(a)陶瓷材质μFID结构设计图　　　　　(b)安装在PCB上的μFID芯片

图 5-34　陶瓷材质的逆流式 μFID[30]

以 4in 生瓷带为基质，每批次可平行加工 16 个 μFIDs 芯片。每个 μFID 芯片由 12 层生瓷片构成，各层分别设计加工，再一体烧结。首先，通过冲孔和激光烧蚀工艺在生瓷带上构建几何结构，包括通道、燃烧室、通孔。然后，利用厚膜丝网印刷工艺和模版印刷工艺将共烧兼容的金属浆料印刷在生瓷带上，形成金属化结构(通孔、电极、端子)。接下来，将每层生瓷片按照设计顺序精确对准并堆叠在一起，对叠片进行单轴层压后，将结构化层压板转入箱式炉中共烧。烧结后，用 PTC 浆料沉积制备温度传感器。最后，切割 μFIDs 芯片，安装入口/出口玻璃毛细管。

性能测试表明，该 μFID 稳定工作所需的最小气体流量为：氢气 20mL/min，氧气 10mL/min，样品气 6mL/min。其中的氢气消耗量比常规 FID 减少了 10mL/min。检测器对甲烷的绝对灵敏度为 9.4mC/gC，检出限为 $5.3×10^{-9}$gC/s。

3）扩散火焰式 μFID

2012 年，Kim 等[31]以燃烧学理论为指导并结合微加工技术，提出了扩散火焰式 μFID。他们认为：由于固有的火焰速度，氢-氧预混式 μFID 对氢-氧气体流速的控制力相当有限；而扩散火焰比预混火焰更容易控制火焰的位置和形状，且更稳定，燃料和分析物在燃烧区的驻留时间长，能获得更高的离子化率，有利于提高检测器灵敏度，故扩散火焰更适合于 μFID。此外，Kim 等人还针对含有玻璃材质的三明治结构 μFID 会产生漏电流和漂移信号的问题进行了改进，以石英材质代替玻璃以减小漏电流，发展了石英-硅片-石英三明治式的 μFID。

该扩散火焰式 μFID 在结构设计上具有一定特色。通过将中间的硅片层刻穿加工出燃烧腔和气流通道，再利用上、下两块石英片密封形成微型燃烧室，火焰在两石英片之间所围成的封闭空间内燃烧。这种结构可以增强扩散火焰的稳定性以及防止外部环境对火焰的干扰。见图 5-35。检测器采用 MEMS 技术加工。首先，在位于中间层厚 750μm 的 (100) 硅片上刻蚀燃烧腔以及氢气、空气和样品的

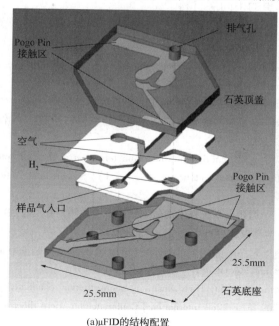

(a)μFID的结构配置

(b)刻蚀的Macor基片与硬币对比

(c)装配后的μFID

(d)封装的μFID器件

图 5-35 扩散火焰式 μFID[31]

气流通道，并利用热氧化工艺制备5000Å厚的SiO₂绝缘层。随后，在石英顶盖上加工排气孔，而在石英底座上加工氢气、空气和样品气的入口。最后，将两对Cr/Au(100Å/1000Å)薄膜电极沿火焰足迹的外缘分别溅射沉积在两块石英晶片上，电极分为两部分环绕着火焰的顶部和底部，构成测量离子流的电场。

为获得稳定、高效的扩散火焰，详细研究了燃烧室的结构、尺寸和材料，并进行了仿真实验。分别以3种不同厚度的硅片(500μm、750μm、1000μm)加工燃烧腔，以及试验了使空气和氢气流以不同的夹角进入燃烧室内交汇的多种结构设计。结果表明：750μm厚的燃烧腔是能够维持火焰稳定燃烧的最小尺寸；空气通道与氢气通道之间形成150°~160°夹角的结构配置给出了最佳火焰形态，该条件下得到了一束稳定的合拢火焰。该结构设计的优点还体现在燃烧室能够收拢火焰两翼之间的分析物，由此避免了分析物泄漏到排气孔而不能被离子化的情况，使分析物的损失最小，故获得的离子化效率较高(甲烷为1.959×10^{-2}C/mol)。此外，每种气体从进气口到燃烧腔的通道长度要足够长，以维持气体的层流流动；从燃烧腔到排气孔的排气通道也需足够长，否则，火焰会在通道末端的排气孔处发生劈裂，导致分析物的损失。实验发现，该μFID中带有SiO₂绝缘层的硅片在装配时表面容易被划损，引起电气短路，而用Macor(一种电阻率极高的玻璃陶瓷)材料代替硅片可以避免该现象的发生。进一步研究表明，采用具有高电阻率和更高熔点特性的SOI材料作中间层，既能避免电气短路，还可以解决电极熔化的问题，是制备μFID器件理想的中间层材料。

参 考 文 献

[1] Terry S C, Jerman J H, Angell J B. A gas chromatographic air analyzer fabricated on a silicon wafer[J]. IEEE Transactions on Electron Devices, 1979, 26(12): 1880-1886.

[2] 曹德祥. 基于MEMS技术的微型气相色谱仪的研制[J]. 分析仪器, 2007, (3): 9-12.

[3] 孙建海, 崔大富, 张璐璐, 等. 基于MEMS技术的微型热导检测器的研制[J]. 仪表技术与传感器(增刊), 2009, 318-320.

[4] Wu Y E, Chen K, Chen C W, et al. Fabrication and characterization of thermal conductivity detectors(TCDs) of different flow channel and heater designs[J]. Sensors and Actuators A, 2002, 100: 37-45.

[5] 彭强, 邢婉丽, 梁冬, 等. 基于微机电系统技术的微型气相色谱检测器在测定白酒微量乙酸乙酯中的应用[J]. 分析科学学报, 2006, 22(6): 723-725.

[6] Cruz D, Chang J P, Showalter S K, et al. Microfabricated thermal conductivity detector for the micro-ChemLab™[J]. Sensors and Actuators B, 2007, 121: 414-422.

[7] Kaanta B C, Chen H, Lambertus G, et al. High sensitivity micro-thermal conductivity detector for gas chromatography[C]. 2009 IEEE 22nd International Conference on Micro Electro Mechanical Systems, Sorrento, Italy, 2009.

[8] Sun J, Cui D, Chen X, et al. Design, modeling, microfabrication and characterization of novel

micro thermal conductivity detector[J]. Sensors and Actuators B, 2011, 160: 936−941.

[9] Sun J H, Cui D F, Chen X, et al. A micro gas chromatography column with a micro thermal conductivity detector for volatile organic compound analysis[J]. Review of Scientific Instruments, 2013, 84: 025001−1−025001−5.

[10] Feng F, Tian B, Hou L, et al. High sensitive micro thermal conductivity detector with sandwich structure[C]. 2017 19th International Conference on Solid−State Sensors, Actuators and Microsystems, Kaohsiung, Taiwan, 2017.

[11] Ali H A, Pirro M, Poulichet P, et al. Thermal aspects of a micro thermal conductivity detector for micro gas chromatography[C]. 2019 Symposium on Design, Test, Integration & Packaging of MEMS and MOEMS, Paris, France, 2019.

[12] Kaanta B, Chen H, Zhang X. Monolithic micro gas chromatographic separation column and detector[C]. 2010 IEEE 23rd International Conference on Micro Electro Mechanical Systems, HongKong, China, 2010.

[13] Kaanta B C, Chen H, Zhang X. A monolithically fabricated gas chromatography separation column with an integrated high sensitivity thermal conductivity detector[J]. Journal of Micromechanics and Microengineering, 2010, 20(5): 1−6.

[14] Narayanan S, Alfeeli B, Agah M. A micro gas chromatography chip with an embedded non−cascaded thermal conductivity detector[J]. Procedia Engineering, 2010, 5: 29−32.

[15] Narayanan S, Alfeeli B, Agah M. Thermostatted micro gas chromatography column with on−chip thermal conductivity detector for elevated temperature separation[C]. SENSORS, 2010 IEEE.

[16] Narayanan S, Alfeeli B, Agah M. Two−port static coated micro gas chromatography column with an embedded thermal conductivity detector[J]. IEEE Sensors Journal, 2012, 12(6): 1893−1900.

[17] Narayanan S, Agah M. Fabrication and characterization of a suspended TCD integrated with a gas separation column [J]. Journal of Microelectromechanical Systems, 2013, 22(5): 1166−1173.

[18] Frederico S, Hibert C, Fritschi R, et al. Silicon sacrificial layer dry etching(SSLDE) for free−standing RF MEMS architectures[C]. The Sixteenth Annual International Conference on Micro Electro Mechanical Systems, Kyoto, Japan, 2003.

[19] 田博文, 冯飞, 赵斌, 等. 单片集成微型气相色谱芯片研究[J]. 分析化学, 2018, 46 (9): 1363−1371.

[20] Deng C, Yang X, Li N, et al. A novel miniaturized flame ionization detector for portable gas chromatography[J]. Journal of Chromatographic Science, 2005, 43: 355−357.

[21] Hayward T C, Thurbide K B. Carbon response characteristics of a micro−flame ionization detector[J]. Talanta, 2007, 73: 583−588.

[22] Hayward T C, Thurbide K B. Novel on−column and inverted operating modes of a microcounter−current flame ionization detector[J]. Journal of Chromatography A, 2008, 1200: 2−7.

[23] Wang J W, Wang H, Duan C F, et al. Micro−flame ionization detector with a novel structure

for portable gas chromatograph[J]. Talanta, 2010, 82: 1022-1026.

[24] Wang J W, Peng H, Duan C F, et al. Development of micro-flame ionization detector for portable gas chromatograph[J]. Chinese Journal Analytical Chemistry, 2011, 39(3): 439-442.

[25] Zimmermann S, Wischhusen S, Müller J. Micro flame ionization detector and micro flame spectrometer[J]. Sensors and Actuators B, 2000, 63: 159-166.

[26] Zimmermann S, Krippner P, Vogel A, et al. Miniaturized flame ionization detector for gas chromatography[J]. Sensors and Actuators B, 2002, 83: 285-289.

[27] Moorman M, Manginell R P, Colburn C, et al. Microcombustor array and micro-flame ionization detector for hydrocarbon detection[J]. Proceedings of SPIE, 2003, 4981: 41-50.

[28] Kuipers W, Müller J. Sensitivity of a planar micro-flame ionization detector[J]. Talanta, 2010, 82: 1674-1679.

[29] Kuipers W, Müller J. Characterization of a microelectromechanical systems-based counter-current flame ionization detector[J]. Journal of Chromatography A, 2011, 1218: 1891-1898.

[30] Lenz C, Neubert H, Ziesche S, et al. Development and characterization of a miniaturized flame ionization detector in ceramic multilayer technology for field applications[J]. Procedia Engineering, 2016, 168: 1378-1381.

[31] Kim J, Bae B, Hammonds J, et al. Development of a micro-flame ionization detector using a diffusion flame[J]. Sensors and Actuators B, 2012, 168: 111-117.

第6章　微型气体富集器

色谱进样器是将被测样品定量引入色谱系统的装置，是色谱仪的组成部件。目前研制的微型气相色谱系统大多用于气体样品的分析检测，如空气中的挥发性有机化合物(volatile organic compounds，VOCs)、有毒有害化学品、爆炸物、化学战剂等。由于这些样品中目标化合物的浓度通常极低，如果按常规直接将样品注入色谱系统进行测定，难以达到色谱检测器的检出限要求，不能给出满意的分析结果。解决这一问题的有效手段是使用气体富集器，这是一种利用气体吸附原理帮助分析系统提高检测能力的重要分析技术。通常，当分析物浓度低至 10^{-9} 量级，使色谱柱分辨率和检测器灵敏度受限时，就需要在 GC 系统的前端设置气体富集器。它是一个兼具采样、富集、进样功能的装置，先将样品中低浓度的目标化合物富集后，再送入色谱柱进行后续的分离检测。在分析系统前端设置气体富集器，可使系统的分析检测能力提升若干(约 1~3)数量级，并能大幅度提高分析系统的整体性能。因此，在痕量分析中，分析物的浓缩富集成为关键环节。气体富集器常被用作高灵敏分析系统的前端器件，也是 μGC 系统的重要组成部分。

气体富集器主要由吸附部件和加热部件构成，其工作原理是：首先使待测气氛在室温下流过富集器一段时间，分析物被吸附部件中的吸附材料所捕集(富集阶段)；随后加热器在短时间内将吸附材料快速加热到适当温度，此时被捕集的分析物迅速热解吸出来并被导入色谱柱(解吸阶段)，完成"捕集–聚焦–进样"过程。可见，气体富集器的典型工作流程分为两个阶段：即富集阶段和解吸阶段。由于富集器的"捕集–聚焦"作用，使大体积样品中低浓度的分析物得到净化和浓缩，从吸附材料中热释放的分析物浓度瞬间增大，可给出高浓度的、窄的解吸峰。分析物在此得到了富集，能以更高的浓度进入色谱系统进行分析，故可满足分离和检测的要求，使分析仪器的性能得到显著提高。

用来评价气体富集器性能优劣最重要的指标是富集率，也称富集因子(concentration factor，CF)。它是指待测物在富集后与富集前浓度的比值，通常用待测物富集后与富集前在检测器上产生的响应信号(如峰面积)的比值进行计算。富集率越高，说明气体富集器的效能越强大，越有利于下游分析系统性能的提高以及对痕量物质的分析检测。但对于富集率的测定条件，目前还没有统一的标准。

理想的气体富集器应具备以下性能：富集率高、对目标化合物选择性强、加热快速而均匀、能在高流速下工作，以及绝热好、功耗低、坚固耐用等。影响气体富集器性能的因素主要有：吸附材料、富集器结构、操作条件(气体流速、富集时间、升温速率等)。吸附材料的性质包括比表面积、孔径、孔容、粒度等，吸附材料比表面积越大、孔径越大、孔容越大，都对富集率有积极地影响。有应用价值的吸附材料应具备下列条件：

① 具有大的比表面积。比表面积是指单位体积(或重量)吸附材料所具有的表面积，是衡量吸附材料性能的重要指标之一。比表面积大，吸附能力强，富集率高。

② 对目标化合物具有良好的吸附选择性。一方面可提高对目标化合物的富集率；另一方面可减轻共存物质或基体的干扰，利于改善分辨率和检出限。

③ 具有大的吸附容量。吸附容量是指在一定温度和一定吸附质(即被吸附物质)浓度下，单位重量或单位体积的吸附材料所能吸附的吸附质的最大量。该参数与吸附材料的比表面积、孔穴的大小、分子的极性大小及官能团的性质有关。吸附材料的吸附容量越大，越有利于提高气体富集器的吸附总量和富集率。

④ 有良好的机械强度、热稳定性及化学稳定性。以保证吸附材料在装填时不易破碎，且能够在不同环境条件下保持稳定，有较长的使用寿命。

气体富集器中常用的吸附材料有：多孔聚合物(如 Tenax TA，Tenax GR)、石墨化炭黑(如 Carbopack B，Carbopack X)、碳分子筛(如 Spherocarb，Carbosieve SIII)、活性炭等类型。近年来，针对不同目标化合物的选择性吸附材料不断被研制出来。

传统的气体富集器是管状结构，以不锈钢或玻璃毛细管作外壳，内充颗粒吸附材料构成吸附部件，外缠金属加热丝或利用不锈钢外壳加热。采样时，气体样品流经富集器，目标化合物被吸附材料捕集；随后在金属导线上施加一定的电脉冲加热，分析物迅速热解吸，获得一个高浓度的进样脉冲。这类富集器可容纳的吸附材料多，吸附总量较高；缺点是死体积大，热容量大，热效率低，升温速率慢，功耗高，不易集成。

微加工技术的出现极大地促进了微型气体富集器(以下简称微型富集器，micro-preconcentrator，μPC)的发展，人们利用 MEMS 技术已研发出多种适用于微型气相色谱系统的 μPC。这些微型器件从根本上克服了传统管式富集器的局限性，显著改善了富集器的性能，大幅度提高了检测器的灵敏度，使得 μGC 系统能够更好地应用于痕量气体组分的分析检测，也使微型富集器的研制成为微型气相色谱领域中的研究热点之一。这里主要介绍采用 MEMS 技术设计和制造的微型富集器。

研制性能优良的微型富集器需重点考虑以下几个方面：增大吸附材料容纳量、增大样品气流与吸附材料的有效接触面积和相互作用、提高对目标化合物的富集率、增强绝热、减少热容量、降低功耗、易于加工和集成等。目前研发的能够用于 μGC 系统的微型富集器，从结构上可以分为平面结构和三维结构两大类，前者报道的不多，而后者有大量研究成果。下面分别对这两大类微型富集器从结构特征、加工工艺、技术特点、热性能、气体流动性能、富集率等方面进行介绍。

6.1 平面结构的微型富集器

平面结构的微型富集器也称为平板型微型富集器，是将吸附材料涂覆于平面形的基板上，吸附材料下方加工有用于热解吸的加热器，工作时样品气流平行于吸附材料的表面流过。

美国桑迪亚国家实验室(Sandia National Laboratories)在其研发的手持式 μChemLab 快速检测系统中，装配了加工在硅片上的平面微型富集器，见图 6-1[1,2]。其加工过程为：首先在硅片正面制备尺寸为 2.2mm× 2.2mm×0.5μm 的氮化硅薄膜，随后采用电子束蒸发工艺在氮化硅薄膜上沉积厚度为

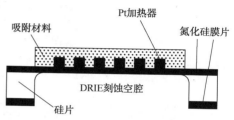

图 6-1 平面微型富集器截面图[2]

180nm 的 Pt 薄膜，制备蛇形电阻加热器。然后在硅片背面加热器对应的区域，以 1μm 厚的低应力氮化硅薄膜作掩膜，采用 DRIE 工艺或 KOH 各向异性刻蚀技术将硅片刻穿，刻蚀出 400μm 深的空腔，形成悬空结构的氮化硅膜片，以实现与硅片其他部分的绝热。再于加热器表面喷涂对分析物(化学战剂模拟剂)有选择性吸附的疏水性微多孔溶胶-凝胶层，最后安装上带有气流通道的玻璃盖，获得完整的平面富集器。

该平面富集器以氮化硅膜片作加热器和吸附材料的基板且采用悬空结构，器件的热容量小，绝热性能好，功耗低。性能测试表明，该富集器可在 4ms 内加热到 200℃，功耗为 100mW。所用的吸附材料涂层能够选择性富集样品中的目标化合物，对含有 $5×10^{-6}$ 甲基膦酸二甲酯(DMMP)的样品气在 3mL/min 的流速下富集 1min，随后于 200℃ 下快速解吸，获得 DMMP 的富集率为 510，而对背景中的干扰物质二甲苯和甲基乙基酮(MEK)的富集率仅为 8 和 18[2]。

Blanco 和 Lahlou 等[3,4]报道了另一种平面微型富集器。采用 1cm×1cm 的氧化铝薄片为基板，先在氧化铝基板的背面用丝网印刷技术制备 Pt 薄膜加热器，然后在基板正面丝网印刷一层耐高温的无腐蚀性黏合剂 Tempflex(Loctite 5145)，其平均厚度约为 70μm，有效面积 $16mm^2$。最后将微孔活性炭基的吸附材料颗粒直接撒到黏合剂表面，见图 6-2(b)。后来又改进了吸附材料的涂覆方法，先将活性炭颗粒置于正戊烷介质中，室温下超声处理 15min 制成悬浮液，再把背面加工有 Pt 薄膜加热器的氧化铝基板加热至 70~80℃，将制备好的活性炭颗粒悬浮液

用喷枪喷涂到基板的正面，见图 6-2(c)。这种涂覆方法通过改变所用悬浮液的浓度和体积，可以灵活控制吸附剂涂层的厚度，且获得的涂层更加均匀一致，使富集器的性能得到提高。

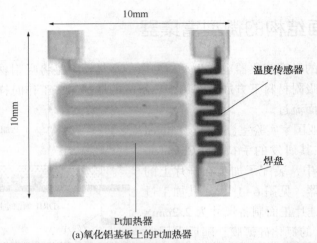

(a)氧化铝基板上的Pt加热器

(b)撒有吸附剂的基板-俯视图(左)与截面图(右)

(c)喷涂有吸附剂的基板-俯视图(左)与截面图(右)

图 6-2　氧化铝作基板的平面富集器[3,4]

平面结构的微型富集器实际上就是一块涂有吸附材料的加热板，优点是加工简单，绝热性能好，功耗低，容易与色谱柱等部件集成。但因其固有的扁平结构，可容纳的吸附材料数量有限，吸附总量小，制约了器件的富集能力。此外，富集过程中样品气流平行于吸附材料的表面流动，吸附质与吸附剂间不能充分接触，也使器件的富集率遭受损失。

6.2　三维结构的微型富集器

为了实现对样品中挥发度范围很宽的复杂混合物或者浓度极低的感兴趣组分进行富集，需要提高富集器对吸附材料的容纳量或沉积面积，改善传热性能，增强气流与吸附剂间的相互作用，有效发挥吸附剂的吸附能力，同时还要考虑器件尺寸、热容量、功耗等。为此，发展了三维结构的微型富集器（3D-μPC）。与平面结构的微型富集器相比，3D-μPC 的结构更加复杂和多样化，制备难度也更大，但其富集率更高，应用范围更广，现已成为微型富集器研究的主流。

3D-μPC 大多采用厚硅片加工，利用 MEMS 技术在上面刻蚀出通道、腔体、格栅、柱阵等不同类型的三维微结构，再向其中填充或沉积合适的吸附材料，分别制备成通道型富集器、腔体型富集器、格栅型富集器、柱阵型富集器。这些三维微结构往往具有高的深宽比或高的面积/体积比，目的是增大可容纳的吸附材料数量或沉积面积，改善加热的均匀性，在相对低的功耗下提高器件的富集能力。下面根据刻蚀的三维微结构类型进行介绍。

6.2.1　通道型富集器

6.2.1.1　蛇形通道

Kim 等[5]研发了一款通道型的三维微型富集器。它由刻蚀在硅片上的蛇形微通道构成，通道内沉积有铝合金薄膜加热器，上面再旋涂沉积聚合物吸附材料。制备过程如下：

富集器加工在直径 6in、厚 575μm、电阻率 10~25Ω · cm、单面抛光的 p 型（100）硅片上。首先在硅片上生长 2000Å 厚的氧化物层，再利用 LPCVD 工艺沉积 1550Å 厚的氮化物层，图形化。先用 RIE 工艺除去表面层，接着用 KOH 各向异性工艺继续刻蚀，获得边壁 54° 角、横截面为倒梯形的蛇形微通道。通道尺寸：深 35~300μm、宽 50~456μm、长 6~19cm，整体面积<1cm²。在通道内溅射沉积铝合金（含 99%Al，其余为 0.5%~0.8%Si 和 0.1%~0.5%Cu）薄膜作为加热元件，上面涂覆 1μm 厚 SOG（spin-on-glass，旋涂玻璃）以增加对吸附材料的黏附性。烘焙固化后，将 OV-17 固定相旋涂沉积在 SOG 表面，形成吸附层。硅片置于 120℃烘箱中烘 48h，再将加工好的硅片与石英玻璃盖阳极键合，形成密闭器件。见图 6-3。

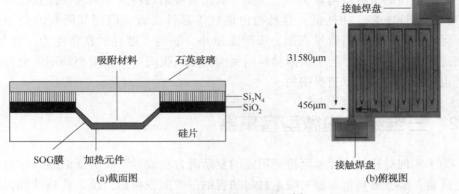

(a)截面图 (b)俯视图

图 6-3 蛇形通道富集器[5]

对富集器(通道尺寸:深 300μm×宽 450μm×长 16cm)进行的加热特性实验表明:没有 SOG 涂层时,可在 10s 内加热升温至 200℃;而有 SOG 时,只能升温到 120℃。该器件测得的富集率不高,仅为 14。

图 6-4 螺旋形通道富集器[6]

6.2.1.2 螺旋形通道

三维富集器的通道结构还可设计为螺旋形,见图 6-4[6]。制造过程为:对厚 500μm、电阻率 4~40Ω·cm 的 p 型(100)硅片双面抛光;用 DRIE 工艺垂直刻蚀出深 300μm×宽 300μm×总长 10cm 的螺旋形通道;用剥离工艺在 Pyrex 玻璃盖上加工 Pt 加热器;再用阳极键合工艺将刻蚀好的硅片与 Pyrex 盖密封。以 Carbopack X(60~80 目,粒径 0.18~0.25mm,比表面积 240m²/g)颗粒作吸附剂,将其活化后装入富集器。

该富集器的结构类似于微型填充柱,工作时气流穿过填有吸附剂的微通道,增大了分析物与吸附剂的接触面积,有利于提高富集率。由于吸附剂颗粒的粒径稍小于富集器的通道内径,吸附剂能够均匀分布在通道中,同时还可避免堆积和堵塞。实际应用中为增大吸附总量,可根据需要将数个富集器串联使用。该富集器可在 30s 内加热到 200℃,功耗约为 3W。在气体流量为 35mL/min 下吸附 25min,对苯的富集率为 311。这种富集器的绝热性能不佳,热效率较低。

6.2.1.3 直形通道

德国科研人员在其"智能集装箱(the intelligent container)"项目中,要求检测出浓度低至 50×10⁻⁹ 的乙烯气体,以预测水果的成熟度和保质期,建立水果运输早期预警系统。为此,他们研发了一系列直形通道的微型富集器[7-10]。

第一代直形通道富集器由加工在厚硅片上的 16 条微通道构成，每条通道的尺寸为：深 540μm×宽 270μm×长 3mm，通道内填充有 Carboxen 1000 吸附剂颗粒。在富集器两端的进气/出气口区域，设计了对称排布的多重导流系统，以便使进入的气体样品能够均匀一致地分布在所有通道内，浓缩后再将它们从所有通道中有效汇集起来。在每条通道的末端设有密集排列的微立柱以拦挡吸附剂颗粒，防止其外漏。硅片正面用玻璃盖密封，背面溅射长 3.5mm、宽 30μm 的 Pt 加热器，见图 6-5。富集器加工过程如下：

(a)富集器正面(左)与背面(右)俯视图

(b)富集器实物照片

图 6-5　第一代直形通道富集器[7]

对直径 100mm、厚 750μm、电阻率 1~12Ω·cm 的 p 型(100)硅片双面抛光。在 1050℃ 加热 360min，两面生长 1.5μm 厚的氧化物层，分别用作掩膜层和绝缘层。用 10μm 厚的光刻胶(AZ4562)光刻，定义出微型富集器的结构。先用 RIE 工艺从硅片正面刻蚀氧化物层，随后用 DRIE 工艺刻蚀硅片 540μm 深，形成微通道、导流系统和进气/出气口，再进行钝化处理。将硅片与打好孔的 Pyrex 玻璃阳极键合。最后，在硅片背面溅射并结构化 15nm/600nm 的 Ti/Pt 层，制备加热器。在进气/出气口连接上玻璃管，借助真空泵将吸附剂 Carboxen 1000 颗粒装填到富集器的微通道中，进口处堵上玻璃棉。

性能测试表明，该富集器加热到 300℃ 时，功耗为 3.8W。将填有 8mg Carbosieve S-Ⅱ 吸附剂的 8 通道富集器安装在 μGC 系统的前端，用于物流过程中水果乙烯浓度的检测。结果显示，μGC 系统使用该富集器后，乙烯的检出限由 $140×10^{-6}(v)$ 改善为 $6×10^{-6}(v)$，富集效果显著[8]。

第二代直形通道富集器在结构上进行了改进，由用厚硅片加工并刻穿的沟槽阵列构成，见图 6-6[9]。硅片的厚度相当于沟槽深度，沟槽用作填充吸附剂的微通道，而沟槽壁用作加热元件。这样每条微通道中的吸附剂颗粒都被两侧紧贴的加热元件所包围，故加热速度快、受热更均匀，提高了热效率，降低了功耗，省去了专门制备加热元件的工序。

该结构设计为由 16 条平行的沟槽壁组成加热元件，每条沟槽的尺寸为：深 550μm×宽 90μm×长 3.5mm，相邻沟槽壁的间距为 250μm，构成容纳吸附材料的微通道。仍设有拦挡吸附剂颗粒的微立柱，以及对称的气体导流系统。富集器为三明治结构，上下层是 Pyrex 玻璃晶片，与刻穿的硅片阳极键合在一起，构成一个完全密封的器件。通过将玻璃晶片刻穿，实现硅加热器的电路连接。选用 40~60 目、比表面积 1200m²/g 的 Carboxen 1000 作吸附剂。富集器加工过程如下：

对直径 100mm、厚 550μm、电阻率 0.37Ω·cm 的 p 型(100)硅片双面抛光。在 1050℃ 加热 360min，两面生长 1.5μm 厚的氧化物层，用作干法刻蚀过程的掩膜。硅片正面用 10μm 厚的光刻胶(AZ4562)光刻，接下来采用两步 DRIE 工艺刻蚀硅片：第一步，先在硅片正面刻蚀出 220μm 深的硅结构，接着刻蚀掉正面的氧化物层，进行硅玻阳极键合。随后，在键合的 Pyrex 玻璃晶片(厚 550μm)上溅射 15nm/80nm 厚的 Cr/Au 层，再电镀上一层 1μm 厚的 Au 层作为刻蚀玻璃的掩膜，于 250℃ 退火处理 6h。在玻璃晶片上光刻，用 NH₄F-HF 混合物将玻璃刻穿，暴露硅加热器，以便制备电路连接。溅射 100nm 厚的 Al 层，再将玻璃上的掩膜用湿法刻蚀除去。第二步，在硅片背面先进行光刻，接着用 DRIE 工艺再刻蚀 330μm 深的沟槽，刻穿硅片，获得完整结构。将硅片与打好孔的另一块 Pyrex 玻璃晶片阳极键合，形成三明治结构。在硅加热器的电路连接区域溅射 100nm/100nm 厚的 Al/Au 层，350℃ 退火 1h，形成金属化接触点。在进气/出气口连接上玻璃管，用真空泵将 6.6mg Carboxen 1000 吸附剂颗粒干法装填到富集器的微通道中，进口处用玻璃棉封堵。

性能测试表明，富集器加热到 300℃ 所需功耗为 1.9W，升温速率为 13.4℃/s。该富集器可将 $100×10^{-9}$ 的乙烯浓度提高 100 倍。

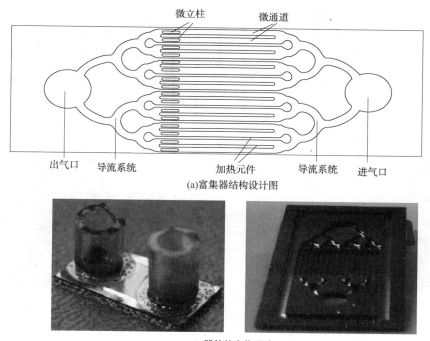

微立柱　微通道

出气口　导流系统　加热元件　导流系统　进气口

(a)富集器结构设计图

(b)器件的实物照片

图6-6　第二代直形通道富集器[9]

　　为了进一步提高乙烯检测的灵敏度，在第二代直形通道富集器的基础上又研发了一种全新的大容量富集器，将其应用于 μGC 系统的前端进行样品富集后，实现了对浓度约 $170\times10^{-9}(v)$ 乙烯的检测。平均噪声信号相当于 $1.3\times10^{-9}(v)$ 的乙烯浓度，依此推测，该系统对乙烯的最小检出浓度约为 $3.8\times10^{-9}(v)(\pm3\sigma)$ [10]。

　　该大容量富集器设计为 8 条微通道，每条通道的尺寸为 $40.0mm\times2.0mm\times0.9mm$。微通道加工在 6in 硅片上，通道间的硅壁用作解吸过程的加热元件，整个器件由玻璃/硅/玻璃三层材料阳极键合而成，底部设有测量温度的 Pt 电阻（PtR），见图6-7~图6-9。采用两步 DRIE 工艺刻蚀硅片：第一步，从硅片正面刻蚀但不刻穿；第二步，从硅片背面将硅片刻穿。在顶部玻璃片上超声钻孔，制备硅加热器的电路连接以及器件的气路连接。最后，装填 Carbosieve S-Ⅱ吸附剂，装填量为 191mg。与第一代直形通道富集器相比，吸附剂装填量是其 24 倍，对乙烯的富集率为 7.7。

　　报道的大多数富集器为硅/玻璃材质。与硅衬底相比，铜基质具有更好的导热性、更小的比热容、良好的化学稳定性、足够的硬度和强度等优越性。为实现富集过程的快速加热和降低能耗，Han 等[11]制备了铜材质的金属气体富集器（metal gas preconcentrator，MGP），见图6-10。

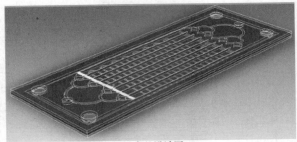

(a)完整设计图

(b)进气口区域

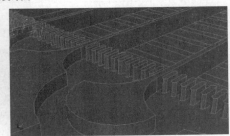

(c)带有微立柱的出气口区域

图 6-7　大容量富集器 3D-CAD 设计图[10]

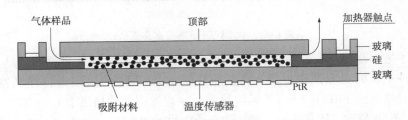

图 6-8　大容量富集器截面图[10]

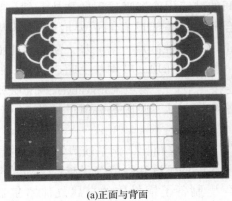

(a)正面与背面

(b)装有外壳的器件

图 6-9　大容量富集器实物照片[10]

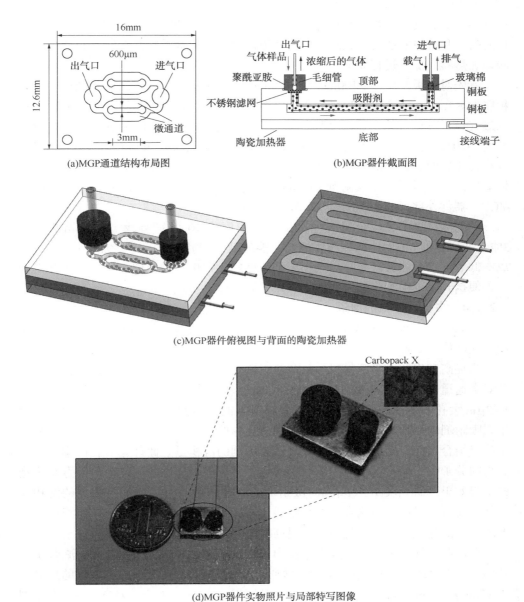

(a)MGP通道结构布局图　　　　　(b)MGP器件截面图

(c)MGP器件俯视图与背面的陶瓷加热器

(d)MGP器件实物照片与局部特写图像

图6-10　铜材质的气体富集器[11]

　　该 MPG 由 4 条直形微通道构成，每条通道的尺寸为：深 500μm×宽 1mm×长 3mm。在富集器两端的进气/出气口区域设有对称排布的导流系统。以铜板（C11000）为衬底，采用激光刻蚀技术（laser etching technology，LET）制备微通道；在另一块相同材质的铜板上加工进气/出气口，用作富集器盖板。将两块铜板进行真空扩散焊接（vacuum diffusion welding，VDW），形成密封的腔体结构。该设计有利于形成良好的密封和粘结强度，避免了温度循环时的界面应力，提高了器件的耐压和抗泄漏能力。最后，向微通道内填充吸附剂颗粒并在铜基板底部集成陶瓷加热器。加工过程如下：

首先对铜板基质（长 100mm×宽 100mm×厚 0.8mm）进行双面抛光处理，使其粗糙度≤1.6μm。然后用 LET 在铜板上刻蚀出截面为矩形的通道，在铜盖板上加工进气/出气口。再次抛光处理铜板，去掉刻蚀过程中产生的毛刺。随后在较高温度（920℃，保持 1h）下用 0.5MPa 的接触压力对两块铜板进行真空扩散焊接，以获得优异的密封性能和机械强度。接下来清洗铜板，切割成单个芯片。安装流体端口，在负压下填充吸附剂 Carbopack X，在芯片背面装配陶瓷加热器，制成 MGP。器件外部尺寸为 16mm×12.6mm×2.5mm。

性能测试表明，该金属气体富集器对浓度为 $10×10^{-9}$ 异戊二烯的富集率为 352。所研制的 MGP 具有导热性能好、能耗低、制备工艺简单、加工成品率高、成本低等优点，能够富集呼出气中超低浓度的生物标志物异戊二烯，有望开发为一种便携式无创筛查晚期肝病的工具。

6.2.1.4 多孔硅修饰的通道

Camara 等[12,13] 在有关大气污染物 VOCs 监测和爆炸物检测的研究中，制备了用多孔硅修饰微通道的微型气体富集器。

为提高富集器对吸附材料的负载量以增大其吸附总量，他们利用阳极刻蚀工艺对微通道进行修饰，使通道表面由普通硅转变成多孔硅。这种表面布满孔径 1~2μm 大孔的多孔硅，具有比普通硅高得多的比表面积，且由于它们的孔径大于碳吸附剂的粒径，碳颗粒可以结合到多孔硅的大孔中去，相当于为碳沉积提供了第二结合表面，因而能够显著提高碳吸附剂的沉积量。此外，多孔硅本身也具有高的分子吸附能力，与吸附剂联合使用，二者吸附作用的叠加会产生意想不到的富集效果。研究表明，多孔硅-吸附剂的联合使用，除了增加吸附剂的沉积量以外，还可以降低目标化合物的解吸活化能，使其变得容易解吸，从而降低解吸温度，节能降耗，缩短富集周期，提高富集器的性能。

在监测大气 VOCs 的气体富集器中，设计了对称的进气/出气口导流系统以及"直线形"和"锯齿形"通道结构，微通道深 325μm、壁厚 50μm，占据的总面积为 15mm×10mm，见图 6-11（a）[12]。采用厚 525μm、电阻率 5Ω·cm 的 n 型 (100) 硅片加工。首先用 LPCVD 工艺在硅片上沉积 500nm 厚的低应力 Si_3N_4 薄膜，光刻、图形化以后，用 DRIE 工艺刻蚀，获得深 325μm 的进气/出气端口和微通道结构。随后，采用阳极刻蚀工艺在微通道中制备多孔硅。阳极刻蚀过程在 50%HF-乙醇（1∶1）浴中进行，在电流密度为 $60mA/cm^2$，刻蚀时间为 45min 的条件下，获得的孔深约为 140μm。由于阳极刻蚀形成的微孔呈圆锥状，即孔径随孔深而增大，故阳极刻蚀完成后，需要再用 RIE 工艺刻蚀几微米的硅，以便将表

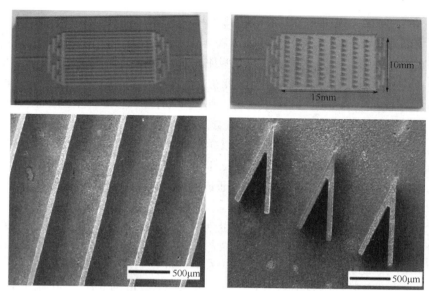

(a) "直线形"与"锯齿形"通道结构及其放大图

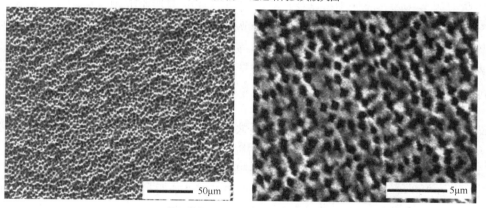

(b)微通道表面的多孔硅结构及其放大图

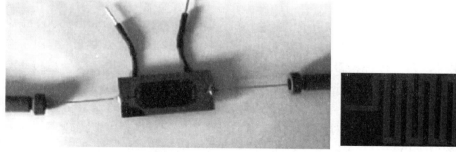

(c)完成吸附剂填充与电路、气路连接的器件及背面丝网印刷的Pt加热器

图6-11 测定 VOCs 的多孔硅富集器[12]

面的孔打开，最终获得了孔径为 1023~2350nm、比表面积为 44.5m²/g 的多孔硅表面，见图 6-11(b)。经过上述刻蚀，在未受 Si₃N₄ 掩膜保护的区域，包括微通道的侧壁上，都形成了多孔硅。为改善吸附剂颗粒在通道上的黏附性，再于通道表面生长 25nm 厚的热氧化物层，使其变得亲水，以利于碳颗粒的固定。将刻蚀好的硅片与 Borofloat 玻璃盖片阳极键合，密封。切割后，用金属毛细管进行流体连接。利用丝网印刷技术将 Pt 加热器集成在器件背面，并制备电气连接。接下来在负压下进行吸附剂的湿法填充，以碳纳米粉(粒径 30~100nm，比表面积 100m²/g)作吸附剂，先将其制成悬浮液，器件置于真空条件下，利用腔体与悬浮液之间的压力差，使吸附剂顺利进入微通道中。图 6-11(c)是制备好的微型富集器照片。

实验表明，多孔硅上孔的大小、形状和深度取决于制备时几个重要参数，如硅片掺杂和电阻率、电流密度、刻蚀时间等，其中硅片掺杂是影响孔性质的决定因素。n 型硅片能够获得孔径 1~2μm 的大孔，而 p 型硅片只能获得孔径 0.05~0.25μm 的小孔，其修饰效果不明显。故电阻率 5Ω·cm 的 n 型(100)硅片适于制备典型的多孔硅。腔体中微结构的存在有助于使碳纳米粉沉积得更均匀，但发现"直线形"通道结构存在着超压问题，碳吸附剂的沉积量低于"锯齿形"通道结构，故后者更适合于采用湿法装填碳纳米粉的富集器。经多孔硅修饰的微通道，其比表面积显著提高，使碳吸附剂的沉积量增加为修饰前的 2 倍。经测试，研制的监测大气 VOCs 的富集器对苯的富集率为 64。

在爆炸物检测方面遇到的问题是：目标化合物具有非常低的蒸气压及高的黏附力，需要使用高的解吸温度，其严重缺点是不仅功耗大，而且高的解吸温度还会导致目标化合物不可避免地分解，给随后的检测过程带来鉴定的困难。因此，合适的吸附材料必须具有高的内表面积和对爆炸物低的结合能。考虑到上述需要，"多孔硅-Carbopack"组合应该是一个理想的"基质-吸附剂"搭配。为此，他们研制了多孔硅修饰的微通道中填充 Carbopack B 吸附剂的富集器，用于爆炸物的检测[13]。

在一块面积为 11mm×11mm、厚 525μm、电阻率 5Ω·cm 的 n 型(100)硅片上加工微通道。通道深 150μm、宽 500μm，采用"单蛇形"或"双蛇形"结构，将进气/出气口和流体连接设计在玻璃盖上，装配更方便，见图 6-12(a)、(b)。"单蛇形"结构具有一条通道，适用于吸附容量较低的吸附剂，其停留时间较长；而"双蛇形"结构具有两条互连的蛇形通道，更适合不需要长的停留时间、具有较高吸附容量的吸附剂。对加工好的微通道进行阳极刻蚀以制备多孔硅。在 50% HF-乙醇(1∶1)浴中，采用 80mA/cm² 的电流密度刻蚀 20min，获得约 100μm 的孔深，再用 RIE 工艺刻蚀几微米硅，把表面的孔打开，见图 6-12(c)。然后，用玻璃盖密封微通道，在玻璃盖上装配流体连接，采用剥离工艺在器件背面制备 Pt

加热器，装填 Carbopack B 吸附剂，见图 6-12（d）。

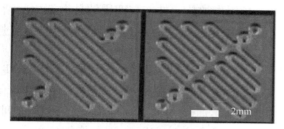

(a)"单蛇形"与"双蛇形"通道结构

(b)带流体连接的顶盖密封"双蛇形"结构

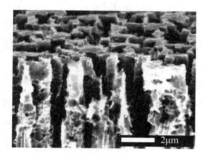

(c)多孔硅修饰的微通道表面

(d)装填有Carbopack B吸附剂的器件

图 6-12　测定爆炸物的多孔硅富集器[13]

该富集器的升温速率为 $60℃/s$，在 $250℃$ 的解吸温度下，成功测定了浓度为 $200×10^{-9}$ 的 DNT。与装有相同量 Carbopack B 吸附剂、无多孔硅修饰的富集器相比，解吸峰的高度增加了 1 倍。多孔硅的修饰作用不仅提高了吸附剂沉积量，而且使 DNT 的解吸变得更容易、解吸得更完全，富集率更高。该实验结果验证了"多孔硅-Carbopack B"组合的富集器用于检测微量爆炸物的可行性。

6.2.2　格栅型富集器

为了分析室内外空气中浓度低至 10^{-9} 量级的复杂有机混合物 VOCs，Tian 等[14,15]研制了格栅型富集器，以容纳充足的吸附剂颗粒并能快速、均匀地加热解吸。该富集器既可以填充一种吸附剂，做成单级格栅富集器，又可以分段填充若干种不同性质的吸附剂，构成多级格栅富集器，用来富集蒸气压范围跨度很宽的数十种复杂有机化合物。这类富集器具有很高的吸附总量和优良的加热性能，可以实现对复杂有机混合物的有效富集，但制造工艺复杂，功耗较高。

6.2.2.1　单级格栅富集器

单级格栅富集器采用厚硅片加工，通过将中心区域的硅片刻穿，制成高深宽比的方形（3mm×3mm）格栅阵列，四周是硅框架。阵列中每条硅栅的尺寸为：深 $520μm×宽50μm×长3000μm$，相邻两条硅栅相距 $220μm$，构成填充吸附剂颗粒

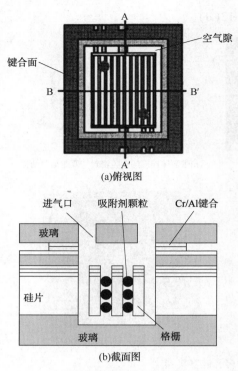

(a)俯视图

(b)截面图

图 6-13　单级格栅富集器[14]

的沟道，上下用 Pyrex 玻璃密封。格栅本身用作加热元件，与四周的硅框架之间留有 500μm 宽的空气隙以增强绝热。通过在玻璃底盖内侧刻蚀凹槽，使格栅底部与玻璃底盖之间保持 40μm 的间隙。该富集器的特点是格栅既用来容纳吸附剂材料，又兼作加热元件。高深宽比的格栅阵列不仅具有大的空间容积，能够容纳大量吸附剂，获得足够高的吸附总量；而且具有大的加热面积和多重垂直向的加热面，位于每条沟道内的吸附剂颗粒都被加热元件所包围且紧贴加热面，加热效率高，确保了吸附剂快速而均匀地受热，使分析物解吸更完全。单级格栅富集器结构见图 6-13，采用双面抛光的 p 型 (100)硅片制造，内填 1.8mg Carbopack X（粒径 180～220μm，比表面积 250m²/g）吸附剂颗粒，用于富集蒸气压范围在 29～95mmHg 的分析物。

研究发现，在富集器工作过程中，于热解吸循环的初期停止载气流动，有助于解吸峰变尖和富集率提高。因为在停流阶段，被吸附剂捕集的化合物受热后逐渐解吸出来积累在气相中，起到了聚焦的作用。当停留时间由 0s 增加到 25s 时，苯的半峰宽由 3.7s 减小为 0.8s，富集率则由 1200 增大到 5600。

6.2.2.2　多级格栅富集器

要实现对蒸气压范围横跨 4 个量级(0.04～231mmHg)复杂有机物的有效富集，仅靠一种吸附剂远不能满足需要，须将多种不同性质的吸附剂联合使用。这就要求富集器必须具有更大的吸附剂容纳量和对不同性质吸附剂均匀加热的能力。为满足上述要求，发展了三级格栅富集器。

该器件由 3 组格栅构成，每组格栅的沟道内填充一种不同性质的吸附剂，用一个薄的硅盖片密封，见图 6-14。以直径 100mm、厚 475μm、双面抛光的 p 型 (100)硅片为原料，采用 DRIE 工艺分别加工格栅和盖片。每条硅栅的尺寸设计为：深 380μm×宽 50μm×长 3000μm，间距 220μm。沿气流方向分别填充 3 种比表面积依次增加的碳吸附剂，用来捕集不同挥发度的化合物。富集器的第一级由 16 条沟道组成，装有 1.6mg、比表面积 100m²/g 的吸附剂 Carbopack B，捕集蒸气压范围在 0.01～29mmHg 的化合物；第二级由 9 条沟道组成，装有 1mg、比表

面积 $250m^2/g$ Carbopack X，捕集蒸气压范围在 $29~95mmHg$ 的化合物；第三级由 6 条沟道组成，装有 $0.6mg$、比表面积 $1000m^2/g$ 的 Carboxen 1000，捕集蒸气压范围在 $95~231mmHg$ 的化合物。这种布局使挥发性差的有机物被比表面积小的吸附剂捕集；易挥发的有机物被下游两种具有更大比表面积的吸附剂所捕集，因而该富集器可以捕集挥发性跨度很宽的复杂有机混合物。此外，根据样品所需的吸附容量，可以调整吸附剂的填充密度以及格栅的深度。

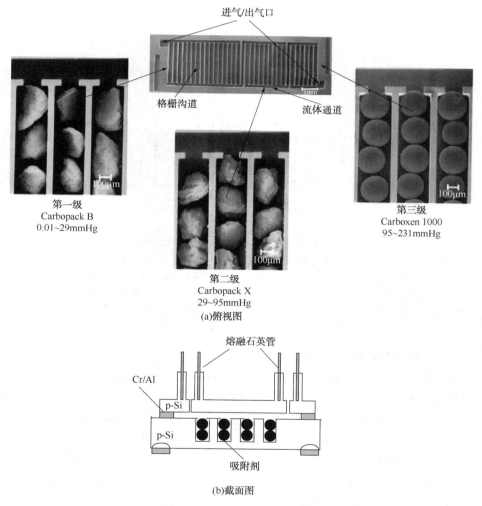

图 6-14 三级格栅富集器[15]

该三级格栅富集器在死体积、热容、加热效率和压力降等方面都得到了改进，性能显著优于单级格栅富集器。测试结果显示：与单级格栅富集器相比，死体积由 $8.16\mu L$ 下降为 $2.62\mu L$/级，加热速率由 $18℃/s$ 提高到 $100℃/s$，功耗由

2.1W 降至 0.8W/级，压力降由 13.80kPa 降至 2.11kPa/级。该器件用于气相色谱系统前端，已成功实现了对 30 种常见有机物蒸气的高效捕集、解吸和高分辨分离，蒸气压范围跨越了从最不易挥发的 3-辛酮(1.3mmHg)到最易挥发的丙酮(231mmHg)，所有组分的半峰宽均小于 2.05s，且解吸率均为 100%，色谱图见图 6-15。

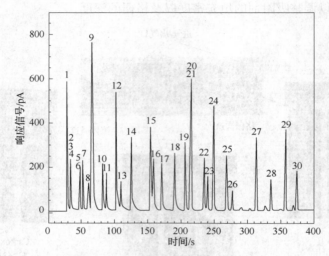

图 6-15　30 种有机物蒸气的富集-色谱分离图[15]

1—异丙醇；2—丙酮；3—2-甲基呋喃；4—乙酸乙酯；5—2-丁醇；6—1,1,1-三氯乙烷；7—正丁醇；
8—二氯乙烯；9—苯；10—三氯乙烯；11—2,5-二甲基呋喃；12—2,4-二甲基己烷；
13—3-甲基-1-丁醇；14—甲苯；15—正辛烷；16—四氯乙烯；17—醋酸正丁酯；18—氯苯；
19—乙苯；20—间二甲苯；21—对二甲苯；22—苯乙烯；23—2-庚酮；24—壬烷；25—异丙苯；
26—α-蒎烯；27—三甲基苯；28—3-辛酮；29—八甲基环四硅氧烷；30—右旋-柠檬烯

6.2.2.3　带绝缘膜的格栅富集器

为检测空气中 10^{-9} 量级的苯，Ruiz 和 Ivanov 等[16,17] 研制了一款带有绝缘膜的格栅富集器，见图 6-16。其结构设计为：将硅片的中心区域刻穿，构成容纳吸附剂的悬空式格栅阵列，四周是硅框架，二者之间有 500μm 宽的空气隙，硅结构的顶部和底部用玻璃盖密封。该器件中格栅并不用作加热器，而是在格栅上制备多晶硅电阻器进行加热和测温。此外，在悬空的格栅阵列四周增加了一层连接硅框架的氧化物/氮化物绝缘膜，以提高结构的坚固性，还通过减小硅玻间的接触面积降低热容，提高绝热效果。

该富集器的容积为 3.8mm³，格栅面积 3mm×3mm，每条硅栅的尺寸为：深 520μm×宽 40μm×长 3000μm，间距 230μm。采用直径 100mm、厚 520μm、双面抛光的 p 型(100)硅片为原料加工。首先在 1100℃下两面生长 400nm 厚的氧化物层，接着 LPCVD 沉积 300nm 厚的氮化硅薄膜，用于定义环绕格栅阵列的绝缘膜，

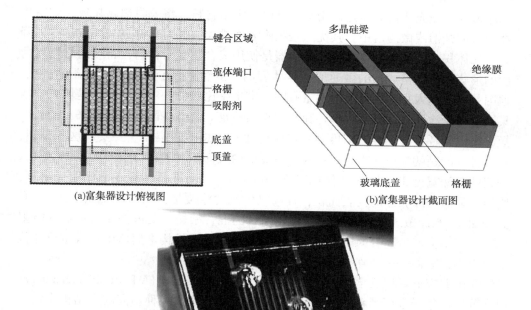

(a)富集器设计俯视图

键合区域
流体端口
格栅
吸附剂
底盖
顶盖

多晶硅梁
绝缘膜

玻璃底盖
格栅

(b)富集器设计截面图

(c)富集器实物照片

图6-16 带绝缘膜的格栅富集器[16]

并向氮化硅层注入一定剂量的硼离子调节应力。然后用480nm厚的磷掺杂多晶硅定义加热元件,上面再沉积500nm厚氧化物层以实现与铝焊盘的绝缘。利用两步DRIE工艺加工悬空的格栅阵列。第一步在硅片正面刻蚀30μm深;第二步由背面刻蚀并将硅片刻穿。由于格栅四周加固了一层绝缘膜,使加工成品率高达90%。Pyrex 7740玻璃用作富集器的密封盖片。为确保气体在格栅下流动以及改善绝热,在玻璃底盖上刻蚀出50μm深的十字形凹槽。该结构使硅玻间的接触面积由平面底盖的1.6mm²减小至十字形底盖的0.21mm²。最后,在玻璃顶盖上刻蚀流体连接,与硅片阳极键合。

性能测试表明,该器件的加热功效由平面底盖的0.25℃/mW提高到十字形底盖的0.39℃/mW,加热至250℃的功耗小于600mW,且整个结构的温度均匀性在95%以上。填充390μg的Carbopack X(60~80目)吸附剂时,对苯的富集率为40,检出限降至150×10^{-9}。

6.2.3 柱阵型富集器

根据吸附材料引入方式的不同,可将微型气体富集器分为两种类型:填充式和涂覆式。填充式富集器是使用颗粒型固体吸附材料，将吸附剂颗粒填充到富集器的微型开槽或微沟道中。其优点是吸附表面积大、吸附总量高，缺点是压力降大、死体积大、功耗高。涂覆式富集器是使用聚合物吸附材料，将吸附材料以薄膜的形式涂覆在富集器的微通道或腔体表面。虽然克服了填充式富集器的缺点，但因其表面积太小，使得吸附总量有限，富集率比较低。可见，无论是填充式富集器，还是涂覆式富集器，都存在着优点与不足。若能将两者结合起来，扬长避短，发挥其各自的优势，则可制备出性能比较理想的富集器。要实现这一设想，最关键的问题就是设法提高涂覆式富集器的内表面积。若在富集器的腔体中嵌入密集的高深宽比 3D 微结构（例如微立柱阵列），然后在微结构表面涂覆吸附剂，则能够显著增加腔体的内表面积，提高吸附剂的涂覆量，从而产生填充式（具有大表面积）与涂覆式（具有低压力降）相结合的混合架构，既可提高富集器的吸附总量，又不会产生显著的压力降，这就构成了在三维结构富集器中占有重要地位的一大类富集器——柱阵型富集器。

美国弗吉尼亚理工学院和州立大学 VT MEMS 实验室（VT MEMS Laboratory）对柱阵型富集器进行了系统研究，探索了在腔体中嵌入多种不同的微结构来增大其内表面积，并指出：影响富集器性能的重要因素是嵌入 3D 微结构的几何形状、尺寸、间距、排列方式等。他们分别研究了几何形状为正方形、圆形、弧形、马耳他十字形、抛物面形的 3D 微结构，并采用不同的方法在 3D 微结构表面涂覆或制备吸附材料：喷墨打印 Tenax TA 薄膜、化学沉积 Tenax TA 薄膜、化学沉积 Tenax TA 颗粒、电镀沉积金薄膜、层层自组装沉积纳米颗粒等，研制出多款柱阵型富集器[18-29]。除此之外，其他研究者也报道了不同类型的柱阵富集器及相关的工作。

6.2.3.1 十字柱阵富集器

（1）富集器的结构

Alfeeli 等[18]报道的第一款柱阵型富集器采用的是十字柱阵。该富集器腔体内嵌入的 3D 微结构为交叉排列的弧形立柱，单个立柱尺寸 $27\mu m \times 115\mu m \times 240\mu m$，间距 $40\mu m$，相邻立柱彼此垂直排列，构成十字柱阵。硅片正面刻蚀腔体结构和流体端口，背面制备 Pt 电阻加热器，利用喷墨打印技术将吸附剂 Tenax TA 涂覆在立柱表面，通过硅片与玻璃盖片之间进行阳极键合密封器件，见图 6-17。该富集器加工工艺简单，只需要两个掩膜，一个用于图形化微结构；另一个用于图形化加热器和温度传感器。加工过程如下：

首先在 4in 硅片上将十字柱阵和流体端口图形化，随后用 DRIE 工艺刻蚀硅片，形成 $240\mu m$ 深的 3D 微结构。利用喷墨打印的方法将吸附剂 Tenax TA 的二氯甲烷稀溶液涂渍到刻蚀的 3D 微结构中，溶剂挥发后，在微结构表面形成高覆盖度且厚度均匀的 Tenax TA 薄膜。接下来进行硅玻阳极键合，密封器件。在硅片背面用 PECVD 工艺沉积氧化物层，然后蒸发 20nm/40nm 厚的 Ti/Pt 层，采用剥离工艺图形化，制备电阻加热器和温度传感器。切割芯片，两端安装去活熔融石英毛细管。所得硅玻芯片的外部尺寸为 7mm×7mm，腔体内含有 3500 多个微型立柱，使其总内表面积达 200mm^2，容积约 6.5μL，其面积/体积比值（S/V）约 31/mm。

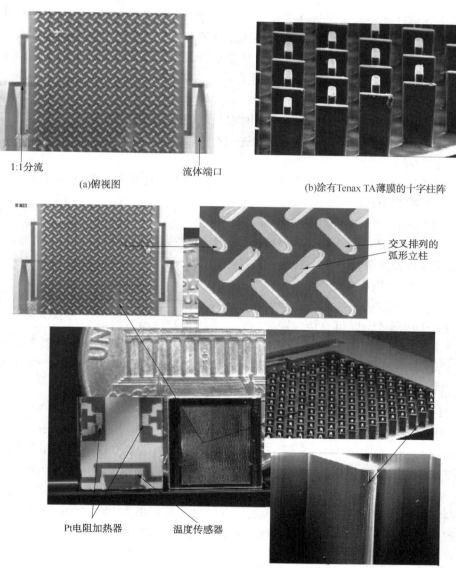

(a)俯视图　　　　　　　　　　　(b)涂有Tenax TA薄膜的十字柱阵

(c)器件正面、背面及3D微结构放大图

图 6-17　Tenax TA 薄膜作吸附剂的十字柱阵富集器[18]

在选择嵌入 3D 微结构的几何形状时，考察了横截面为正方形、圆形、弧形三种立柱形状，设置立柱宽度和高度相同，计算得出弧形立柱的表面积以及面积/体积比最大，故将 3D 微结构设计为交叉排列的弧形立柱阵列，即十字柱阵。还利用计算流体动力学（CFD）仿真的方法，研究了整齐排列的正方形柱阵与十字柱阵以及单、双进气/出气口布局对富集器性能的影响，结果表明：①在整齐排列的正方形柱阵中，由于方柱存在尖角，会在垂直于流动方向的立柱间形成流体停滞区域，造成有一半的柱面不能与样品分子发生有效作用，从而使有效吸附表面大幅减少；而在十字柱阵中，尖角已变平滑，流体以曲折模式流动，确保了在所有方向上流速均匀，并使吸附表面最大化。②采用双进气/出气口设计时，会使流体在立柱阵列中的流动更加均匀，且立柱与流过的样品分子间会产生更多的相互作用。实验表明，采用双进气/出气口设计获得的富集率比单进气/出气口更高。基于上述仿真结果，证明具有双进气/出气口的十字柱阵结构是 μPC 更好的设计选择。

以正壬烷为样品，对涂有 Tenax TA 薄膜的十字柱阵富集器进行了测试，获得的富集率为 1000。

（2）Tenax TA 吸附剂的性能

Tenax TA 是一种多孔性有机聚合物，具有较强的热稳定性（高达 350℃）、良好的疏水性及抗氧性等突出特性，被广泛用作吸附材料、色谱固定相或担体，也常用作 μPC 的吸附剂。

市售的颗粒吸附剂 Tenax TA 是部分结晶的玻璃状聚合物，在 μPC 中可采用不同的使用形式。既可直接以颗粒填充，也可通过涂覆以溶液结晶的形式或薄膜的形式使用。为探索不同使用形式间 Tenax TA 的性能差异，Alfeeli 等[19] 对薄膜形式的 Tenax TA 吸附剂进行了深入研究。所用 μPC 的结构以及 Tenax TA 的涂覆方法同文献[18]，见图 6-18。研究结果如下：

1）Tenax TA 的物理特性

用 BET 气体吸附法测定了吸附剂样本 Tenax TA（80~100 目，Sigma-Aldrich）的比表面积，测定值为 20m²/g。用扫描电镜（SEM）研究了 Tenax TA 的结构，显示该聚合物颗粒的平均尺寸为 200μm。其中的大部分颗粒呈现出高孔隙度，但也有一些颗粒只具有部分多孔性。从高倍放大的 SEM 图像进一步观察到，该聚合物颗粒由高度伸长和缠结的微粒构成，微粒之间的距离为 100~300nm，该数值与制造商给出的平均孔径 200nm 一致。还观察到这些微粒本身至少在纳米尺度上不是多孔的。

2）Tenax TA 的吸收方式

聚合物对有机化合物的吸收存在多种机制或几种机制的组合，例如：固相溶解、孔隙填充、晶格空隙填充等，参见图 6-19。了解 Tenax TA 薄膜的吸收机理对于其吸附性能的优化至关重要，为此，对 Tenax TA 薄膜可能存在的上述三种吸收方式需要进行深入研究。

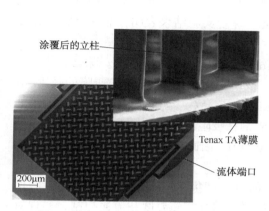

图 6-18 μPC 微结构的 SEM 图像[19]

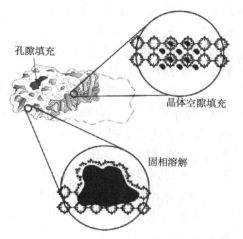

图 6-19 聚合物吸收有机物的机制示意图[19]

首先测试 VOCs 在 Tenax TA 薄膜上的固相溶解。假设聚合物的溶胀与固相溶解量成正比，通过测量 Tenax TA 暴露于 VOCs 前、后的薄膜厚度可以判断其溶胀程度，进而了解固相溶解情况。结果显示，样本在暴露前、后无明显差异，表明固相溶解不是 Tenax TA 薄膜的主要吸收方式。

又通过测定 Tenax TA 薄膜的孔隙率来考察孔隙填充吸收方式。利用 BET 气体吸附法测定了相同条件下制备的 3 种浓度（1mg/mL，5mg/mL，10mg/mL）Tenax TA 薄膜的孔隙率，结果表明，膜的比表面积与溶液浓度成反比。因溶剂被认为是构成 Tenax TA 晶格的一部分，故低浓度溶液产生的膜比高浓度溶液具有更大的表面积。假设孔隙填充是其主要吸收方式，那么低浓度下的薄膜应该具有更强的吸附能力。事实是否如此，有待于后面的实验进一步验证。

用扫描电镜对 Tenax TA 薄膜进行了表征，发现薄膜的形貌会随沉积条件的不同而发生较大变化，即使在相同的沉积条件下，薄膜的形貌也不一致。此外，每个样本膜的孔隙率也各不相同。为何在相似的涂膜条件下会得到不同相组成的薄膜？这仍然是个未解之谜。

3）Tenax TA 薄膜的吸附性能

采用烷烃、酮类、醇类等有代表性的 VOCs 样品，对 Tenax TA 薄膜的吸附性能进行了评价，旨在验证孔隙填充是否为 Tenax TA 薄膜的主要吸收方式。

在相同条件下制备了涂覆 3 种浓度（1mg/mL，5mg/mL，10mg/mL）Tenax TA 薄膜的 μPCs，分别测定其对正构烷烃（$C_6 \sim C_{12}$）样品的吸附量。结果显示，解吸样品浓度(代表吸附量)与吸附剂的涂膜浓度成正比,即高浓度溶液产生的薄膜表现出了更强的吸附能力。这与前面 BET 分析中假设的结果不一致,表明孔隙填充不是 Tenax TA 薄膜的主要吸收方式。由于 BET 分析中没有考虑晶体空隙内的吸附,只考虑了在表面形成单分子层所需的分子数,由此推测,Tenax TA 薄膜对 VOCs 的吸收应该归因于晶体空隙填充。综合实验结果表明,晶体空隙填充是 Tenax TA 薄膜的主要吸收方式。

实验数据还表明,Tenax TA 的涂膜浓度越低,解吸效率越高。除己烷外,对 VOCs 样本的平均解吸效率约为 99.5%。该研究测得的 Tenax TA 薄膜的吸附/解吸数据与其他文献报道的 Tenax TA 颗粒的结果一致。基于上述试验结果,得出如下结论:以薄膜形式使用的 Tenax TA 吸附剂在吸附性能上与颗粒形式间无明显差异。鉴于薄膜形式的 Tenax TA 更容易涂覆均匀,因而在 μPCs 使用中更占优势。

(3)选择性富集的操作方式

为了实现对复杂混合物中痕量组分的有效富集,Alfeeli 等[20]对富集器的操作方式进行了探索,提出了利用富集器串联及结合实施温度和流速控制,实现对复杂样品中感兴趣组分进行选择性富集的新技术。根据吸附作用与气体流速和温度呈负相关原理,利用化合物的吸附量与其沸点之间的关系,通过控制温度和采用两步富集,除去不需要的物质或干扰物质,从而实现对感兴趣组分的选择性富集,以提高目标分析物的检测灵敏度和测定精度。

制备了十字柱阵富集器,其主要参数为:弧形立柱尺寸 $30\mu m \times 120\mu m \times 240\mu m$,间距 $80\mu m$;硅玻芯片外部尺寸 $7mm \times 7mm \times 1mm$,容积约 $6.5\mu L$;富集器内涂覆 Tenax TA 薄膜,对异丙醇的富集率大于 10000。进行选择性富集的具体操作过程如下:

采用两个相同的十字柱阵富集器 μPC1 和 μPC2 构成串联模式。首先将两个富集器的温度均保持在 60℃,以使低沸点物质的吸附最小化,如图 6-20(a)所示。接下来,将 μPC2 冷却至 35℃,然后将 μPC1 加热至 150℃,则中等沸点物质会从 μPC1 转移到 μPC2 上,如图 6-20(b)。此时,将气流方向反转,μPC1 被加热到 250℃,其吸附的高沸点物质释放排出,如图 6-20(c)。再将 μPC1 冷却至 35℃,μPC2 被加热至 150℃,将其吸附的中等沸点物质反向转移给 μPC1。此时,μPC1 只含有中等沸点物质,而 μPC2 只含有高沸点物质。再将气流方向反转,μPC2 被加热至 250℃,将其中高沸点物质释放排出。最后,μPC1 被加热到 250℃,将其吸附的中等沸点物质解吸出来送入色谱柱,如图 6-20(d)。

利用该操作方式对麻醉病人呼出气中的麻醉剂异丙酚进行了选择性富集试验,结果表明,富集后的样品中,异丙酚对 C_{14} 的相对浓度从 50%(使用单个富集器)提高到了 99.8%,并且除去了 99.9% 的类水溶剂 1-丙醇,为后续的 GC 分析创造了有利条件。由此证明了该选择性富集操作方式的有效性。

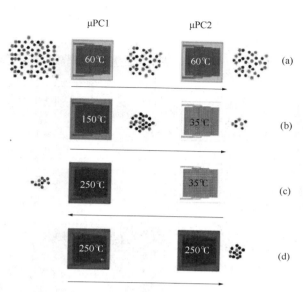

图 6-20 选择性富集的操作过程示意图[20]

（4）选择性吸附材料

在选择性吸附材料的研究方面，Alfeeli 等[21]提出以电沉积在富集器 3D 微结构表面的金薄膜作吸附材料，选择性富集呼出气中痕量麻醉剂异丙酚，消除基质的干扰。富集器结构仍采用十字柱阵型，加工过程如下：

首先用标准光刻工艺将设计图形转移到硅片上，接着用 DRIE 工艺刻蚀图形化的硅片，刻蚀深度达 250μm 后，用氧等离子体将残留在微结构垂直侧壁上的碳氟化合物清除干净，然后进行磷掺杂和金薄膜沉积。于 950℃下实施磷扩散6h，使硅片表面形成 2μm 深的磷掺杂层，随后利用脉冲电镀工艺在浓磷掺杂（n$^+$）的硅微结构表面直接沉积一层金薄膜。为了在电镀过程中获得均匀分布的金离子，电镀浴的温度需维持在 55℃，搅拌速度 200r/min。以镀铂钛网作阳极，其面积需比阴极（掺杂硅片）大得多（尺寸至少两倍于阴极），以获得均匀电场。阴极与阳极间距为 2cm，两电极之间施加的电流由脉冲发生器控制，调节合适的脉冲宽度和脉冲周期，在硅微结构表面沉积一层 350nm 厚的金薄膜。这种硅表面的无籽晶脉冲电镀金薄膜技术，为获得低粘附强度、大比表面积的金薄膜提供了一个简单方法。该步骤获得的金薄膜与硅片之间的粘附力较弱，这有利于接下来的金膜图形化，而随后的阳极键合过程可使金薄膜进一步稳固。完成金薄膜沉积和图形化之后，将硅片与 Pyrex 7740 玻璃盖片阳极键合，键合温度和压力分别控制在 350℃和 2kPa。通过低于 Si-Au 共晶温度（365℃）下的键合过程进行热退火，可显著改善金薄膜与掺杂硅片间的粘附性，从而使电镀金膜更加稳定。器件制造的最后一步，是在硅片背面的 PECVD 氧化物上图形化 Ti/Pt 薄膜电阻加热器和温度传感器。切割硅片，在流体端口接上熔融石英毛细管，制备成金薄膜吸附材料的 μPC，见图 6-21。

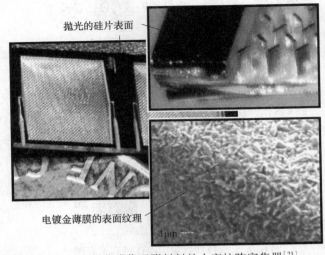

抛光的硅片表面

电镀金薄膜的表面纹理

1μm

图 6-21　金薄膜作吸附材料的十字柱阵富集器[21]

　　为了对所研制的器件进行初步评价，将 $125×10^{-6}$ 异丙酚加入由 $250×10^{-6}$ 的正庚烷（C_7）、$250×10^{-6}$ 的正辛烷（C_8）、$500×10^{-6}$ 的正壬烷（C_9）和 $750×10^{-6}$ 的正癸烷（C_{10}）组成的混合物中（这是正常人呼出气中发现的一些 VOCs 物质），以 1-丙醇作溶剂代替呼出气中存在的水蒸气。通过比较金薄膜 μPC 使用前后的色谱分离图进行评价。作为参考，图 6-22（a）示出了未使用 μPC 富集的呼出气代表性混合物的分离情况，图中明显可见巨大的 1-丙醇溶剂峰，而目标物异丙酚的峰信号十分微弱。样品中大量溶剂 1-丙醇（或呼出气中的水蒸气）的存在，可通过使吸附材料饱和而造成在富集过程中过早出现吸附穿透，它还可以使测定过程的检测器饱和，从而对分析结果产生不利影响。因此，通过选择性富集来消除干扰，对于实现高性能分析十分必要。

　　图 6-22（b）显示了使用金薄膜 μPC 从代表性呼出气混合物中选择性富集痕量异丙酚的结果，可见电沉积金薄膜对异丙酚表现出了优于其他非极性化合物的吸附特性。Alfeeli 等认为，该结果可能的机制是极性吸附，因为电沉积的金薄膜显示出对极性化合物高的亲和力。因此，异丙酚在电沉积金薄膜上的吸附可归因于苯酚衍生物麻醉剂和金薄膜之间的极性作用。还测定了该实验条件下富集器对异丙酚的富集率，约为 100。

　　研究结果表明，研制的金薄膜作吸附材料的十字柱阵富集器，通过选择性富集样品中的目标分析物而除去了共存的大量基质或干扰物，使得吸附材料上能有更多的吸附表面用于吸附目标分析物，提高了富集率，同时也放宽了对后续分离和检测阶段的苛求，具有实际意义。

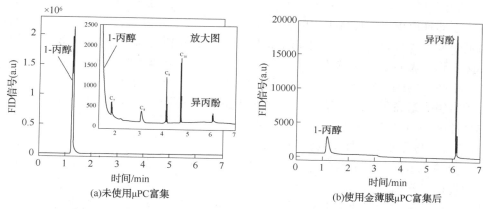

图 6-22 金薄膜 μPC 使用前后呼出气代表性混合物的色谱图[21]

（5）金薄膜吸附材料兼作加热器

在金薄膜用作吸附材料的基础上，Alfeeli 等[22]又探索了金薄膜兼作电阻加热器的十字柱阵富集器，见图 6-23。基于金薄膜吸附材料本身具有的自加热能力，故无须在器件上额外制备其他加热器，这样可以简化加工步骤和降低制造成本。该富集器的大部分加工过程与文献[21]相同，只是在完成硅玻阳极键合后，不必再于硅片背面制备 Pt 电阻加热器，而是直接切割硅片获得单个器件，在流体端口接上熔融石英毛细管。使用导电胶进行金薄膜-导线间的电气连接，用低电阻导线将金薄膜直接连接到稳压电源上，如图 6-23（b）所示。该自加热吸附材料可提供快速的热解吸、均匀的加热分布和短的循环周期，因而提高了解吸效能，降低了功耗，简化了制造工艺。

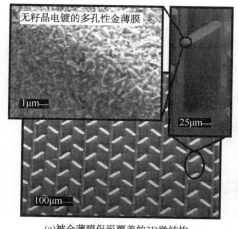

(a)被金薄膜保形覆盖的3D微结构

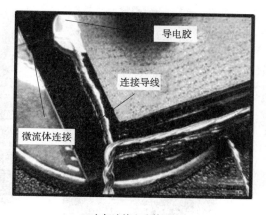

(b)电气连接和流体连接

图 6-23 金薄膜吸附材料兼作加热器的十字柱阵富集器[22]

对该富集器的加热性能测试表明，通电后随着金薄膜的自加热，被其吸附的分子立即释放出来，形成尖锐的解吸峰，其陡峭的上升边缘表明了金薄膜的热能向吸附分子的有效转移；而在关闭加热电源的同一时刻，观察到了解吸峰信号的突然下降，表明了吸附膜的快速冷却。为了评估该金薄膜的吸附性能，以1-丙醇、甲醇、丙酮为样品测定了富集率，数值分别为810、6156、405，发现其对甲醇的富集率远高于其他样品，表明金薄膜会优先吸附甲醇，但有关电沉积金薄膜选择性吸附的机制还有待做进一步研究。

6.2.3.2 马耳他十字柱阵富集器

为进一步提高富集器腔体的面积/体积比，Alfeeli 等[23]对嵌入腔体的 3D 微结构设计了新的几何形状——马耳他十字形（Maltese-cross）。与其他基本几何形状的立柱相比，马耳他十字形立柱具有更大的表面积。在富集器腔体内嵌入交错排列的马耳他十字柱阵，然后涂覆 Tenax TA 吸附材料，制备了马耳他十字柱阵富集器。加工过程如下：

采用标准光刻技术图形化，以 DRIE 工艺刻蚀硅片，形成刻蚀深度为 $300\mu m$ 的 3D 微结构，单个马耳他十字形立柱的高度为 $300\mu m$、底面积 $0.0008mm^2$、表面积 $0.120mm^2$，相邻立柱间距为 $10\mu m$。由于常规粒状吸附剂的颗粒相对较大，不适用于该微结构，需采用合适的方法将 Tenax TA 颗粒涂覆到富集器中。先将 Tenax TA 颗粒溶于二氯甲烷溶剂中，制成浓度为 $10mg/mL$ 的溶液，然后把刻蚀好的硅片浸入该溶液中，再将硅片浸入甲醇中。通过该过程可使 Tenax TA 从溶液中重新沉淀出来并覆盖在微型立柱的表面，从而实现了 Tenax TA 吸附剂沉积的晶圆级制备。接下来用 Pyrex 玻璃盖与硅片进行阳极键合，切割成单个器件，安装流体端口。见图 6-24。所得马耳他十字柱阵富集器芯片的外部尺寸为 12mm×12mm。

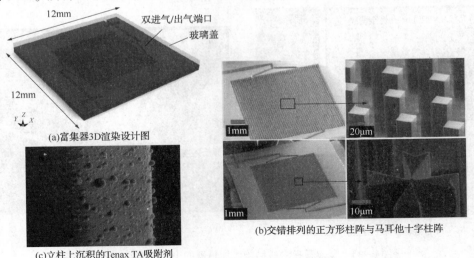

(a)富集器3D渲染设计图

(b)交错排列的正方形柱阵与马耳他十字柱阵

(c)立柱上沉积的Tenax TA吸附剂

图 6-24　马耳他十字柱阵富集器[23]

为进行对照试验，他们同时制备了腔体内嵌入正方形立柱的柱阵富集器，立柱尺寸为 $50\mu m \times 50\mu m \times 300\mu m$，见图 6-24(b)。系统考察了立柱形状、间距、排列方式对富集器性能的影响，以正壬烷为样品进行测试，结果显示：

① 与正方形立柱相比，马耳他十字形立柱具有更大的表面积，使富集器的性能(以正壬烷解吸峰的浓度计)提高了 27%；

② 当立柱间距从 $100\mu m$ 减小到 $10\mu m$ 时，富集器性能提高了 145%；

③ 与整齐排列相比，交错排列的马耳他十字柱阵富集器的性能提高了 85%。

由此得出结论：无论是富集器的表面积还是气流的流动方式，对器件的富集性能都有着显著影响。

值得指出的是，虽然马耳他十字形立柱能给出更大的表面积，但计算流体动力学仿真结果表明：即便是交错排列的马耳他十字柱阵也显著存在着停滞区域，而停滞区域内的微结构表面被认为不能用于吸附。鉴于此，尽管马耳他十字形立柱比正方形立柱的表面积增加了 72%，但其性能仅提高了 27%。正是由于停滞区域的存在，限制了马耳他十字柱阵富集器性能的大幅度提高。这表明，除了面积/体积比这个参数以外，流体动力学方面也是富集器 3D 微结构设计中应该考虑的重要因素。

该富集器具有较高的吸附总量，可装配在手持式呼吸分析仪中用于富集呼出气中痕量挥发性化合物(癌症生物标志物)。使用马耳他十字柱阵富集器，结合色谱分离柱和 FID 检测器，成功实现了对浓度低至 1×10^{-9} 的癌症生物标志物(戊烷、苯、庚烷、甲苯、辛烷、壬烷、癸烷、十一烷、十二烷、十四烷的混合物)的分析测定。

6.2.3.3　抛物面柱阵富集器

（1）用于呼出气中痕量 VOCs 的富集器

在富集器腔体中嵌入的另一种 3D 微结构是抛物面柱阵[24]。阵列单元由三个抛物面形立柱构成，立柱被设置为反向交错排列结构，使气流沿向前的方向分向两侧流动，而后再将其沿相反方向汇集在一起，见图 6-25(a)、(b)。该柱阵的几何结构和配置遵循了使样品分子与吸附材料之间相互作用最大化的原则，这种连续分流-汇聚的流动方式，有效增强了气流与吸附表面的相互作用，有利于富集器性能的提高。

在设计参数方面，考虑到立柱间距(包括侧面间距和中央间距)影响器件的性能，需进行合理选择。分析认为，高对称比(SR，侧面间距与中央间距的比值)设计意味着中央间距变小，使气流的流动通道变窄，有利于增强分析物分子与吸附表面间的相互作用。计算流体动力学仿真的结果与上述理论分析一致，故宜采用高对称比的间距设计。该富集器芯片外部尺寸为 $12mm \times 12mm \times 1mm$，腔体尺寸为 $7mm \times 7mm \times 0.38mm$，加工过程如下：

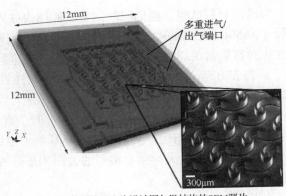

(a)阵列单元(白色箭头为气流方向)

(b)富集器3D渲染设计图与微结构的SEM照片

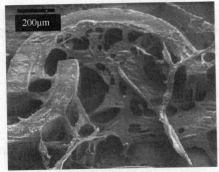

(c)抛物面立柱表面沉积的蛛网状Tenax TA膜

图6-25　蛛网状 Tenax TA 膜作吸附剂的抛物面柱阵富集器[24]

在 4in 硅晶片上光刻微结构和流体端口，用 DRIE 工艺刻蚀硅片，形成 360μm 深的 3D 微结构。然后进行吸附剂的沉积。将 Tenax TA 颗粒溶于二氯甲烷溶剂中，以浓度为 50mg/mL 的吸附剂溶液填充腔体。向吸附剂溶液中加入几滴异丙醇，当 Tenax TA 溶液与异丙醇相接触时，就会转化为蛛网状 Tenax TA 膜。待腔体中的溶剂挥发完毕，整个微结构的表面都被蛛网状 Tenax TA 膜所覆盖，见图6-25(c)。接下来将硅片与 Pyrex 玻璃盖在 1250V 和 300℃ 条件下进行阳极键合，密封器件，在流体端口接上石英毛细管。

性能测试表明，所制备的涂有蛛网状 Tenax TA 膜的抛物面柱阵富集器，对呼出气中 VOCs 的富集效果优于两种固相微萃取装置，实现了对呼出气样品中痕量 VOCs 的成功富集，有望开发为手持式呼吸分析仪。

（2）用于水样 VOCs 的串联富集系统

Akbar 等[25]提出了将蛛网状 Tenax TA 膜抛物面柱阵富集器(蛛网状 Tenax TA 膜-μPC)用于水样 VOCs 富集的实验技术，构建了串联富集系统。由于水不是 GC 分析的理想溶剂，若将水性基质的样品直接注入 GC 系统，会引起诸如柱内固定相饱和与降解等问题，甚至会导致 FID 熄火。为了消除水对分析系统的不良影响，他们探索了将两个微加工的芯片串联起来构成串联富集系统：第一级是微型贮水器芯片，仅用于储存水样；第二级是蛛网状 Tenax TA 膜-μPC 芯片，用于捕集从第一级挥发出来的 VOCs。制备过程如下：

第一级——微型贮水器芯片。器件外部尺寸为 12mm×12mm，腔体尺寸为 7mm×7mm×0.24mm。在 4in 硅片上旋涂光刻胶，曝光、显影后，用 DRIE 工艺刻蚀硅片，获得 240μm 深的腔体和流体端口，清除光刻胶和残余物后，与 Pyrex7740 玻璃盖在 400℃/1250V 下阳极键合，在流体端口安装石英毛细管。

第二级——蛛网状 Tenax TA 膜-μPC 芯片。器件外部尺寸与腔体尺寸同微型贮水器芯片。在 4in 硅片上旋涂光刻胶，图形化后，用 DRIE 工艺刻蚀硅片，获得 240μm 深的抛物面柱阵微结构和流体端口。用二氯甲烷溶解 Tenax TA 颗粒（30mg/mL）并填充腔体，加入几滴异丙醇后，在微结构表面形成蛛网状 Tenax TA 膜。将硅片与 Pyrex 7740 玻璃盖在 320℃/1250V 下阳极键合，密封器件，安装流体端口，见图 6-26。

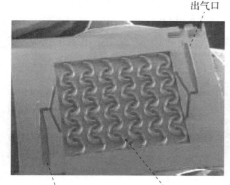
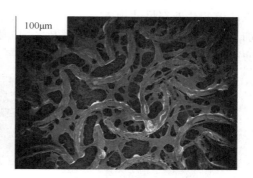

(a)μPC芯片的SEM图   (b)μPC中沉积的蛛网状Tenax TA膜

图 6-26 蛛网状 Tenax TA 膜 μPC[25]

在第一级微型贮水器芯片中加入其容积 1/3 的水样，用零死体积六通阀将第一级与第二级连接起来，构成串联富集系统，如图 6-27 所示。使低压氮气流通过整个富集系统，并保持几分钟。在此过程中，由第一级的水样中挥发出来的 VOCs 被氮气流带入第二级的 μPC 进行富集。完成富集后，将 μPC 芯片接至 GC 系统，快速加热解吸并进行 GC 分析。测试结果表明，该技术成功实现了从水样中提取、富集 VOCs。

在构建的串联富集系统中，位于第一级的微型贮水器相当于一个顶空装置，其中的样品达到气液平衡后，氮气流只将挥发至气相中的组分带入第二级的富集器，而液相中的水不会被带入，这样就实现了水与吸附剂床之间的接触最小化，并由此消除了水对下游色谱系统的不良影响。该法具有简便、快速、廉价的特点，且不会牺牲测定的准确度和精密度，是一种利用 MEMS 技术从水性基质中提取、富集挥发性有机化合物的新方法。该串联富集系统与便携式 GC 结合使用，可进行水样中 VOCs 污染物的现场监测，还可用于从生物样品中提取 VOCs。

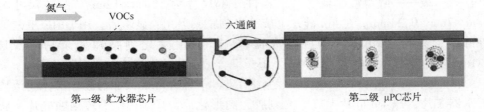

图 6-27　串联富集系统示意图[25]

（3）具高选择性吸附剂的富集器

在临床医学有关麻醉深度的监测研究中，需探索对麻醉剂异丙酚具有高选择性的吸附剂。鉴于金薄膜吸附剂在十字柱阵富集器上对异丙酚表现出的优良特性[21]，Akbar 等[26,27]制备了以金薄膜作吸附剂的抛物面柱阵富集器，见图 6-28。该硅玻芯片外部尺寸为 12mm×12mm×1mm，腔体尺寸为 7mm×7mm×0.24mm，其加工过程分为四个主要步骤：硅片各向异性刻蚀→磷掺杂→直流电镀技术沉积金薄膜→硅玻阳极键合。

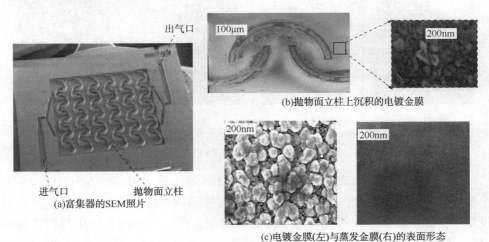

图 6-28　电镀金薄膜作吸附剂的抛物面柱阵富集器[26,27]

在 4in 硅片上旋涂光刻胶并图形化后，用 DRIE 工艺刻蚀硅片，获得 260μm 深的抛物面柱阵微结构和流体端口。接下来用氧等离子体清除残余物，于 950℃ 进行磷掺杂 6h。切割硅片，在 4mA 电流下持续电镀 1min，将金薄膜沉积在微结构表面用作吸附剂。其他加工步骤和条件同文献[21]，获得电镀金膜作吸附剂的富集器芯片。

为了对电镀金膜富集器进行性能评价，另制备了 3 个结构完全相同但吸附剂不同的富集器芯片，分别是：蛛网状 Tenax TA 膜芯片、蒸发金膜芯片以及没有涂覆任何吸附剂的裸芯片(作参比)。分别用上述 4 个富集器芯片对呼出气样品进行了富集试验，结果表明：裸芯片和蒸发金膜芯片不能吸附样品中任何组分；蛛网状 Tenax TA 膜芯片能够吸附异丙酚以及样品中其他组分；电镀金膜芯片只选择性捕集目标物异丙酚而将样品中其他物质滤掉。该富集结果的不同主要源于它们在吸附材料上的差异。蛛网状 Tenax TA 膜芯片吸附了更多的异丙酚，这归因于它腔体内吸附剂的蛛网结构提供了更高的面积/体积比，使吸附剂膜与气体分子有更多的接触，从而增加了吸附机会。但除了目标物异丙酚外，该芯片还吸附了样品中共存的多种其他化合物，说明对异丙酚吸附的专属性不强。

还考察了食物摄入以及受试者变化对吸附性能的影响，结果显示：蛛网状 Tenax TA 膜芯片对于食物摄入前后或不同受试者的呼出气样品，异丙酚的峰面积有显著差异。分析认为，这种差异是由于食物消化和代谢引起的呼出气中 VOCs 模式发生变化造成的。食物摄入使产生的呼出气中 VOCs 的量增加，它们与异丙酚对吸附剂表面有限吸附位点的竞争，致使 Tenax TA 对异丙酚的吸附量发生改变。一种化合物在 Tenax TA 上的吸附会受共存的其他化合物的影响，这使得 Tenax TA 吸附剂对不同受试者或不同呼吸条件下的异丙酚定量不准确。这一点也被实验所证实。可见，蛛网状 Tenax TA 膜芯片虽然对异丙酚有较强的吸附能力，但由于受到样品中共存物质的影响，导致定量不准确，故不适用于麻醉深度监测中异丙酚的富集。

试验表明，利用电子束蒸发工艺制备的蒸发金膜不能吸附异丙酚，而电镀沉积的金膜却能够非常有效地捕集异丙酚，这归因于电镀金膜的多孔性和表面粗糙度。不同的沉积方法获得的金膜表面形态有差异，金膜表面结构的改变，导致了其对异丙酚亲和力的不同。蒸发沉积过程在慢速和低压下进行，金膜逐层生长，产生光滑致密的沉积膜；相反，在电镀沉积过程中，固-液界面的受限导致金膜粗糙度增加。该电镀金膜的粒度范围为 250~450nm，孔径约 20~40nm，平均粗糙度约为 6.82nm；而蒸发金膜的粗糙度约为 0.63nm，二者的粗糙度相差一个量级。由于电镀金膜增大了粗糙度和多孔性，因而比蒸发金膜具有更大的表面积。研究表明，尽管两种金膜的化学组成完全相同，但由于它们的表面形态不同，导致对气体的吸附特性有很大差异。故而在吸附剂选择方面需要引起重视的是：对于相同的吸附材料，表面形态的改变对其吸附能力具有深远的影响。

对电镀金膜芯片吸附性能的研究表明：

① 该芯片对呼出气样品中的异丙酚具有高选择性，且不受共存物质的影响；

② 异丙酚峰面积大小取决于样品中异丙酚的初始浓度而与受试者无关；

③ 样品解吸后直接进入 FID 测得的异丙酚峰面积，与先经过分离柱再进入 FID 的异丙酚峰面积相比，两者的差异≤±3%。

由此可见，电镀金膜芯片能够高选择性地捕集呼出气样品中低浓度的异丙酚，且能进行准确定量，适用于麻醉深度监测中异丙酚的富集。由于该芯片对异丙酚吸附的专属性强，解吸气中没有其他干扰物质，故富集器可直接连接检测器而无须色谱柱，使分析速度更快，并可显著降低装置的制造成本及复杂度。电镀金膜富集器芯片的研制成功，取代了先前报道的利用富集器串联和温度控制捕集异丙酚的烦琐方法[20]，将其与 μTCD 集成，有望开发出用于临床麻醉深度监测的手持式异丙酚传感器。

6.2.3.4　正方形柱阵富集器

（1）层层自组装的 SiO$_2$ 纳米颗粒作吸附剂

在有关微型富集器的吸附材料及沉积技术研究方面，Wang 等[28]探索了以 SiO$_2$ 纳米颗粒（silica nanoparticles，SNP）作吸附剂，利用层层自组装（layer-by-layer self-assembly，LbL）技术将其沉积在富集器腔体的 3D 微结构上，制备了正方形柱阵富集器。SNP 具有孔隙率高、比表面积大、热稳定性好（高达 800℃）、热容量低的优良特性；而层层自组装技术具有能获得致密、均匀的涂层，对吸附剂厚度容易控制，成本低廉，可批量加工等优点。两者的结合具有一定优势。制备的器件尺寸为 12mm×9mm×0.5mm，腔体尺寸为 8mm×8mm×0.24mm，内嵌截面为正方形（边长 50μm）的立柱阵列。加工过程如下：

在标准 4in 硅片上旋涂光刻胶、图形化，用 DRIE 工艺刻蚀硅片，获得整齐排列的正方形立柱阵列微结构，切割成单个芯片。用作自组装涂层的材料是浓度 10mmol/L 带正电荷的长链惰性聚烯丙胺盐酸盐（PAH）水溶液和带负电荷的 SNP（直径 40~50nm）悬浮液。PAH 溶液的作用类似于聚合胶，将 SNP 粘附为一层。通过加入 HCl 和 NaOH 溶液，将 PAH 溶液和 SNP 胶体的 pH 值分别调节至 7.0（±0.1）和 9.0（±0.1），以获得最大的表面电荷差异，增强相邻分子层之间的静电结合，同时保持胶体的稳定性。采用自动浸渍系统进行层层自组装的涂覆操作：将刻蚀好的 μPC 芯片浸入 PAH 溶液中保持 2.5min，接着浸入新鲜的去离子水中清洗 1min，重复清洗 3 次；然后将芯片浸入 SNP 悬浮液中保持 2.5min，之后，再浸入新鲜的去离子水中清洗 1min，重复清洗 3 次。这样就完成了 1 次涂覆循环，产生 1 个 PAH/SNP 双分子层涂层。通过重复 10 次该循环过程，制备了 10 个 PAH/SNP 双分子层涂层。涂覆过程示意图参见图 6-29[29]。接下来将涂覆的芯片在丙酮中超声处理 5min，以除去顶面的光刻胶和 PAH/SNP 涂层。将器件置于 500℃ 高温炉内煅烧 4h，该步骤可将 PAH 燃烧除去并使 SNP 更好地融合在一起，形成牢固的 SNP 涂层。最后，将芯片与 Pyrex 7740 玻璃片在 1250V 和 400℃下阳极键合，密封器件。在流体端口安装去活毛细管，用高温环氧树脂密封。

对制备的富集器进行了表征和性能测试，扫描电子显微镜（SEM）图像显示，芯片腔体内高深宽比的 3D 微结构表面，包括立柱侧壁和腔体底部在内，均被致密的 SNP 层保形覆盖，涂层的平均厚度约为 400nm。见图 6-30。以甲苯、氯苯、二甲苯为样品测试富集器的吸附/解吸性能，结果表明，以层层自组装 SNP 作吸附材料的 μPC 芯片对测试样品具有良好的吸附能力，且能产生尖锐的解吸峰。

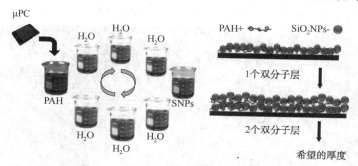

图 6-29　层层自组装涂覆过程示意图[29]

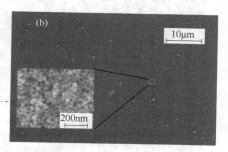

图 6-30　SNP 作吸附剂的正方形柱阵富集器[28]

（2）SNP 涂层修饰的 Tenax TA 作吸附剂

鉴于 SNP 具有的多孔性和纳米特性，在层层自组装的 SNP 作吸附材料的基础上，Akbar 等[29]进一步研究了将其作为常规聚合物吸附剂 Tenax TA 的沉积模板，以 SNP 涂层修饰的 Tenax TA 作吸附剂的微型富集器。腔体内仍嵌入正方形柱阵微结构，首先利用层层自组装技术，在微结构表面沉积 SNP 涂层作为表面模板，然后于 SNP 涂层上再涂渍聚合物吸附剂 Tenax TA，构成 SNP-Tenax TA 复合吸附材料。加工过程如下：

硅片刻蚀以及 SNP 的沉积过程同文献[28]。煅烧步骤完成后，将器件充满

Tenax TA 溶液(10mg/mL–二氯甲烷溶液),待溶剂挥发后,在腔体表面留下聚合物 Tenax TA 薄膜。芯片与 Pyrex 7740 玻璃阳极键合,完成器件密封。为进行比较试验,在相同结构的刻蚀硅片上分别制备了以 SNP、Tenax TA、SNP–Tenax TA 作吸附材料的正方形柱阵富集器,见图 6-31、图 6-32。

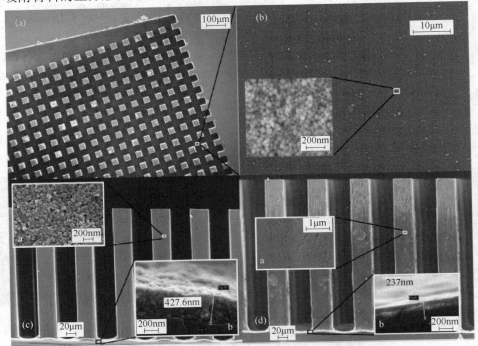

图 6-31 SNP 或 Tenax TA 作吸附材料的正方形柱阵富集器[29]

(a)涂覆 10 个 SNP 涂层的 μPC;(b)μPC 底部 SNP 涂层的俯视图;

(c)立柱侧壁上 SNP 涂层的截面图;(d)立柱侧壁上 Tenax TA 薄膜的截面图

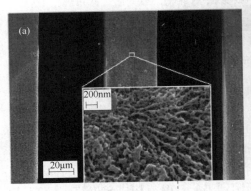

立柱侧壁表面SNP模板上
Tenax TA 涂层的纳米结构

腔体底部SNP模板上Tenax TA
涂层的纳米结构

图 6-32 SNP–Tenax TA 作吸附材料的正方形柱阵富集器[29]

对制备的 μPC 芯片进行了表征，结果显示：

① 裸硅片与涂有 10 个 PAH/SNP 双分子层涂层硅片的粗糙度分别为 0.4nm 和 13nm，正是由于 SNP 涂层的存在，使硅片的表面粗糙度增加了 30 倍。这对其作为表面模板涂覆第二种吸附剂十分有利，见图 6-31。

② 由图 6-31(d)与图 6-32 比较可见，Tenax TA 涂层的形态显著地被其下面的 SNP 模板所修饰。在 SNP 涂层的作用下，其上涂覆的 Tenax TA 吸附材料也形成了纳米结构。由图 6-32，清晰可见 Tenax TA 的纳米"滴"和纳米"条"状三维精细结构。这使得 Tenax TA 涂层的表面积增加，因而提高了吸附容量。研究表明，SNP-Tenax TA 复合吸附材料的吸附容量比单独的 Tenax TA 吸附剂提高了 1/3。这归因于作为表面模板的多孔性 SNP 涂层为 Tenax TA 吸附剂的涂渍提供了更大的表面积，同时 SNP 的纳米结构特性也影响了 Tenax TA 沉积膜的形态，使其也形成了纳米结构的涂层。

为进行性能测试，将涂有 SNP-Tenax TA 复合吸附材料的 μPC 芯片与色谱系统连接，对 8 种常见 VOCs 组分(氯仿、异丙醇、1-丙醇、甲苯、四氯乙烯、氯苯、乙苯、对二甲苯)的混合物进行了测定，结果表明，所制备的微型富集器实现了对混合物中所有组分的成功富集。

该研究将两种吸附材料联合使用，把常规聚合物吸附剂 Tenax TA 沉积到纳米结构的 SNP 模板上，通过创新的纳米颗粒沉积技术来增加吸附剂表面积，为提高富集器的吸附容量和改善器件性能提供了新的思路和方法。在此基础上，相关的延伸研究可在以下几个方面开展：

① 不同粒径 SNPs 对吸附性能的影响。

② 吸附剂厚度及双分子层数目的影响及优化。

③ LbL 技术沉积其他类型的纳米颗粒(如 PbS、TiO$_2$、CdS 等)，以及纳米颗粒性质对 μPC 性能的影响。

④ 官能团化纳米颗粒的研究，以实现对目标分析物的选择性吸附。

（3）化学涂层修饰的 Tenax TA 作吸附剂

Azzouz 等[30]也设计加工了正方形柱阵富集器，并在腔体内制备了化学涂层修饰的 Tenax TA 吸附剂膜。为了增强 Tenax TA 膜在微结构上的粘附强度以及提高膜涂覆的均匀性，提出了先对腔体表面进行化学修饰，再逐层涂覆 Tenax TA 膜的加工工艺。

设计的富集器腔体尺寸为 5mm×5mm×0.25mm，内嵌数千根截面为正方形(边长 20μm)的微型立柱，在进气/出气口区域设有多重导流系统，芯片尺寸 1cm×1.5cm，总容积约 6.5μL，见图 6-33(a)。加工过程如下：

在厚 500μm、双面抛光的硅晶片上，用标准 Bosch-DRIE 工艺刻蚀 250μm 的深度，获得交错排列的正方形立柱阵列微结构。将刻蚀的硅片与加工有进气/出气孔的 Pyrex 玻璃晶片(厚 400μm)阳极键合，密封腔体。在硅片背面溅射沉积 Pt 加热器和温度传感器。接下来进行吸附剂的制备，涂渍装置示意图见图 6-34。首先用六甲基二硅氮烷(HMDS)对富集器内表面进行化学修饰。将 μPC 芯片用 HMDS 溶液完全充满后密封，于 150℃加热 30min，冷至室温，用乙醇清洗，在氮气流下干燥几分钟。随后用 Tenax TA 功能化，制备浓度为 10mg/mL Tenax TA 的二氯甲烷溶液，在压力驱动下使该溶液充满 μPC(冰-水浴环境)，再将芯片转入 75℃的 GC 恒温箱中，使溶剂蒸发 5min。按照上述步骤重复涂渍 9 次，获得 HMDS 修饰的 Tenax TA 吸附剂膜。

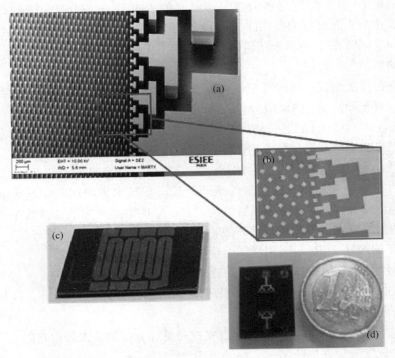

图 6-33　HMDS 修饰的 Tenax TA 作吸附材料的正方形柱阵富集器[30]

(a)硅片上刻蚀的微结构；(b)立柱阵列和导流系统的放大显示；

(c)加热器和温度传感器；(d)加工好的 μPC 芯片

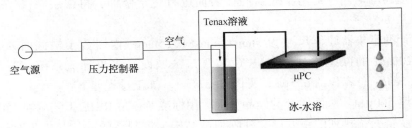

图 6-34　Tenax TA 涂渍装置示意图[30]

对制备的富集器进行了性能测试，其对 BTEX(苯、甲苯、乙苯、二甲苯)的富集率为 18~96。还对化学涂层修饰后的富集效果进行了对比试验，结果表明，经 HMDS 修饰后，该 μPC 对 BTEX 各组分的富集率比修饰前均有显著提高。可见，HMDS 对腔体表面的修饰作用有利于提高富集器的性能。

6.2.3.5 U形柱阵富集器

Zhao 等[31] 报道了 U 形柱阵富集器。为了改善柱阵型富集器腔体内的气流分布，他们将单个立柱结构设计为 U 形，在富集器腔体内嵌入反向交错排列的 U 形立柱阵列。该结构布局所形成的相邻立柱间的复杂通道有助于均化气流，从而可以在腔体内获得均匀的气流分布。另一方面，还可增强样品气与吸附剂之间的相互作用。为了增大腔体的表面积，他们在腔体内表面修饰上高比表面积的硅纳米线(SiNWs)作为涂覆 Tenax TA 的表面模板。SiNWs 的修饰作用显著提高了 μPC 的富集率。加工过程如下：

首先，在硅片上旋涂光刻胶，图形化，用 DRIE 工艺进行刻蚀，获得深度为 300μm 的 3D 微结构。接下来，采用金属辅助化学刻蚀(MACE)法制备 SiNWs。将硅衬底置于 40%HF 溶液中浸泡 10min，去除氧化物层。清洗后，再放入 20mL 40% HF+8mL 0.02mol/L AgNO_3 混合水溶液中保持 5min，以沉积的银作为金属催化剂，在 20mL 40% HF+2mL H_2O_2 的水溶液中刻蚀 2.5min。刻蚀结束后，立即将硅片浸入 68% HNO_3 溶液中，溶解除去覆盖在硅衬底上的银，在腔体内表面获得了原位生长的 SiNWs。将硅衬底与玻璃衬底阳极键合，静态法涂覆 Tenax TA 吸附剂。切割、封装器件。见图 6-35、图 6-36。

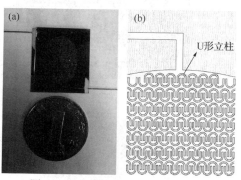

图 6-35 封装的 μPC 芯片照片与
U 形柱阵设计图[31]

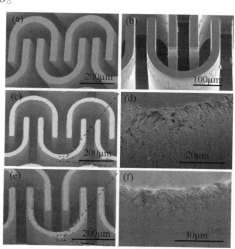

图 6-36 U 形柱阵富集器的 SEM 图[31]
(a)DRIE 刻蚀后；(b)涂覆 Tenax TA 后；
(c)SiNWs 修饰后；(d)生长的 SiNWs 放大图；
(e)涂覆 SiNWs-Tenax TA 后；
(f)SiNWs-Tenax TA 放大图

与未用 SiNWs 修饰、仅涂覆 Tenax TA 的富集器进行了对比，结果表明，经 SiNWs 修饰后的 μPC(SiNWs-Tenax TA)对乙酸丁酯的富集率由修饰前的 67.4 提高至 193.8，作用效果显著。

6.2.3.6 μ-SPME 阵列富集器

Wong 等[32]借鉴固相微萃取(SPME)技术原理，采用 MEMS 技术在富集器腔体内嵌入大量类似 SPME 探针的圆形立柱，构成 μ-SPME 阵列；利用原位合成技术制备碳吸附剂膜，先将吸附剂前体纤维素水溶液动态涂渍到 μ-SPME 阵列表面，再利用高温热解将其转化为多孔性的碳膜，研制了 μ-SPME 阵列富集器。该技术的特点是：以嵌入微加工的 μ-SPME 阵列来增加腔体表面积，提高吸附总量；在器件内直接合成碳吸附剂膜代替商品颗粒吸附剂，避免了碳吸附剂在装填过程中发生破碎和沾染灰尘，且制备的吸附剂膜紧密附着在硅结构上，有利于快速达到热平衡。

硅片上的流体结构设计见图 6-37(a)。进气/出气端口的宽和深度均为 250μm，用于容纳石英毛细管。腔体内是交错排列的 μ-SPME 阵列，探针直径为 100μm、高度为 250μm。将探针的高度设计为与进气/出气端口的深度相同，这样只需一步光刻和 DRIE 工艺就可完成主要流体结构的加工。将刻蚀好的硅片与玻璃盖片阳极键合，使腔体密封。在硅片背面沉积氧化物层作绝缘基板，用标准光刻和金属剥离工艺制备加热器和温度传感器。设置了交替排列的三个加热器和两个温度传感器，均由 50Å/3000Å 厚的 Cr/Au 层构成。切割硅片，器件的外部尺寸为 14mm×4mm。

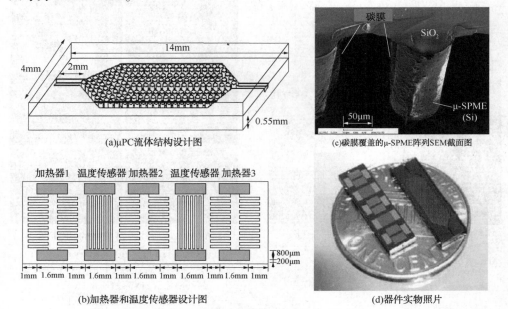

(a)μPC流体结构设计图

(c)碳膜覆盖的μ-SPME阵列SEM截面图

(b)加热器和温度传感器设计图

(d)器件实物照片

图 6-37　μ-SPME 阵列富集器[32]

接下来进行碳吸附剂膜的原位合成。首先是吸附剂前体——纤维素溶液的涂渍：将纤维素溶于去离子水，制成10%（w/v）的溶液，在温和加热与搅拌下使其溶解，当温度冷至室温时其黏度会增加。在蠕动泵作用下使纤维素溶液充满器件腔体，当溶液被抽出后，在腔体壁上和探针表面留下一薄层纤维素黏性涂层。随后进行前体转化：把芯片放入有氮气流持续通过的管式炉中，加热至100℃保持1h，对涂层进行初步干燥，然后以20℃/min的速率将炉温升至600℃，保持2h，之后关闭电源，使炉温冷至室温，氮气流持续通过以维持无氧环境。经称量，该碳吸附剂膜的质量约为2mg。

对制备的碳吸附剂膜进行了表征，由其SEM截面图［图6-37（c）］可清晰看出，碳吸附剂膜紧紧附着在硅探针结构上。测得该碳膜的BET比表面积为308m^2/g，明显高于商品吸附剂Carbopack X的250m^2/g。性能测试表明，该富集器对甲苯的最佳解吸温度为320℃，富集率为13637，功耗为3.6W。对浓度为100×10^{-9}的11种不同挥发度和功能团的VOCs（正戊烷、苯、正丁醇、1,4-二氧六环、甲苯、正辛烷、乙酸丁酯、间二甲苯、乙基苯、2-庚酮、均三甲苯）混合物进行了采样富集和GC分析，所得解吸峰的半峰宽均小于2.6s，可见富集器的存在起到了明显的柱上聚焦作用。

6.2.3.7　加热器制备新技术

微型富集器中用于解吸加热的电阻加热器大多以铂为原料，采用金属蒸发工艺将其制备在硅片背面。除此之外，还出现了一些制备电阻加热器的新技术。

（1）利用银镜反应制备银薄膜加热器

Lin等[33]报道了以银薄膜为加热器的μPC批量加工技术。先以ICP工艺在硅片上刻蚀出十字柱阵微结构和流体端口，然后利用"银镜反应"在微结构表面沉积用作加热器的银薄膜，再于银加热器上热解合成碳吸附剂。将多个μPC芯片在整块硅晶片上串联排列，用于器件的批量加工。

每个μPC设有两个液流端口和两个气流端口，液流端口用于批量加工时料液的进/出口以及后续步骤中的电气连接口。富集器腔体内设有高深宽比、交错排列的十字柱阵，以增大μPC内表面积和样品容量。单个立柱尺寸为100μm×50μm×300μm。将多个μPC在硅片上配置为串联的批量加工结构，见图6-38（a）、（b）。富集器加工过程如下：

1）硅片刻蚀

以厚度为500μm、单面抛光的硅片作基板，采用无须对准的光掩膜和简单的MEMS工艺将设计图形刻蚀到硅片上。首先用光刻胶SPR220光刻，然后用ICP工艺进行微结构的刻蚀，最后将刻蚀好的硅片与Pyrex 7740玻璃盖在400℃下阳极键合，密封结构。

2）加热器制备

首先制备0.5mol/L的AgNO₃溶液，然后向其中逐渐加入14.5mol/L的氨水，

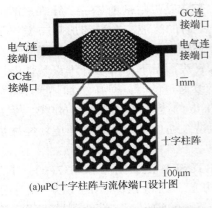

(a)μPC十字柱阵与流体端口设计图

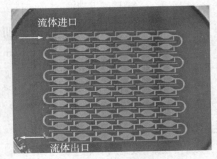

(b)批量加工的μPC在整块硅片上的布局图

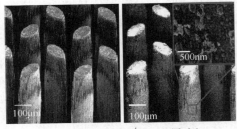

(c)银沉积前后立柱表面的SEM图对比

(d)被银膜和碳吸附剂覆盖的立柱阵列（上）、立柱侧壁上的银薄膜和碳吸附剂（下）

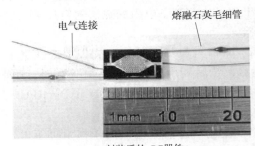

(e)封装后的μPC器件

图6-38　具有银薄膜加热器且批量加工的 μPC[33]

直到生成的沉淀恰好溶解变成透明的银氨溶液，以45%KOH调节溶液的 pH 值为9～10；再配制 0.27mol/L 葡萄糖水溶液用作还原剂。另将 2g SnCl$_2$ 溶于 100mL 稀盐酸(1mol/L)中，制成 0.1mol/L 的敏化溶液。用该溶液预处理微通道2min，以使微通道表面活化，去离子水冲洗后，进行银薄膜沉积。当把银氨溶液与还原剂注入微通道时，就会发生银镜反应，银被还原沉积出来。若将两种试剂同时注入，微通道会被生成的银堵塞，故在银沉积过程中，两种试剂需要交替注入。首先以 0.14m/s 的流速注入银氨溶液2min，然后以相同条件注入还原剂溶液。根据微通道中层流的无滑移条件，银氨溶液在通道表面的流速为零，当随后的还原剂溶液通过液-固界面的质量扩散与银氨溶液混合时，银只会在通道表面还原并沉积为薄膜加热器，故不会堵塞通道。将上述银沉积步骤重复进行 10 次，直到 Pyrex 玻璃盖完全被沉积的银薄膜所覆盖。由图 6-38(c)可见，银沉积前的立柱侧壁上布满了垂直的刻蚀纹理，表面粗糙度高；而银沉积后大部分纹理被填平。利用交替注入反应试剂的方法进行银沉积，在微通道内获得了均匀的银薄膜，其平均厚度约为 15μm。

3）吸附剂制备

银薄膜沉积后，将 2.4% 纤维素溶液注入 μPC，使银加热器表面涂覆一层纤维素膜。经 500℃ 下加热 2h 进行碳化处理后，在银加热器表面形成了一层用作吸附剂的多孔非晶碳膜，且 μPC 的整个内表面都被均匀的碳吸附剂膜完全覆盖，提供了高的吸附容量，见图 6-38(d)。

4）器件封装

吸附剂制备完成后，将 μPC 芯片切割成单个器件进行封装。μPC 的两个液流端口用作银加热器与 Pt 导线的电气连接；两个气流端口安装熔融石英毛细管，封装后的 μPC 器件见图 6-38(e)。

对批量加工的 μPC 进行了性能测试，结果表明，银薄膜加热器在 5W 的功率下升温速率为 60℃/s，可在 5s 内加热至 300℃。该法制备的加热器具有更大的加热面积和更小的热容量，其升温速率更快、温度分布更均匀。因碳吸附剂被原位合成在银薄膜加热器的表面，由加热器产生的热量直接转移到吸附剂上，故解吸速率更快。对 $10×10^{-6}$ 的 4 种 VOCs（丙酮、苯、甲苯、二甲苯）混合物进行了富集分离，获得的色谱峰半峰宽为 2.76~3.48s。

该技术的特点是：加热器位于腔体内微结构的表面而非硅片背面，且吸附剂制备在加热器上，由此实现了对吸附剂直接、快速地加热；借助化学反应沉积银薄膜以及批量制备电阻加热器的方法，提高了富集器的加工效率，降低了制造成本。

（2）利用微流控技术和银镜反应制备银薄膜加热器

采用常规 MEMS 技术制造 μPC 时，往往需要多重光掩膜来定义流体通道、电气互连、加热器等，加工工艺复杂。Tian 等[34] 提出了一种以微流控技术代替电子束蒸发工艺制备 μPC 金属加热器的新方法。他们利用微流控技术使液流在 μPC 微通道内保持层流状态，两种反应溶液在液-液界面处发生银镜反应，析出金属银，以反应生成的银薄膜作为 μPC 的加热器。该技术无须额外的光掩膜和真空镀设备，工艺简单，具有成本效益。

μPC 设有两个气流端口，为进行微流控操作还设置了四个液流端口。在富集器腔体内嵌入整齐排列的圆形立柱阵列，单个立柱直径为 100μm。硅玻键合后，利用微流控技术和银镜反应在 μPC 腔体内制备银薄膜加热器，再于加热器表面原位合成多孔碳吸附剂。见图 6-39 和图 6-40。加工过程如下：

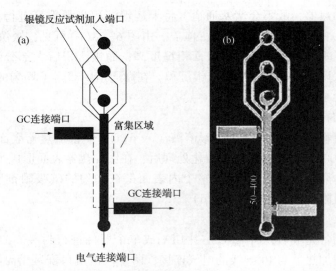

图 6-39　具有银薄膜加热器的 μPC 流体端口设计图(a)和实物照片(b)[34]

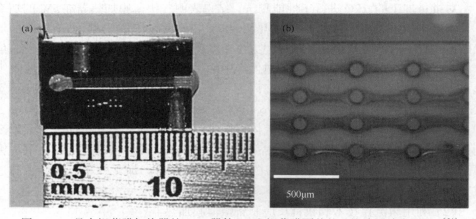

图 6-40　具有银薄膜加热器的 μPC 器件(a)和银薄膜覆盖的立柱阵列放大图(b)[34]

1) 硅片刻蚀

在厚度 500μm、单面抛光的硅晶片上旋涂光刻胶，使用无须对准的光掩膜转移图形。光刻完成后，采用 ICP 工艺刻蚀出流体通道(深 200μm×宽 1000μm)微结构。将刻蚀好的硅片与 Pyrex 7740 玻璃片阳极键合，密封通道。

2) 加热器制备

首先配制两种反应溶液：银氨溶液和还原剂溶液。将 0.17g AgNO₃ 溶于 15~25mL 去离子水中，再将氨水逐渐加入 AgNO₃ 溶液中，直至沉淀溶解、溶液再次变透明为止，获得银氨溶液。将 5g 葡萄糖溶于 90~110mL 去离子水中，制成还原剂溶液。

为了增加金属银在硅基质上的粘附性，微通道先用 $SnCl_2$ 溶液预处理 2min 使表面活化，然后用去离子水冲洗。接下来进行银薄膜的沉积。将两种反应液由液流端口的三通接头分别注入微通道中，使其产生平行的层流，银在微通道内的液-液界面处被还原沉积。当液流经过立柱阵列时，银将沉积到微通道内表面和立柱侧壁上，形成银薄膜加热器，整个制备过程可在 10min 内完成。进行电气连接和气路连接前切掉三通接头，以减小热容量。

3）吸附剂制备

将水溶性碳水化合物溶液注入微通道内，在银薄膜加热器表面形成溶胶-凝胶涂层，然后在 550℃ 高温下碳化 8h，在加热器表面获得原位合成的多孔碳吸附剂。

对 μPC 的性能测试表明，该银薄膜加热器在 1W 的功率下升温速率为 10℃/s，可在 90s 内将解吸温度升至 300℃。对浓度为 $10×10^{-6}$ 的 4 种 VOCs（丙酮、苯、甲苯、二甲苯）混合物进行了富集分离试验，获得的色谱峰半峰宽为 0.72~1.17s。

（3）利用化学镀金工艺制备金薄膜加热器

Kuo 等[35]采用新颖的化学镀金工艺，在 μPC 的微通道表面沉积具有高孔隙率的金薄膜作为加热元件。先以 ICP 工艺在硅片上刻蚀出高深宽比的立柱阵列微结构和流体端口，然后用简单的化学还原法将金薄膜沉积在微结构表面，再将 Tenax TA 吸附剂涂覆在金薄膜表面。

该 μPC 设计为两个气流通道、两个电气互连通道，腔体内嵌入交错排列的圆形立柱阵列，见图 6-41（a）。以厚度为 700μm、单面抛光的硅晶片为基板，采用无须对准的光掩膜和标准光刻工艺将设计图形转移到硅片上。以光刻胶 AZ4620 作为刻蚀掩膜，利用 ICP 工艺刻蚀硅片微结构。将刻蚀好的硅片与 Pyrex 7740 玻璃盖阳极键合，密封结构。金薄膜加热器制备步骤如下：

① 表面氧化：将 μPC 置于 80℃ 的"piranha"溶液（浓 H_2SO_4：H_2O_2 = 3：1 混合物）中浸泡 30min，使结构表面氧化，生成二氧化硅层。

② 表面改性（硅烷化）：将表面氧化后的 μPC 放入 10%APTMS（3-氨丙基三甲氧基硅烷）的甲醇溶液中浸泡 5min，放置过夜，使结构表面硅烷化。

③ 固定化：将表面改性的 μPC 在胶体金溶液中浸泡 5min（室温下），过夜，以使单层金纳米颗粒固定在 APTMS 上作为金沉积的种子层。

④ 金沉积：用亚硫酸金钠 $[Na_3Au(SO_3)_2]$ 溶液处理 μPC，在种子层表面形成均匀沉积的金薄膜。

图 6-41（b）显示的是沉积过程完成后 μPC 通道的 SEM 图像，可见大部分微通道内和立柱侧壁上都被金薄膜均匀覆盖。

接下来在金薄膜加热器表面涂覆吸附剂 Tenax TA。制备浓度为 10mg/mL

Tenax TA 的二氯甲烷溶液，用注射泵把该溶液注入 μPC 的微通道中，于 40℃烘箱中将溶剂挥干，在金薄膜加热器的表面涂覆上一层 Tenax TA 薄膜。图 6-41 (c)中给出了通道表面 Tenax TA 吸附剂的 SEM 图像。带有外部电气连接和安装有毛细管的完整 μPC 器件如图 6-41(d)所示。

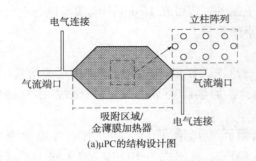

(a)μPC的结构设计图

(c)沉积在μPC内的Tenax TA吸附剂

(b)覆盖在μPC微通道表面的金薄膜

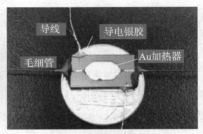

(d)封装后的μPC器件

图 6-41　具有金薄膜加热器的 μPC[35]

　　性能测试表明，该金薄膜加热器的升温速率为 75℃/s。加热器具有大的加热表面积，吸附剂被通道表面的金薄膜加热器直接加热，表现出了良好的加热效率和加热均匀性。对浓度为 1×10^{-6} 的 4 种 VOCs(丙酮、苯、甲苯、间二甲苯)混合物进行了成功捕集和解吸，获得的色谱峰半峰宽为 1.92~3.88s。

　　该技术采用简单的化学还原沉积工艺制备金薄膜加热器，省去了复杂的洁净室工艺，提出了一种简单、快速和具有成本效益的 μPC 制造新方法。

6.3　被动式微型富集器

　　常规微型富集器在对气体样品采样时需要使用微型泵，样品在泵的抽吸作用下进入富集器，目标化合物被富集器中的吸附剂所捕集。可见，采样过程中泵的使用增加了能耗。为了开发更加节能的 μGC 组件，Seo 等[36]研制了微加工的被动式富集器-进样器(passive preconcentrator-injector，μPPI)。该器件采样时无须使用泵而是利用气体的自然扩散，以已知的速率捕集空气中的目标化合物。

（1）结构设计

µPPI 由顶层和底层两层硅片构成。顶层硅片上有一组微米级正方形网格构成的气体样品扩散通道，还有一个与下游组件进行流体互连的通孔，用于输送解吸后的气体。样品经网格扩散的路径长度由顶层硅衬底的厚度决定，设置为 200µm。网格中每个网孔的尺寸为 54µm×54µm，壁厚 12µm。整个网格区域由矩形部分（长 3.2mm，宽 1.7mm）与梯形部分（长边 3.2mm，短边 1.8mm，高 0.7mm）组成，共计 1530 个网孔，扩散通道总面积为 4.5mm²。

底层硅片上加工有容纳吸附剂的腔体，在腔体周围设有解吸气的进气/出气口和对吸附剂颗粒起拦挡作用的立柱，腔体的一侧设有两个吸附剂填充端口，进气口位于两端口之间并内置气体导流系统。腔体中吸附剂所在区域的形状和面积应与顶层中扩散通道网格区域完全匹配。为增强绝热效果，在腔体底板背面沉积上一层 SiON 膜，刻蚀除去腔体周边多余部分后，使吸附剂下方的底板在 SiON 膜的支撑下呈悬浮态，以实现腔体与四周绝热。为进行快速热解吸，在 SiON 膜的背面制备金属薄膜加热器和电阻温度传感器。

腔体设计为单层吸附剂床，并在填充后的吸附剂层上方留有一个狭小的顶空空间，以利于吸附剂的装载以及对解吸气的收集。所选底层硅衬底的厚度为 250µm。综合考虑热容量和机械强度，腔体底板的厚度设计为 24µm，由此得出腔体深度为 226µm。

（2）加工过程

顶层结构采用厚 200µm、双面抛光的 p 型（100）硅片加工。首先在硅片背面蒸发一层 10nm/450nm 厚的 Cr/Au 层，用光刻胶定义出网格区域，随后沿硅片周边电镀出 3~4µm 厚的 Au 层，以备进行后面的共晶键合。剥离后，重涂光刻胶，对网格扩散通道图形化。先用湿法刻蚀工艺去除 Cr/Au 层，再用 DRIE 工艺将硅片刻穿，获得扩散网格和出口端口结构。

底层结构采用厚 250µm、单面抛光的 p 型（100）硅片加工。首先在硅片背面生长一层 15µm 厚的热氧化物层，然后用 DRIE 工艺对立柱、边壁、端口及流体通道图形化。剥离氧化物层，用标准硼扩散工艺在腔体底板背面制备 24µm 深的硼掺杂层。随后 PECVD 沉积 15µm 厚的低应力 SiON 层，接着在 SiON 层上剥离法制备 Ti/Pt 电阻加热器和温度传感器。在 400℃ 下退火以降低热应力。在硅片正面沉积用于共晶键合的 Ti/Au 掩膜层并图形化。利用 DRIE 工艺刻蚀出腔体底板、填充端口、入口和立柱结构。最后，在乙二胺邻苯二酚（EDP）中刻蚀除去残留的未掺杂硅片。

切割硅片，将顶层与底层结构精确对准，在 330℃ 下进行共晶键合。安装流体端口，在适度负压下向腔体内填充一层粒径为 180~212µm 的 Carbopack X 吸附剂。见图 6-42、图 6-43。

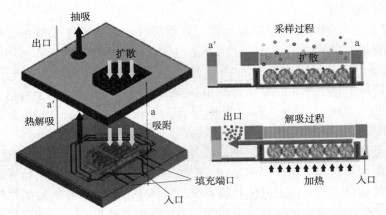

图 6-42　μPPI 结构分解示意图及采样和解吸过程的侧视图[36]

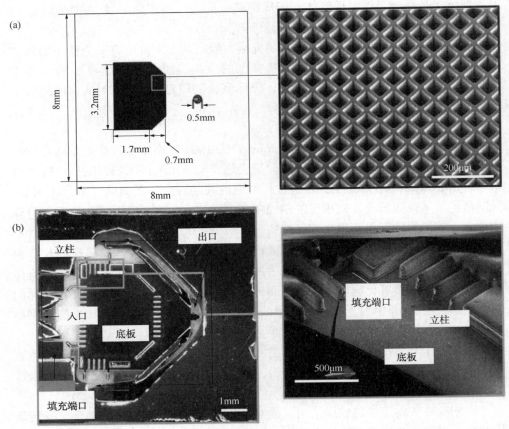

图 6-43　μPPI 的实物照片[36]

(a)顶层；(b)底层

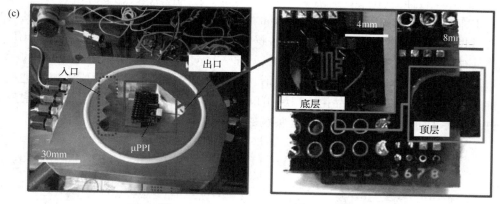

图 6-43　μPPI 的实物照片[36]（续）

（c）装配在测试室中的 μPC

（3）性能测试

对研制的 μPPI 器件进行了多项性能测试，结果显示，μPPI 的片上加热器可在 0.23s 内使腔体底板温度升至 250℃，在 3s 内升温至 300℃，器件的功耗、热响应、重复性和鲁棒性都令人满意。用 $1×10^{-6}$ 的甲苯蒸气进行了富集实验，测得的采样速率为 9.1mL/min，与基于 Fickian 扩散理论的预测值 9.3mL/min 十分吻合。还测得其富集效率为 93%~97%。研究表明，该 μPPI 能够在零功耗下以已知的、可预测的速率从空气中富集低浓度的 VOCs。

该被动式微型富集器的不足之处在于：器件的死体积大，所需的解吸流速高，加热速率有限，难以获得窄的进样带宽，加工工艺复杂。

6.4　耦合式微型富集器-进样器

用于 μGC 系统的微型富集器具有两个功能：富集和进样，设计时需要对以下两个方面进行权衡：既要实现对样品的吸附/解吸与转移效率的最大化；同时又要保证进样带宽与功耗最小化。这对于需要较长采样时间以及浓度和挥发度范围较宽的（半）挥发性有机物（S/VOC）样品的处理变得更具挑战性。目前，那些常规的、使用真空泵采样的 μPC 还不能做到很好地兼顾这两个方面。

为了解决上述问题，Zhan 等[37,38]设计了耦合式微型富集器-进样器（μCOIN）。该器件主要由富集器和进样器耦合而成，二者分别实现对样品的富集和进样功能，故允许对富集和进样条件进行单独优化，扩展了可有效富集和转移的化合物范围，延长了定量采样的时间，对感兴趣组分的采样时间范围可达 0.25~24h，并获得了尖锐的进样塞。

μCOIN 由一个被动式微型富集器（passive μpreconcentrator，μPP）和一个渐进式

加热的微型进样器(progressively heated μinjector，μPHI)组成(图6-44~图6-47)，其工作原理为：μPP利用气体的Fickian扩散进行被动式采样，采样过程完成后，通过片上加热器将吸附剂捕集的样品解吸出来，并在抽吸作用下转移至μPHI。样品被μPHI中的吸附剂再次捕集，然后通入反向气流，同时μPHI上设置的一组可单独寻址的加热器阵列被依次激活，对μPHI的吸附剂区域快速实施渐进式加热(～2000℃/s)，将样品由入口到出口方向顺序解吸出来，样品混合物被聚焦并迅速导入色谱柱，从而形成一个尖锐的进样脉冲。

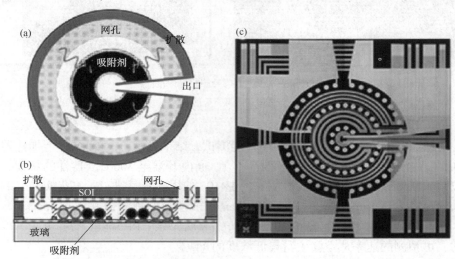

图6-44 μPP结构示意图及显微照片[37]
(a)俯视图；(b)截面图；(c)键合前的显微照片

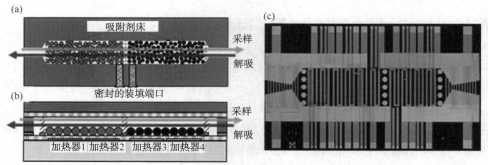

图6-45 μPHI结构示意图及显微照片[37]
(a)俯视图；(b)截面图；(c)键合前的显微照片

（1）结构设计

μPP由顶层的SOI衬底和底层的玻璃衬底构成。SOI衬底上加工有网格扩散通道、吸附剂腔体、填充端口和流体通道，而在玻璃衬底上与吸附剂腔体对应的区域制备Ti/Pt加热器和温度传感器，利用镀金法实现两种衬底的共晶键合。

图 6-46 测试前的 μPP 与 μPHI 器件照片[37]

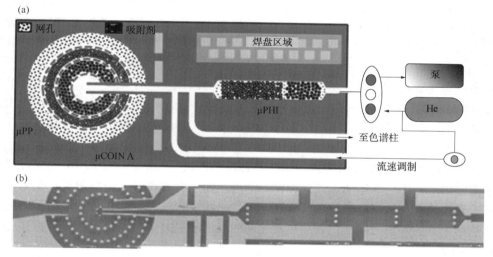

图 6-47 单片集成的 μCOIN[37]

(a)结构布局图；(b)器件的复合 SEM 图

在富集过程中，气体样品首先以已知的扩散速率向下通过一组由正方形网格构成的样品扩散通道，然后再沿径向指向圆心的方向被腔体中的吸附剂捕集。在 SOI 衬底的上层加工扩散通道，下层加工吸附剂腔体。网格扩散区域以及两个容纳吸附剂的腔体被设计为同心环状拓扑结构，共计 3 层，由外至内依次为：网格扩散区域→外层吸附剂腔体→内层吸附剂腔体，各层间用微型立柱隔开。扩散通道中每个网孔的尺寸为 47μm×47μm×180μm（L×W×H），共计 237 个网孔。外层腔体中填充 800μg Carbopack B 吸附剂（CB，比表面积 100m²/g），内层腔体中填充 700μg Carbopack X 吸附剂（CX，比表面积 240m²/g）。

与 μPP 类似，μPHI 的顶层和底层分别由 SOI 衬底和玻璃衬底构成。SOI 衬底上加工有吸附剂腔体、填充端口和流体通道，而在玻璃衬底上与吸附剂腔体对应的区域制备 10 个可单独寻址的加热器和温度传感器，利用镀金法实现两种衬底的共晶键合。μPHI 具有线性拓扑结构，微型立柱将矩形腔体分成两段，分别填充 500μg/400μg 的 CB/CX 吸附剂。吸附剂区域被分成 10 段，每段的下方制备有一个可单独寻址的加热器和温度传感器，各加热器之间彼此绝热。

（2）器件加工

μPP、μPHI 和单片集成的 μCOIN 采用相同的晶圆级微加工流程制造。其中网格扩散通道、吸附剂腔体、填充端口和流体通道采用 DRIE 工艺刻蚀在 SOI 衬底上；电阻加热器/温度传感器以及 SiON 膜分别采用 PVD、PECVD 工艺制备在玻璃衬底上。将两衬底进行共晶键合，填充吸附剂，安装流体端口。

（3）性能测试

对 μPP 的性能测试表明：①在所测试的 5 种样品中，有 4 种样品的采样速率（Se）测定值与理论预测值十分接近，差异在 8% 以内；②在对 DEMP（甲基膦酸二乙酯）样品进行的采样时间（0.25～24h）实验中，Se 值至少在前 4h 内保持恒定，在 12h 内仅下降了 8%；③器件在不同浓度（0.6～1500mg/m³）的邻二甲苯样品中暴露 0.25h，其 Se 值保持稳定，差异在 8% 以内；④以二元混合物（邻二甲苯+DEMP）为样品，测试器件的采样速率 Se 或解吸效率 DE，结果与单一化合物的测试值一致，表明在采样期间无竞争性损失，尽管两种被测化合物的挥发度存在很大差异。

对 μPHI 的性能测试表明：解吸加热方式和气体流速是影响 μPHI 进样带宽的重要因素。①与整体加热方式相比，渐进式加热有效改善了进样带宽；②采用渐进式加热时，适当降低解吸气流速，可进一步改善进样宽度；③当解吸蒸气在加热器上方的停留时间与相邻加热器之间的激活延迟时间相匹配时，可获得最佳进样效果。

对混合集成的 μCOIN 器件的性能测试表明：①μPP 对多组分混合物样品成功实施了采样富集，并将样品解吸后转至 μPHI，在无阀流量调节下完成进样，避免样品回流到 μPP 中。②当存在背景干扰时，测量水平无明显变化。③对干燥空气中和相对湿度 70% 基质中的极性异丙醇样品进行了对比测试，表明湿度对测定无影响。④μCOIN 完成一次循环运行所消耗的总电能估算值为 320J。

参 考 文 献

[1] Casalnuovo S A, Frye-Mason G C, Kottenstette R J, et al. Gas phase chemical detection with an integrated chemical analysis system [C]. Proceedings of the 1999 Joint Meeting of the European Frequency and Time Forum and the IEEE International Frequency Control Symposium, Besancon, France, 1999.

[2] Voiculescu I, Zaghloul M, Narasimhan N. Microfabricated chemical preconcentrators for gas-phase microanalytical detection systems [J]. Trends in Analytical Chemistry, 2008, 27(4):

327−343.

[3] Blanco F，Vilanova X，Fierro V，et al. Fabrication and characterisation of microporous activated carbon−based pre−concentrators for benzene vapours[J]. Sensors and Actuators B，2008，132: 90−98.

[4] Lahlou H，Vilanova X，Fierro V，et al. Preparation and characterisation of a planar pre−concentrator for benzene based on different activated carbon materials deposited by air−brushing[J]. Sensors and Actuators B，2011，154: 213−219.

[5] Kim M，Mitra S. A microfabricated microconcentrator for sensors and gas chromatography[J]. Journal of Chromatography A，2003，996: 1−11.

[6] Gracia I，Ivanova P，Blanco F，et al. Sub−ppm gas sensor detection via spiral μ−preconcentrator [J]. Sensors and Actuators B，2008，132: 149−154.

[7] Alamin D A B，Lang W. A micromachined preconcentrator for ethylene monitoring system[J]. Sensors and Actuators B，2010，151: 304−307.

[8] Sklorza A，Janßen S，Lang W. Gas chromatograph based on packed μGC−columns and μ−preconcentrator devices for ethylene detection in fruit logistic applications[J]. Procedia Engineering，2012，47: 486−489.

[9] Alamin D A B，Sklorz A，Lang W. A microfluidic preconcentrator for enhanced monitoring of ethylene gas[J]. Sensors and Actuators A，2011，167: 226−230.

[10] Janssen S，Tessmann T，Lang W. High sensitive and selective ethylene measurement by using a large−capacity−on−chip preconcentrator device[J]. Sensors and Actuators B，2014，197: 405−413.

[11] Han B，Wang H，Huang H，et al. Micro−fabricated packed metal gas preconcentrator for enhanced monitoring of ultralow concentration of isoprene[J]. Journal of Chromatography A，2018，1572: 27−36.

[12] Camara E H M，Breuil P，Briand D，et al. Micro gas preconcentrator in porous silicon filled with a carbon absorbent[J]. Sensors and Actuators B，2010，148: 610−619.

[13] Camara M，James F，Breuil P，et al. MEMS−based porous silicon preconcentrators filled with Carbopack−B for explosives detection[J]. Procedia Engineering，2014，87: 84−87.

[14] Tian W C，Pang S W，Lu C J，et al. Microfabricated preconcentrator−focuser for a microscale gas chromatograph[J]. Journal of Microelectromechanical Systems，2003，12(3): 264−272.

[15] Tian W C，Chan H K L，Lu C J，et al. Multiple−stage microfabricated preconcentrator−focuser for micro gas chromatography system[J]. Journal of Microelectromechanical Systems，2005，14 (3): 498−507.

[16] Ruiz A M，Gracia I，Sabate N，et al. Membrane−suspended microgrid as a gas preconcentrator for chromatographic applications[J]. Sensors and Actuators A，2007，135: 192−196.

[17] Ivanov P，Blanco F，Gracia I，et al. Improvement of the gas sensor response via silicon μ−preconcentrator[J]. Sensors and Actuators B，2007，127: 288−294.

[18] Alfeeli B，Cho D，Ashraf−Khorassani M，et al. MEMS−based multi−inlet/outlet preconcentrator coated by inkjet printing of polymer adsorbents[J]. Sensors and Actuators B，2008，133:

24-32.

[19] Alfeeli B, Taylor L T, Agah M. Evaluation of Tenax TA thin films as adsorbent material for micro preconcentration applications[J]. Microchemical Journal, 2010, 95: 259-267.

[20] Alfeeli B, Agah M. MEMS-based selective preconcentration of trace level breath analytes[J]. IEEE Sensors Journal, 2009, 9(9): 1068-1075.

[21] Alfeeli B, Zareian-Jahromi M A, Agah M. Selective micro preconcentration of propofol for anesthetic depth monitoring by using seedless electroplated gold as adsorbent[C]. 2009 Annual International Conference of the IEEE EMBS, Minneapolis, Minnesota, USA, 2009.

[22] Alfeeli B, Zareian-Jahromi M A, Agah M. Micro preconcentrator with seedless electroplated gold as self-heating adsorbent[C]. SENSORS, 2009 IEEE, Christchurch, New Zealand, 2009, 1947-1950.

[23] Alfeeli B, Agah M. Toward handheld diagnostics of cancer biomarkers in breath: micro preconcentration of trace levels of volatiles in human breath[J]. IEEE Sensors Journal, 2011, 11 (11): 2756-2762.

[24] Alfeeli B, Vereb H, Dietrich A, et al. Low pressure drop micro preconcentrators with cobweb Tenax-TA film for analysis of human breath[C]. 2011 IEEE 24th International Conference on MEMS, Cancun, Mexico, 2011.

[25] Akbar M, Agah M. A cascaded micro preconcentration approach for extraction of volatile organic compounds in water[C]. SENSORS, 2012 IEEE, Taipei, Taiwan.

[26] Akbar M, Agah M. A golden micro-trap for anesthetic depth monitoring using human breath samples[C]. 2012 IEEE 25th International Conference on MEMS, Paris, France, 2012.

[27] Akbar M, Agah M. A microfabricated propofol trap for breath-based anesthesia depth monitoring [J]. Journal of Microelectromechanical Systems, 2013, 22(2): 443-451.

[28] Wang D, Muhammad A, Heflin J R, et al. Novel layer-by-layer silica nanoparticles as an adorbent bed for micro-fabricated preconcentrators[C]. SENSORS, 2012 IEEE, Taipei, Taiwan.

[29] Akbar M, Wang D, Goodman R, et al. Improved performance of micro-fabricated preconcentrators using silica nanoparticles as a surface template[J]. Journal of Chromatography A, 2013, 1322: 1-7.

[30] Azzouz I, Poulichet P, Pirro M, et al. Evaluation of Tenax thin films as adsorbent material in a micro-preconcentrator and its operation as a valve-less multiple injection system in micro-gas chromatography[C]. 2017 19th International Conference on Solid-State Sensors, Actuators and Microsystems, Kaohsiung, Taiwan, 2017.

[31] Zhao B, Feng F, Yang X, et al. Improved peformance of micro-preconcentrator using silicon nanowires as a surface template[C]. 2019 20th International Conference on Solid-State Sensors, Actuators and Microsystems & Eurosensors XXXIII, Berlin, Germany, 2019.

[32] Wong M Y, Cheng W R, Liu M H, et al. A preconcentrator chip employing μ-SPME array coated with in-situ-synthesized carbon adsorbent film for VOCs analysis[J]. Talanta, 2012, 101: 307-313.

［33］Lin Y S, Kuo C Y, Tian W C, et al. Batch fabrication of micro preconcentrator with thin film microheater using Tollens' reaction［C］. 2013 Transducers & Eurosensors XXVII：The 17th International Conference on Solid － State Sensors, Actuators and Microsystems, Barcelona, Spain, 2013.

［34］Tian W C, Sheen H J, Wu T H, et al. Development of a novel micropreconcentrator for micro gas chromatography［C］. 2011 16th International Solid－State Sensors, Actuators and Microsystems Conference, Beijing, China, 2011.

［35］Kuo C Y, Chen P S, Chiu K J, et al. Development of new micro gas preconcentrator using novel electroless gold plating process［C］. 2015 Transducers－2015 18th International Conference on Solid－State Sensors, Actuators and Microsystems, Anchorage, Alaska, USA, 2015.

［36］Seo J H, Kim S K, Zellers E T, et al. Microfabricated passive vapor preconcentrator/injector designed for microscale gas chromatography［J］. Lab on a Chip, 2012, （12）：717－724.

［37］Zhan C, Akbar M, Hower R, et al. Integrated multi－vapor micro collector－injector（ μCOIN） for μGC［C］. 2019 20th International Conference on Solid－State Sensors, Actuators and Microsystems & Eurosensors XXXIII, Berlin, Germany, 2019.

［38］Zhan C, Akbar M, Hower R, et al. A micro passive preconcentrator for micro gas chromatography［J］. Analyst, 2020, 145：7582－7594.

第7章　微型气相色谱系统

在对微型气相色谱各个部件，如微型气相色谱柱、微型气相色谱检测器、微型气体富集器等进行研究的同时，人们还探索将这些部件有序装配在一起，集成为一个完整的、具有一定分析检测功能的微型装置，即微型气相色谱系统（μGC系统），以用于实际的分析测定工作。

按照集成方式的不同，可将已报道的μGC系统分为三种类型：混合集成的μGC系统、单片集成的μGC系统、集成有Knudsen泵的μGC系统，其中混合集成的μGC系统研究报道最多。目前，在μGC系统的研究中还有许多需要解决或突破的问题，以期真正实现μGC系统的微型化、集成化、智能化。下面分类介绍各研究实例。

7.1　混合集成的 μGC 系统

混合集成（hybrid integration）是由不同类型的材料分别加工富集器、色谱柱、检测器等微型部件，构成模块化子系统，随后再将这些不同功能模块的子系统芯片，通过连接器件以分立器件的方式耦合在一起，获得μGC系统。其优点是模块化的部件容易更换，各部件可在不同温度下工作，缺点是不易实现装置的小型化。

7.1.1　检测空气中微量污染物的 μGC 系统

2005年，Lu等[1]报道了用于快速测定微量空气污染物的第一代混合集成的μGC系统。该系统包含了MEMS加工的微型气相色谱所有基本部件：蒸气校准源、多级富集器、微型色谱柱和检测器，见图7-1。各部件的设计加工与系统集成概述如下：

（1）蒸气校准源

蒸气校准源的主体是一个贮存液体的容器。向其中注入挥发性的校准物液体后，该液体在一定温度下蒸发，以恒定速率产生校准蒸气。进行样品测定时一同分析该"校准蒸气"，对μGC系统进行校准，利用这种方式来抵消诸多因素对系统的影响，以确保分析结果的准确性。蒸气校准源由三层结构组成：底层是多孔硅材质的储存池，用于盛放校准物液体；中层是带有中心孔的玻璃间隔层，用来限定顶空空间；顶层是刻蚀有扩散通道和出口的硅质盖板。以图形化的氮化硅作掩膜，采用标准阳极氧化工艺在n型硅片上加工储存池（3.5mm×3.5mm×

430μm）。以 DRIE 工艺在硅盖板上刻蚀长 13mm、横截面为 200μm×220μm 的扩散通道。先将顶层的硅盖板与中层的玻璃间隔层阳极键合在一起，接着向底层的储存池中注入约 2.4μL 校准物液体（癸烷），最后用预先图形化的丙烯酸粘合胶带，将底层储存池与硅盖板-玻璃间隔层粘合密封为一体，获得蒸气校准源器件，尺寸为 8.5mm×9.0mm×2.2mm。

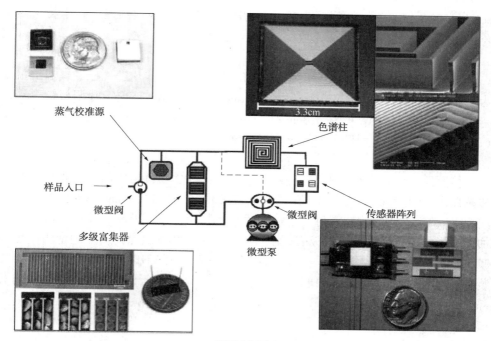

(a)μGC样机方框图

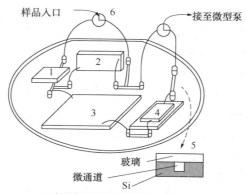

(b)各部件在流体互连基板上的布局

图7-1 第一代混合集成的 μGC 系统[1]

1—蒸气校准源；2—多级富集器；3—色谱柱；4—传感器阵列；

5—基板横截面放大图；6—微型三通电磁阀（注：电源、微型泵和微型阀均在基板外）

（2）富集器

采用三级格栅富集器，由 31 条高深宽比的平行硅栅组成，每条硅栅的尺寸为：深 380μm×宽 50μm×长 3000μm，间距 220μm。加热区域的底部是 50μm 厚的掺杂硅膜，器件的有效面积为 27mm^2。按照比表面积增加的顺序向富集器中填充 3 种多孔碳基吸附剂：Carbopack B，100m^2/g；Carbopack X，250m^2/g 和 Carboxen 1000，1200m^2/g，总质量 5mg。使用铝焊料通过快速热退火技术将富集器与特制的硅盖片密封，安装入口/出口石英毛细管。

（3）色谱柱

微型色谱柱为直角螺旋柱，采用 DRIE 工艺加工在硅片上，色谱柱通道尺寸为：深 240μm×宽 150μm×长 3m。将刻蚀的硅片与 Pyrex 玻璃盖片阳极键合，进行密封，最后获得尺寸为 3.3cm×3.3cm 的色谱柱芯片。以聚二甲基硅氧烷（PDMS）作固定相，用稀戊烷溶液动态涂渍。

（4）检测器

检测器是由 4 个化学阻抗传感器（chemiresistor，CR）构成的检测阵列。每个传感器由 20 对 Au/Cr 叉指电极组成，电极尺寸为：指长 1.4mm、指宽 15μm、指间距 15μm。首先，利用溅射工艺在硅片氧化物层上沉积 0.4μm 厚的 Au/Cr 膜，加工叉指电极。然后，在电极表面制备不同种类硫醇单层保护的金纳米团簇敏感膜，其可对柱后流出物产生一组特征响应。最后，用 VHB 胶带将传感器硅片与装有入口/出口石英毛细管的玻璃陶瓷粘合在一起，构成死体积约 3μL 的检测器部件。

（5）系统集成与控制

在 4in 硅晶片上 DRIE 刻蚀横截面积为 250μm×250μm 的微流体通道，然后与加工有微型入口/出口的玻璃盖阳极键合，制成流体互连基板。将 μGC 系统的各个部件利用 VHB 胶黏剂或去活石英毛细管和微型连接器集成到流体互连基板上，如图 7-1（b）所示，然后进行电气连接。通过一台商品微型隔膜泵和两个微型电磁阀驱动和控制气流，使用独立电源分别为富集器、色谱柱、检测器供电，采用配有 16 位 D/A 数据采集板的台式计算机监控 CR 阵列检测器和色谱柱的温度，并控制电源与加热器之间的继电器。

第一代混合集成的 μGC 系统以环境空气作载气，对典型的室内空气污染物进行了测定。富集 0.25L 空气样品，其中的 11 种有机化合物（三氯乙烯、甲苯、全氯乙烯、乙酸正丁酯、间二甲苯、苯乙烯、正壬烷、均三甲苯、3-辛酮、正癸烷、八甲基环四硅氧烷）在不到 90s 的时间内得到了完全分离，检出限为 10^{-9} 级浓度范围。

随后，Zellers 等[2]对第一代混合集成的 μGC 系统进行了改进和完善，将分析模块、无线射频模块和微控制器模块混合集成在一起，并由微加工的四级蠕动泵驱动气流。改进后的微系统主要部件有：入口微粒过滤器、蒸气校准源、三级格栅富集器、具有压力控制和独立温度编程功能的串联色谱柱、CR 阵列检测器（敏感膜为硫醇单层保护的金纳米颗粒）、微型泵、微型阀。将所有部件按照图7-2(a)所示布局装配在微加工的流体互连基板和电气互连基板上，获得了完全集成的新型样机 WIMSμGC，见图 7-2(b)。

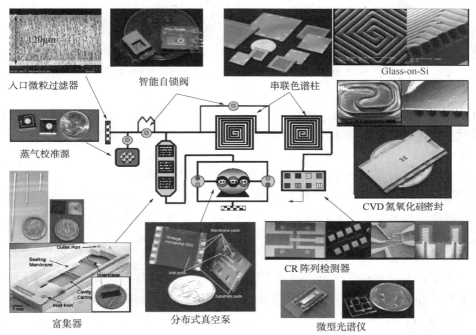

(a)μGC分析子系统的流路布局及各部件实物图像

(b)WIMS μGC样机照片

图 7-2　检测空气中微量污染物的 μGC 系统[2]

以室内空气样品对该样机进行了测试。采样 5s 后，富集器被加热至 300℃，将解吸后的分析物迅速送入分离模块（两根长 3m、分别涂有 PDMS 和聚三氟丙基甲基硅氧烷的串联色谱柱），在不到 4min 内成功分离了 19 种常见空气污染物，检出限为亚 10^{-9} 级，实现了对空气中微量复杂混合物的快速分析。

7.1.2　检测呼吸疾病生物标志物的 μGC 系统

在呼吸疾病的早期无创诊断中，需要对相关生物标志物进行快速检测。而快速检测呼出气样品中肺癌生物标志物（异戊二烯、戊烷、2-甲基戊烷、丙酸乙酯、苯、甲苯和乙苯）和肺结核生物标志物（1,4-二甲基环己烷、3-庚酮、2,2,4,6,6-五甲基庚烷、对-甲基异丙基苯和 1-甲基萘）时遇到的主要挑战是：目标分析物含量低，浓度一般在亚 10^{-9} 量级；有背景干扰，呼出气样品中存在内源及外源 VOCs 组分；分析物处于接近水饱和的基质中；样品组分的蒸气压范围跨度大[3]。

针对上述样品特点，Kim 等[3] 在第一代混合集成的 μGC 系统[1] 基础上，研制了用于检测呼吸疾病生物标志物的 μGC 样机，称为"SPIRON"。其主要部件有：多级格栅富集器、双色谱柱分离模块、CR 阵列检测器、商品微型阀和微型真空泵等。

（1）富集器

为了定量捕集蒸气压范围跨度大的 VOCs 样品并获得高的解吸率，同时减少对水蒸气的吸收，采用三级格栅富集器，分别填充两种疏水性石墨化碳吸附剂 Carbopack B（第一级：$4270\mu m \times 2785\mu m \times 380\mu m$）和 Carbopack X（第二级：$2405\mu m \times 2780\mu m \times 380\mu m$）及一种疏水性碳分子筛 Carboxen 1018（第三级：$1615\mu m \times 2779\mu m \times 380\mu m$）。以可编程的直流电源供电，采用片上集成加热器和基于软件的控制器对富集器加热，可在 7s 内将富集器加热至 300℃，并使温度保持恒定。

（2）色谱柱

两根长 3m 的串联式硅玻色谱柱构成分离模块，色谱柱通道尺寸为：深 $240\mu m \times$ 宽 $150\mu m \times$ 长 3m，壁涂 $0.15\mu m$ 厚的 PDMS 固定相膜，柱上集成有可编程的加热器和温度传感器。

（3）检测器

采用 CR 阵列检测器，敏感膜为硫醇单层保护的金纳米颗粒（MPNs）。配有热电冷却器对检测器进行温度调节和控制。将热电冷却器以及黄铜散热器和一个小风扇一起安装在 CR 阵列的底部。热电冷却器可将 CR 阵列检测器的温度维持在 15℃，并能在 5s 内将温度快速升高至 45℃。实验表明，在低温下进行检测可以提高 CR 的响应值。

（4）系统集成

将三级格栅富集器、双色谱柱分离模块、CR 阵列检测器等部件集成到一块 10cm×12cm 的印刷电路板（PCB）上，并使用具有加热功能的 MEMS 流体互连，以减少由传输冷点造成的吸附损失。将微型阀和微型泵安装到气路上用于输送气流。集成的 SPIRONμGC 系统见图 7-3。

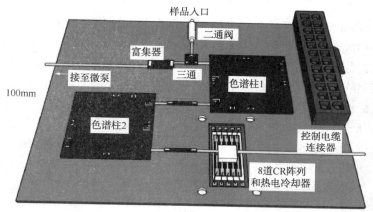

(a)SPIRON μGC 的流路布局

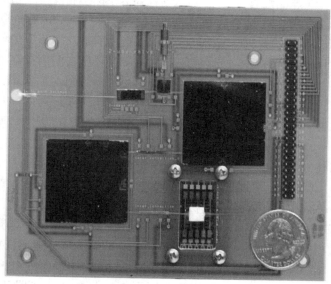

(b)SPIRON μGC样机照片

图 7-3　检测呼吸疾病生物标志物的 μGC 系统[3]

进行了部件级性能测试。将双柱分离模块安装在台式气相色谱仪的柱箱内，以净化空气作载气，使用 FID 检测。结果表明，该分离模块能够在 7.5min 内实现对肺癌生物标志物与呼出气中 30 种常见 VOCs 背景组分的分离；在约 8min 内实现肺结核生物标志物与上述 VOCs 背景组分的分离。使用其中的 5 种肺癌生物标志物测试了 CR 阵列检测器的性能，结果显示，该检测器对其中大多数生物标志物的检出限可达 10^{-9} 级，但保留时间短的组分会受到样品中残留水蒸气的影响。

7.1.3　实时监测亚 10^{-9} 级挥发性芳香族化合物的 μGC 系统

该 μGC 系统专门针对复杂混合物中挥发性芳香族化合物的检测，由三个主要功能模块构成：富集单元、分离单元和检测单元[4]。富集单元包括微型富集器、采样泵；分离单元包括微型色谱柱、GC 泵、零级空气发生器；检测单元包括气体传感器阵列。为降低系统的复杂性，富集器中使用了创新的超分子富集材料，其对目标化合物具有高选择性，且所需的解吸温度较低，能与气流中高含量的 O_2 相容，允许以净化空气作载气。因此，该系统使用的载气是由活性炭过滤器净化空气供给，而不再需要携带笨重的载气瓶。这种独立的可操作性以及系统的微型化，实现了适于现场使用、真正意义上的便携式 GC 系统。各部件的设计加工与系统集成概述如下：

（1）富集器

首先采用 DRIE 工艺在 4in 硅晶片上加工富集器蛇形通道，然后与 Pyrex 玻璃盖片阳极键合。在硅晶片背面制备 Pt 加热器和热敏电阻，用于精确控温。微加工完成后，向通道内填充具有高选择性的富集材料——喹喔啉桥联的穴状配体（QxCav）。其作用原理为：在 QxCav 超分子结构中存在 8.3Å 深的空腔，能够将芳香族化合物分子完全吞没，所形成的复合体与空腔壁之间因存在 CH-π 弱相互作用而被保留，其他干扰物，如脂肪族化合物和水蒸气则不被保留，故该材料能够选择性富集样品中的芳香族化合物。在富集器出口处加工有专门的微型立柱，仅允许气流通过而将填料颗粒拦挡在通道内，如图 7-4(a) 所示。所制备的富集器芯片尺寸为：25mm×12mm×1.3mm。

（2）色谱柱

在厚度为 1000μm、双面抛光的 4in 硅片上加工微型色谱柱。首先在硅片表面沉积一层 5.5μm 厚的低温氧化物（LTO）作为掩膜，然后光刻、图形化。用 DRIE 工艺刻蚀 SiO_2 掩膜，定义出柱通道，接着再进行 DRIE 高深宽比刻蚀，获得深 800μm、横截面积 0.8mm²、总长度为 50cm 的螺旋形柱通道，在其出口处加工有拦挡固定相颗粒的微型立柱，见图 7-4(a)。在硅片背面溅射 10nm 厚的 TiN 粘附层，然后沉积 150nm 厚的 Pt 层，采用剥离工艺制备加热器和温度传感器。在 Pyrex 晶片上通过激光切割工艺加工色谱柱入口和出口，然后与刻蚀好的硅片阳极键合，密封通道。切割器件，以 80~100 目的 Carbograph 2+0.2% Carbowax TM 作固定相，在负压下装入色谱柱。

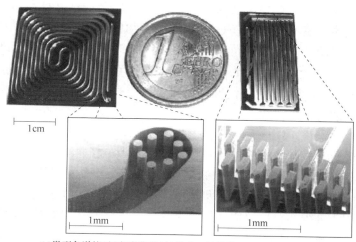

(a)微型色谱柱(左)与富集器(右)及出口处的微型立柱放大图

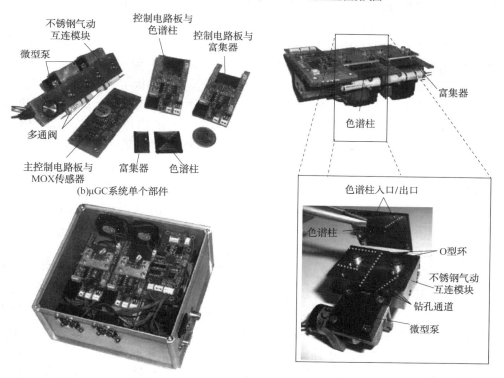

(b)μGC系统单个部件

(c)完全封装的μGC系统样机

(d)装配后的μGC系统与气动互连特写

图7-4　检测挥发性芳香族化合物的 μGC 系统[4]

（3）检测器

使用金属氧化物半导体（metal oxide semiconductor，MOX）气体传感器阵列作

μGC 系统的检测器。该检测器对挥发性芳香族化合物具有高灵敏度，且本身不需要工作气体，还可以在含有 O_2 的载气混合物中正常运行。硅微机械加工技术有效降低了 MOX 气体传感器的尺寸和功耗，同时传感器具有纳米结构的 SnO_2 敏感膜，对诸如 VOCs、NO_2 或 O_3 等典型空气污染物可实现 10^{-9} 级检测。阵列中有 4 个相同的 SnO_2 传感器，可以按顺序使用，每个传感器可工作 3 个月以上，这样能将检测器的寿命延长至 1 年。使用过程中需定期对系统进行校准，以补偿检测器轻微的信号漂移。

（4）系统集成与控制

将富集单元、分离单元和检测单元进行集成，构成完整的 μGC 系统样机，见图 7-4（c）。图 7-4（b）所示为集成前的主要部件，此外还包括一些自动控制的小风扇，用于高温运行后色谱柱的快速冷却以及整个系统的温度调节。气动互连回路由三个不锈钢模块组成，如图 7-4（d）所示。利用计算机数控设备在不锈钢块的适当位置钻几个直径 1mm 的微孔作流体通道，实现与各器件的流体互连。图 7-4（b）中的多通阀为两个微型三通阀。用两台商品微型泵驱动气流，其中一台为"采样泵"，用于采集气体样品；另一台为"GC 泵"，用于驱动载气以 15mL/min 的流量通过色谱柱，所用载气为零级空气发生器提供的净化空气。

μGC 系统的每个部件都安装在专门设计的模块电路板上，如图 7-4（b）所示。"GC 控制器板"负责控制不锈钢块上色谱柱的温度以及不锈钢块本身的温度。"传感器阵列控制板"负责控制 MOX 传感器阵列的加热、读数，以及通过 I2C 总线与其他模块之间的通信，同时还控制与外接电脑联络的串行接口。专门开发了用于控制、信号采集和处理的软件，以实现系统控制、色谱图处理和检测器校准的全自动功能。该 μGC 系统在台式机或笔记本电脑控制下工作，能够在独立模式下运行，也可以通过 GPRS、以太网或 WiFi 连接进行远程控制。

（5）工作过程

该 μGC 系统的工作过程为：在"空闲"模式下，"采样泵"以恒定流量（典型流量为 50mL/min）采样，使空气样品流过富集器，分析物被捕集；同时"GC 泵"驱动载气（净化空气）冲洗色谱柱，以除去上次进样中残留的化合物，保持色谱柱的清洁。采样完成后切换为"进样"模式，开启多通阀，将富集单元与"GC 泵"接通，同时将富集器加热到预设温度（100℃）以解吸捕集的芳香族化合物，持续 5~30s。进样后，混合物在色谱柱内分离，检测器在色谱柱出口获取芳香族化合物的信号。在信号采集期间，富集单元进行 5min 清洗步骤以恢复初始吸附效率。获取完整色谱图后，检测器关闭，系统返回到"空闲"模式，准备进行下一次采样。当采样时间为 55min 时，该系统能够可靠地检测空气中浓度低至 0.1×10^{-9} 的苯。

7.1.4 检测水果物流中微量乙烯的 μGC 系统

Sklorz 等[5,6]报道了检测水果物流中微量乙烯的 μGC 系统。该系统主要包括微型富集器、色谱柱、乙烯检测器，见图 7-5。

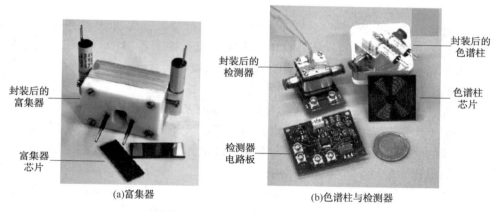

(a)富集器   (b)色谱柱与检测器

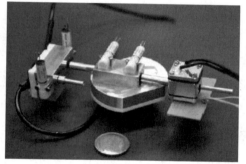

(c)集成的μGC系统

图 7-5 检测微量乙烯的 μGC 系统[5,6]

（1）富集器

采用第一代直形通道结构的富集器。先在硅片上刻蚀出 8 条平行的吸附剂通道，然后与 Pyrex 玻璃晶片阳极键合。再于富集器背面加工一个 50Ω 的 Pt 加热器，以进行解吸加热。在负压下向富集器通道内填充 8mg Carbosieve S-Ⅱ吸附材料。所得富集器芯片尺寸为：$18.5mm\times9.3mm\times1.26mm$。将富集器芯片与旁路阀、加热器电气连接一同封装到铝外壳中，再与 μGC 系统进行气动连接。

（2）色谱柱

微型色谱柱为硅玻材质，圆形螺旋通道结构。首先在硅片上刻蚀深 0.8mm×宽 1mm×长 75cm 的色谱柱沟槽，随后在硅片背面溅射制备 10Ω 的 Pt 加热器，接着与加工有入口/出口孔的 Pyrex 玻璃盖片阳极键合，最后在柱通道内装填 60~80 目的 Carboxen 1000 固定相。制备好的色谱柱芯片尺寸为 $3.5cm\times3.5cm$。将色谱柱芯片封装到铝外壳中，上面安装微型电磁阀。

（3）检测器

以商品 SnO_2 金属氧化物半导体气体传感器作为乙烯检测器，将其与温度/湿度传感器一同封装到铝外壳中。

（4）系统集成与控制

将封装后的富集器、色谱柱、检测器部件进行集成，构成 μGC 系统，见图 7-5（c）。载气和样品气的流量分别用两个质量流量控制器（MFC）控制。通过数据采集卡和 LabView 编程，由计算机控制整个系统的运行。

（5）工作过程

该 μGC 系统以合成空气作载气，工作过程由三个步骤组成：

步骤 1：采样/富集。将色谱柱设置为旁路，气体样品流切换到富集器通道，含有乙烯的气体样品以 10mL/min 的流量通过室温下的富集器。富集 10min 后，富集器被设置为旁路。

步骤 2：测量初始化。将载气切换至分析流路中，以 20mL/min 的流量通过加热至 45℃ 的色谱柱。

步骤 3：测量。测量开始时，将富集器加热至 200℃ 保持 1min，然后将载气流切换到富集器通道，流量和温度保持恒定 1min，随后关闭富集器加热器，将富集器再次切换为旁路。

性能测试表明，该 μGC 系统对乙烯的分辨率达 $1×10^{-6}$（v），完全满足水果物流的检测需求。

7.1.5 快速测定痕量炸药标记物的 μGC 系统

该 μGC 系统由硅微加工的富集-聚焦器、分离柱和传感器阵列部件以及常规结构的大容量采样器构成，以净化空气为载气，用于快速测定复杂气体混合物中浓度低于 10^{-9} 量级的炸药标记物[7]。被选为目标分析物的主要标记物是：2,4-二硝基甲苯（2,4-DNT）、2,3-二甲基-2,3-二硝基丁烷（DMNB）和 2,6-二硝基甲苯（2,6-DNT）。

（1）富集-聚焦（PCF）模块

PCF 模块包括一个传统的聚合物膜预捕集器，用于过滤颗粒物；一个装有串联双吸附剂的不锈钢管，用作选择性大容量采样器；一个微加工的 Si/Pyrex 聚焦器（μF）芯片，用作聚焦器和进样器。

不锈钢管采样器的尺寸为 6cm×6.35mm i. d. ，内装有 35mg Carbopack B 和 15mg Carbopack Y（粒径均为 212~250μm）吸附剂，解吸时用铜电阻加热线圈将其加热到 250℃ 。μF 芯片上刻蚀有 3μL 的腔体，内填充 2.4mg Carbopack B 吸附剂，腔体通道分别连接采样器、色谱柱和分流通道。将硅片与 Pyrex 玻璃盖阳极键合密封。硅片背面制备有加热器和金属接触焊盘用于器件加热，其温度用集成的电阻传感器监测。

（2）色谱柱

微加工的 Si/Pyrex 色谱柱芯片具有螺旋形柱通道、壁涂固定相、金属薄膜加热器和温度传感器。在硅片正面刻蚀横截面为 150μm×240μm、总长度为 1m 的螺旋形柱通道，用 Pyrex 玻璃盖密封。硅片背面制备两个金属薄膜加热器和一个电阻式温度传感器。柱通道内沉积 0.15μm 厚的 PDMS 固定相，并进行原位交联。

（3）检测器

采用由 4 对叉指电极构成的 SiOₓ/Si 化学阻抗传感器（CR）阵列检测器。在叉指电极表面涂有不同种类硫醇单层保护的金纳米颗粒（MPNs）敏感膜，对洗脱组分产生一组特定的选择性响应。用陶瓷盖将电极密封，池容积约为 1.6μL，检测器芯片尺寸为 2.4cm²。

（4）系统集成

μGC 系统的所有部件都装配在一个铝制的箱体内。采样器下面装有一个小风扇，用于解吸之后加速冷却。使用两台商品微型隔膜泵（泵 1 是双头隔膜泵，泵 2 是微型隔膜泵）和一组（6 个）三通电磁阀驱动和引导气流，以熔融石英毛细管进行流体连接。两个装有木炭（50g）和分子筛（100g）的大型洗涤器安装在仪器底盘的外侧壁上，并分别与泵相连，用以除去环境空气中的水蒸气和背景 VOCs，实现对载气的净化。微加工的聚焦器、色谱柱、检测器芯片分别安装在各自的印刷电路板上，再固定于一个微型炉室的底部。该炉室用金属片制成，带有陶瓷棉保温层和盖板，盖板下面安装有嵌入式加热器和一个小型循环风扇。集成后的样机尺寸为：长 33cm×宽 29cm×高 13cm，重量 5.4kg，见图 7-6。

（5）工作过程

该 μGC 系统在笔记本电脑控制下运行，其工作过程为三个连续的操作模式：采样-聚焦-分离/检测。

① 采样。微型采样泵（泵 1）通过预捕集器和采样器采集空气样品，以捕集爆炸标记物和空气污染物中与标记物挥发度相似的潜在干扰物。

② 聚焦。切换适当的阀门，泵 1 推动净化空气以相反方向通过采样器，将其中热解吸后的分析物转移至 μF 进行聚焦。

③ 分离/检测。经一系列的阀门开关操作之后，第二个微型泵（泵 2）推动净化空气通过被快速加热的 μF，将聚焦后的分析物注入色谱柱，在温度程序下实现色谱分离，用 CR 阵列进行检测。

工作过程中每种操作模式的持续时间设置为：采样 20s、聚焦 40s、分离/检测 60s，分析周期为 2min。试验表明，该样机经过对样品的选择性富集、柱上聚焦、温度程序色谱分离和传感器阵列检测/识别，实现了在 20 种（或更多）干扰物存在下、于 2min 内对主要炸药标记物的快速测定。其中对 DMNB、2,6-DNT 和 2,4-DNT 的检出限估计值分别为 2.2ng、0.48ng 和 0.86ng，相当于分析物在 1L 空气样品中的浓度分别为 $0.30×10^{-9}$、$0.067×10^{-9}$ 和 $0.12×10^{-9}$。

图 7-6　快速测定炸药标记物的 μGC 系统[7]

(a)装配好的样机；(b)μF 正反面；(c)色谱柱正反面；(d)CR 阵列

7.1.6　选择性检测爆炸相关物质的 μGC 系统

为实现对爆炸现场污染物的监测，Sanchez 等[8,9]构建了一个由标准微加工技术制备的富集器、色谱分离柱和商品 SnO_2 气体传感器组成的微分析系统(硅微分析平台)。该系统能够在共存干扰物且具有一定湿度的空气样品中，选择性检测低浓度的爆炸相关物质邻硝基甲苯(ONT)。

(1)富集器

利用 DRIE 工艺在硅片上刻蚀出面积为 5mm×10mm 的矩形腔体，刻蚀深度为 400μm，内嵌微型立柱。在硅片背面溅射沉积 Pt 加热器，将硅片与 Pyrex 玻璃晶片阳极键合，安装流体端口，填充吸附剂。

以疏水性多孔纳米材料沸石 DAY 为吸附剂。它具有吸附能力强、脱附快、使用寿命长的特点。填充时，先将 DAY 粉末分散在乙醇介质中制成悬浮液（25mg/L），然后填入富集器，待乙醇完全挥发后，在富集器腔体内形成均匀沉积的吸附剂床。

（2）色谱柱

色谱柱采用互锁的圆形双螺旋通道结构，尺寸为：深 $100\mu m \times$ 宽 $100\mu m \times$ 长 5m。首先用 DRIE 工艺在硅片上刻蚀微通道，随后在通道内热氧化生长一层 100nm 厚的 SiO_2，以便于 PDMS 固定液的涂覆。接着将硅片与 Pyrex 玻璃盖片阳极键合，密封通道，安装流体端口，涂渍固定液。

以甲苯为溶剂制备 PDMS 固定液溶液，将该溶液引入色谱柱微通道中保持 30min，使其与通道内壁发生反应，形成氢键。然后利用氮气流驱除多余的溶液，将色谱柱置于 50℃ 并在氮气流下干燥 24h，最后在通道内壁上形成 $1\mu m$ 厚的 PDMS 薄膜。

（3）检测器

以商品 SnO_2 气体传感器为色谱检测器。

（4）系统集成

将富集器、色谱柱、检测器等部件进行装配，构成 μGC 系统。见图 7-7。

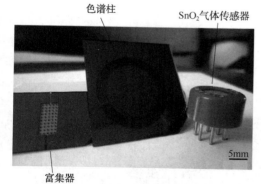

(a)μGC系统各部件的照片

(b)集成的μGC系统

1—富集器；2—色谱柱；3—SnO_2气体传感器

图 7-7　选择性检测爆炸相关物质的 μGC 系统[8,9]

测试实验表明，该系统能够在共存干扰物甲苯浓度高达 3×10^{-6} 且具有一定湿度的空气样品中，检测亚 10^{-6}（365×10^{-9}）水平的爆炸相关物质邻硝基甲苯。所选择的疏水性沸石是 ONT 理想的吸附剂，不仅具有良好的物理吸附性能，并且在一个加热循环中 ONT 能够完全解吸。由于该吸附剂的使用，使系统对 ONT 的检出限由 1×10^{-6} 改善为 365×10^{-9}。

7.1.7　萃取分析水样中有机污染物的 μGC 系统

大多数 μGC 系统主要针对气体样品的分析检测，Akbar 等[10] 报道了一种能够萃取分析水样中有机污染物的 μGC 系统。该系统包括三个主要部件：微型吹扫萃取器（micro purge extractor，μPE）、微型富集器（μPC）、微型色谱柱–嵌入式热导池检测器（μSC–TCD）。它与普通 μGC 系统的区别在于：富集器的前端增加了处理水样的微型吹扫萃取器，其作用是利用惰性气体的气流，将水样中的有机物（water organic compounds，WOCs）抽提吹扫出来，再对 WOCs 进行后续的富集、分离、检测。见图 7–8 和图 7–9。

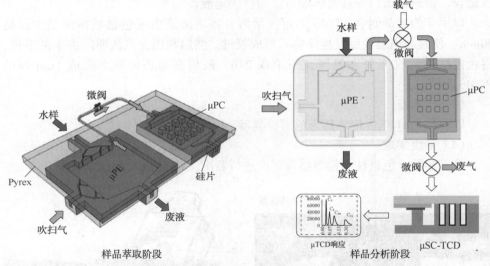

图 7–8　水样中有机物的萃取分析原理图[10]

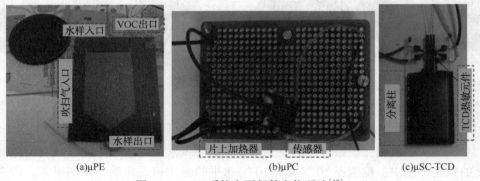

图 7–9　μGC 系统主要部件实物照片[10]

（1）吹扫萃取器

吹扫萃取器芯片为硅玻材质，尺寸 2cm×3cm，采用 MEMS 工艺加工。首先在硅片上利用 DRIE 工艺刻蚀出腔体和两对入口/出口，然后用 Pyrex 玻璃盖片密封。位于芯片顶部的入口用于引入水样，而侧面的入口通入吹扫 WOCs 的惰性气体。在水样和惰性气体的入口区域均设有导流系统，旨在使进入腔体的水样能够均匀分布以及增强吹扫过程中气−液两相间的相互作用，促进 WOCs 气体从流动的水样中有效抽提出来。两个出口中，一个位于芯片的底部，用作废液排放口；另一个位于芯片顶部与水样入口相邻，用于将吹扫出的 WOCs 气体导入下游的富集器。

（2）富集器

富集器采用双进气/出气口设计，腔体内嵌入整齐排列的正方形立柱阵列，以 Tenax TA 薄膜作吸附剂。加工过程如下：

首先在 4in 硅晶片上光刻出微立柱阵列和流体端口图形，随后用 DRIE 工艺刻蚀约 $250\mu m$ 的深度，获得 3D 微结构。去除硅片正面的光刻胶，在其背面沉积 500nm 厚的氧化物层，切割硅片。用浓度为 10mg/mL Tenax TA 的二氯甲烷溶液将芯片腔体充满，待溶剂完全挥发后，在富集器腔体的内表面沉积上一层 200nm 厚的 Tenax TA 吸附剂薄膜。接下来将硅晶片与 Borofloat 晶片阳极键合，密封结构。在硅片背面电子束蒸发沉积 40nm/100nm/25nm 厚的 Cr/Ni/Au 层，制备电阻加热器和温度传感器。最后在流体端口安装熔融石英毛细管。

（3）色谱柱−嵌入式 μTCD

在硅片上进行各向异性刻蚀，加工色谱柱沟槽（深 $250\mu m$×宽 $80\mu m$×长 2m）及其他微通道。采用电子束蒸发和剥离工艺在玻璃基片上制备 μTCD 热敏元件（40nm/100nm/25nm Cr/Ni/Au）。将切割后的硅片和玻璃基片对准，进行阳极键合。安装流体端口毛细管，用 10mg/mL OV-1 的戊烷溶液静态涂覆芯片，在柱内制备 $250\mu m$ 厚的固定液涂层。

（4）工作过程

工作过程包括"样品萃取"和"样品分析"两个阶段。

① 样品萃取：用微型阀将 μPE 与 μPC 前后连接，并使 μPE 保持竖直放置状态，以防止水样由气体出口进入 μPC 中。将样品瓶接至 μPE 水样入口处，水样在高纯氮压力作用下进入 μPE，其中的 WOCs 被抽提出来并吹扫至 μPC，被 Tenax TA 吸附剂所捕集。

② 样品分析：断开 μPE，用六通阀将 μPC 与 μSC-TCD 接通，以氦气作载气。片上加热器将 μPC 由室温加热至 150℃，解吸后的 WOCs 被载气送入色谱柱进行分离，各组分在 μTCD 上产生响应信号。

测试结果表明，该 μGC 系统在室温下于 1.5min 内完成了对水样中 4 种 WOCs 组分(甲苯、四氯乙烯、氯苯、乙苯)的快速分离检测，最小检测浓度为 $500×10^{-9}$。其不足之处在于 WOCs 组分的回收率偏低。

7.1.8　测定空气中痕量有害污染物的 μGC 系统

该 μGC 系统被称为"Zebra GC"[11]，由两个基本单元构成：①采样和富集单元，主要部件是十字柱阵型富集器(μPC)；②分离和检测单元，主要部件是微型色谱柱-嵌入式热导池检测器(μSC-TCD)。在 μPC 和 μSC-TCD 芯片上都制备有加热器和温度传感器，用于解吸和分离过程中的加热和温度控制。采用基于 8 位微控制器的嵌入式平台，控制气体流动、加热以及实施对用户界面、信号处理和数据采集电路的管理。Zebra GC 以小型氦气瓶作载气气源、锂电池供电，具有高度便携性和易操作性，并能与笔记本电脑连接，利用 LabView 软件实现设备控制和数据可视化。见图 7-10。

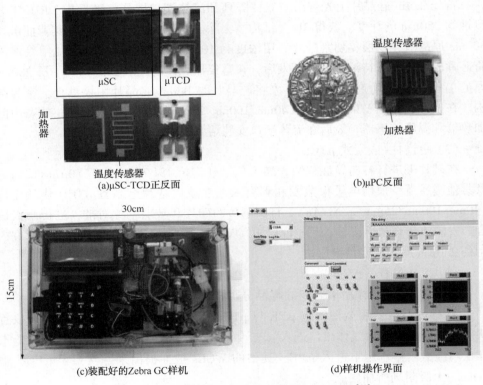

图 7-10　测定空气中有害污染物的 μGC 系统[11]

（1）富集器

μPC 是一个尺寸为 13mm×13mm 的 Si/Borofloat 芯片。采用直径 4in、厚 500μm、双面抛光的 n 型硅晶片加工，首先利用 DRIE 工艺在硅片上刻蚀出高深宽比的十字柱阵结构，刻蚀深度为 240μm，腔体面积为 10mm×10mm。然后利用 PECVD 工艺在硅片背面沉积一层 1μm 厚的氧化物层作为绝缘体。切割晶圆，在腔体内涂覆一层约 200nm 厚的 Tenax TA 吸附剂薄膜，随后与 Borofloat 晶片阳极键合，密封腔体。利用电子束蒸发器在芯片背面沉积 40nm/230nm 厚的 Cr/Ni 层作为加热器和温度传感器，其标称电阻值分别为 15Ω 和 250Ω 左右。见图 7-10(b)。

（2）微型色谱柱-嵌入式热导池检测器

通过两步各向异性刻蚀，在硅片上制备色谱柱通道。先进行 2~3μm 深的浅刻蚀，以防止阳极键合时 Borofloat 晶片上的金属互连与硅片上色谱柱壁之间相接触。然后，在硅片上刻蚀出深 240μm×宽 70μm×长 2m 的色谱柱通道。采用电子束蒸发和剥离工艺在 Borofloat 晶片上沉积 40nm/100nm/25nm 厚的 Cr/Ni/Au 层，制备 μTCD 热敏元件。将 Borofloat 晶片与硅晶片对准进行阳极键合，μTCD 嵌入于色谱柱中。在硅片背面制备电阻加热器和温度传感器。最后，在柱通道内壁上涂覆约 250nm 厚的 OV-1 固定相，制成 μSC-TCD 芯片。见图 7-10(a)。

（3）系统集成

将微加工的 μPC、μSC-TCD 芯片与微型泵、多通阀和便携式氦气瓶集成，通过由 8 位微控制器管理的集成电子模块进行控制。该电子模块主要由温度控制器、TCD 接口、流量控制器、用户界面和数据采集电路组成。将各部件装配在一个长 30cm×宽 15cm×高 10cm 的箱体中，箱内还装有一个锂电池(2200mA·h)和一个小型氦气瓶(95mL，2700psi)，样机总重量约为 1.8kg。见图 7-10(c)。

（4）工作过程

Zebra GC 采用基于液晶显示屏/键盘的人机界面提供的菜单操作，可在手动或自动模式下运行。工作模式选定后，屏幕将根据阀位、温度读数、泵占空比和传感器测量值显示系统状态。见图 7-10(d)。该 μGC 系统一个完整的工作过程包括四个阶段：采样-进样-分析-清洗，分析周期为 4.4min。

① 采样。微型泵在 μPC 的出口施加负压以采集空气样品中的 VOCs。

② 进样。采样完成后切换阀门，使氦气通过旁路流入 μSC-TCD。为确保获得尖锐的进样塞，首先在停流状态以 25℃/s 的速率将 μPC 加热到 200℃，使富集的分析物解吸，然后切换阀门，将解吸的分析物注入 μSC-TCD，该阶段通常持续 10~12s。

③ 分析。进样后，阀门切换回旁路，分析物在 μSC-TCD 中实现分离和检测。苯系物的分离时间大约需要 1~2min。

④ 清洗。分析阶段一旦完成，再次切换阀门，使氦气以 3mL/min 的流量通过 μPC，对其进行清洗。必要时，还可将 μPC 加热数次，以除去上次运行中残留的分析物。

Zebra GC 运行一个完整工作过程的平均功耗为 2.75W。照此计算，锂电池可以持续使用 8h(约 110 个分析周期)。每个充满的氦气瓶(95mL，2700psi)可持续使用大约 10000 个分析周期。用目标分析物苯、甲苯、四氯乙烯、氯苯、乙苯、对二甲苯对 Zebra GC 进行了表征，检出限约为 1ng，相当于对浓度为 $25×10^{-9}(v)$ 的分析物以 1mL/min 的流量采样 10min。与传统 GC 系统相比，Zebra GC 所需的采样时间更短、样品量更少，可以测定空气中浓度低至 $100×10^{-9}(v)$ 的有害污染物。

7.1.9　检测肺癌相关 VOCs 的 μGC 系统

　　该 μGC 系统由采用 MEMS 技术加工的富集器和色谱柱、采用互补金属氧化物半导体(complementary metal-oxide-semiconductor, CMOS)技术加工的片上系统(system-on-chip, SoC)以及完整的信号处理和分析系统组成，能够检测 7 种肺癌相关挥发性有机物(丙酮、2-丁酮、苯、庚烷、甲苯、间二甲苯、1,3,5-三甲基苯)，其中对 1,3,5-三甲基苯的检出限可达 $15×10^{-9}$[12]。见图 7-11。

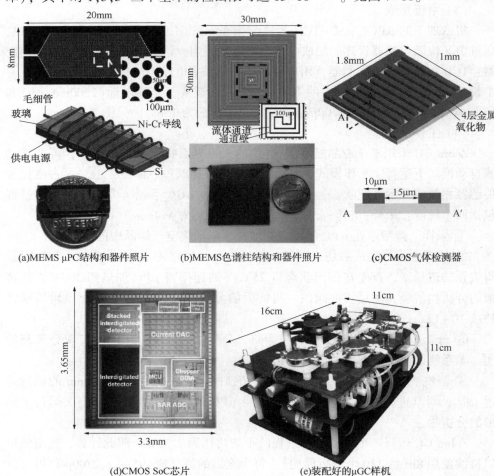

(a)MEMS μPC结构和器件照片　　(b)MEMS色谱柱结构和器件照片　　(c)CMOS气体检测器

(d)CMOS SoC芯片　　　　　　(e)装配好的 μGC 样机

图 7-11　检测肺癌相关 VOCs 的 μGC 系统[12]

整个 μGC 系统主要分为两部分：第一部分由 MEMS 器件和商品部件组成。MEMS 器件包括富集器和色谱柱；商品部件包括微型气泵、电磁阀和毛细管，它们分别负责驱动气流、控制气体流量和提供微通道。第二部分是 CMOS SoC 芯片，包括叉指电极结构的 VOCs 气体检测器、温度传感器、校准和自适应电路、低噪声斩波放大器(IA)、10 位逐次逼近型模数转换器(10-bit SAR ADC)、微控制器(MCU)和一个环形振荡器。采用 CMOS 技术将上述器件制备成尺寸 3.3mm× 3.65mm 的芯片，见图 7-11(d)。校准和自适应电路对信号的初始值进行校准，并将电阻型信号转换为电压型信号输出。然后，信号由斩波放大器进一步放大，并由 10-bit SAR ADC 数字化。之后，数据被 MCU 平滑，再转换为 RS232 格式，用两个数据包输出。最终，输出数据通过 RS232-USB 转换器传输到移动设备，如智能手机、平板电脑或笔记本电脑。将数据绘制成色谱图，并经过信号处理后用于 VOCs 的识别和定量。最后，将色谱图与已建立的数据库进行比对，获得测定结果。MCU 的另一个功能是支持 μGC 系统运行，它控制着五个部件，即气泵、电磁阀、风扇、富集器加热器、色谱柱加热器，每个部件根据设定的控制信号时序图运行。例如，切换为"分析模式"时，富集器加热器开始工作，将 μPC 快速加热到 320℃，保持 90s。色谱柱加热器需要以 0.5℃/s 的线性升温速率将色谱柱加热至 100℃。此外，有 8 种操作模式可供选择，每种模式的区别在于采样时间和分析时间不同，以适应于不同类型的 VOCs 检测。

（1）富集器

首先，采用电感耦合等离子体(ICP)工艺在硅片上刻蚀交错排列的圆形立柱阵列，单个立柱直径为 100μm、高 250μm、立柱间距 50μm。随后，与玻璃盖阳极键合，两端连接内径为 250μm 的毛细管。利用流动涂渍和原位热解方法使碳吸附剂膜覆盖在微流体通道内和立柱的表面。将 6Ω 的 Ni-Cr 金属线缠绕在硅玻芯片上，作为富集器加热器。见图 7-11(a)。

（2）色谱柱

色谱柱为方形螺旋结构，见图 7-11(b)。采用标准微流控工艺制备色谱柱通道(深 250μm×宽 100μm×长 3m)，涂覆聚二甲基硅氧烷(DB-1)固定相。

（3）检测器

使用单层保护的金纳米团簇化学阻抗气体检测器，其对 VOCs 有着良好的检测灵敏度和线性范围。该检测器采用平行结构的叉指电极，以正辛硫醇功能化的金纳米颗粒($Au-C_8$，粒径 2~4nm)作敏感材料。首先采用 TSMC 0.35μm 2P4M(2层多晶硅 4 层金属)CMOS 工艺制造叉指电极，然后用喷枪将敏感材料 $Au-C_8$ 的甲苯溶液喷洒在整个检测区域，溶剂挥发后形成敏感膜。见图 7-11(c)。

（4）系统集成

将 MEMS 富集器、MEMS 色谱柱、CMOS SoC 芯片以及一些商品部件集成，装配成体积为 16cm×11cm×11cm 的 μGC 样机。见图 7-11(e)。

（5）工作过程

该 μGC 系统的工作过程包括：采样–分离–检测–信号转换–色谱图处理 5 个步骤，以两种模式运行：采样模式和分析模式。在采样模式，电磁阀切换为使样品气体流过 μPC，样品中的 VOCs 被吸附剂捕集。采样步骤一旦完成，系统自动切换到分析模式。捕集的 VOCs 被加热解吸，同时微型气泵输送经洗涤器净化的载气，将浓缩并解吸的 VOCs 注入色谱柱中。各组分在温度程序下于色谱柱内完成分离，被洗脱出来的馏分送入检测器，引起的电阻值变化由 CMOS 芯片传送到外部设备。

7.1.10　检测环境 VOCs 污染物的便携式 GC–FID 系统

Zhu 等[13]研制了检测环境 VOCs 污染物的便携式 GC–FID 系统。该系统主要由微型氢气发生器、微型色谱柱、微型 FID、微型泵、微型阀等构成。

（1）色谱柱

色谱柱为硅玻材质的半填充柱，蛇形沟槽，矩形截面，通道尺寸为：深 $350\mu m×$ 宽 $300\mu m×$ 长 2m，内嵌 3 列直径为 $50\mu m$ 的圆形立柱。硅片背面集成了 Pt 电阻加热器和温度传感器，固定液为 OV–101。芯片尺寸 35mm×35mm。

（2）检测器

检测器为微型 FID。为了提高检测灵敏度，对电极进行了创新设计，见图 7–12。极化极（正极）设计为锥形，兼作燃烧器喷嘴；收集极（负极）位于火焰正上方，结构设计为倒置的漏斗形，恰好将锥形极化极嵌入其中，二者间距为 1mm。该结构的特点在于：当极化极与收集极间的距离合适时，可使分析物在离子化过程中产生的带电体完全被收集极所捕获，有利于提高检测灵敏度。

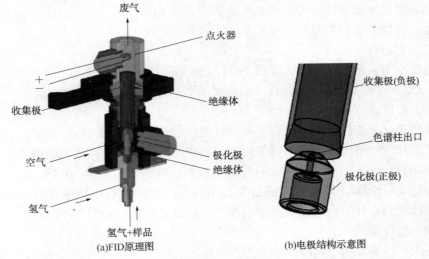

(a)FID原理图　　　　　　　(b)电极结构示意图

图 7–12　微型 FID 原理与电极结构示意图[13]

（3）微型氢气发生器

微型氢气发生器产生纯净 H_2，为色谱柱提供载气以及为检测器提供燃气。基于固体聚合物电解质（solid polymer electrolyte，SPE）电解水制氢技术原理，研制了微型氢气发生器，见图 7-13。在该设计中，用 SPE 膜取代传统的液体电解质，将电催化剂材料 Pt 直接附着在 SPE 膜上。SPE 电极面积为 $0.08m^2$，产生的电流密度为 $1.5A/cm^2$，是传统碱性电解水技术的 7 倍以上。氢气产生的速率为 35mL/min，能够满足色谱系统对载气和燃气用量的需要。采用该技术研制

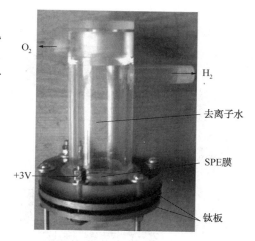

图 7-13　微型氢气发生器照片[13]

的微型氢气发生器，不仅使装置的体积大幅度减小，还使系统远离了常规高压燃气钢瓶存在的爆炸风险。

对研制的便携式 GC-FID 系统进行了测试，可在 2.5min 内快速分离和检测苯、甲苯、乙苯、对二甲苯、邻二甲苯混合物。表明该系统能够实现对复杂环境样品的监测，非常适合在野外环境下使用。

7.1.11　检测肺癌生物标志物的 μGC 系统

Gregis 等[14]开发了一套用于检测肺癌生物标志物的 μGC 系统。该系统由微加工技术制备的硅基气体富集器、微型色谱柱以及商品 SnO_2 气体传感器、进样六通阀等组成，以合成空气为载气，能够测定 4 种肺癌生物标志物：甲苯、邻二甲苯、丙醇、环己烷（图 7-14）。

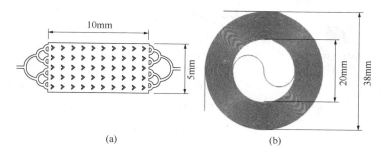

（a）　　　　　　　　　　　　　　（b）

图 7-14　检测肺癌生物标志物的 μGC 系统[14]

（a）（b）富集器与色谱柱结构示意图

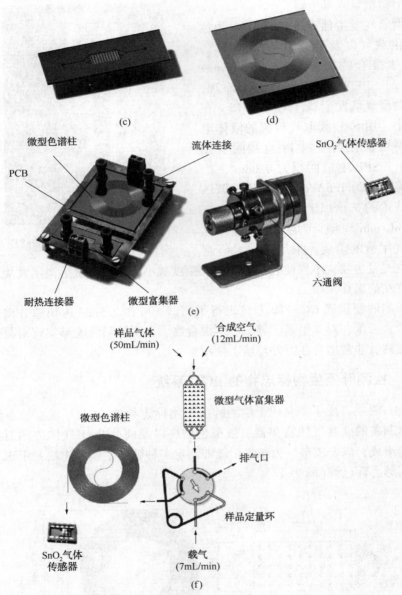

图 7-14 检测肺癌生物标志物的 μGC 系统[14]（续）

(c)(d)富集器与色谱柱实物照片；

(e)微系统各单元实物照片；(f)微系统样品测量布局图

（1）富集器

富集器腔体尺寸为：宽 5mm×长 10mm，总容积为 20μL。为获得均匀的流体分布，在腔体两端的进气/出气口区域设有对称布局的多重导流系统。首先，采用 DRIE 工艺在硅片上刻蚀 400μm 深的腔体，内嵌整齐排列的锯齿形立柱阵列。然后，与预先钻孔的 Pyrex 晶片阳极键合，密封腔体。以疏水性的多孔纳米材料沸石为吸附剂，用乙醇分散并在负压下填充，待乙醇挥发后，富集器腔体内沉积上一层吸附剂。

（2）色谱柱

色谱柱设计为圆形双螺旋通道，尺寸为：深 100μm×宽 100μm×长 5m，总容积 50μL。首先，在硅片上采用 DRIE 工艺刻蚀出具有垂直侧壁结构的沟槽。然后，利用湿空气氧化法在沟槽表面修饰一层 100nm 厚的 SiO$_2$，以改善色谱柱内壁的表面性质，利于固定液的涂渍。接下来，与 Pyrex 晶片阳极键合，密封沟槽。最后，涂渍 PDMS 固定液。采用 PDMS 预聚物 Sylgard 184 双组分试剂盒，在负压下将该试剂充满色谱柱并保持 30min，使其与色谱柱内壁发生反应。多余试剂用氮气吹出后，色谱柱在氮气流下于 50℃ 干燥 24h。最终，在色谱柱内壁上形成一层 100nm 厚的 PDMS 固定液薄膜。

（3）印刷电路板

为了控制微型富集器和色谱柱的温度，加工了一块宽 60mm×长 80mm×厚 1.8mm 的印刷电路板（PCB）。在 PCB 背面的铜导电通路上制备有电阻加热器，用于富集器和色谱柱的加热。此外，在 PCB 上还刻蚀出一个矩形孔，以实现富集器与色谱柱芯片间的绝热。

（4）检测器

采用商品 SnO$_2$ 气体传感器作为检测器。其工作原理是：由色谱柱洗脱的生物标志物与检测器表面的 SnO$_2$ 敏感膜之间发生作用，引起金属氧化物材料电阻值的变化，从而给出响应信号。

（5）系统集成

将加工好的富集器和色谱柱芯片装配在 PCB 上，各部件间通过石英毛细管进行气路连接。进样装置是配有 50μL 定量环的微型六通阀，其上游是富集器、下游是色谱柱。微型 SnO$_2$ 气体传感器（MICS-5524）安装在色谱柱的下游，用于检测分离后的挥发性生物标志物，其供电电压为 2.5V。

（6）工作过程

样品气体以 50mL/min 的流量流过富集器，其中的目标分析物被吸附剂所捕集。随后，将富集器加热至 250℃ 热解吸 5min，接着通入流量为 15mL/min 的合成空气，把解吸物送入取样状态的六通阀。取样 15s 后，六通阀旋转至进样状态，定量环中的样品被载气带入色谱柱中进行分离。柱温以 5℃/min 的速率从 30℃ 升至 50℃。分离后的组分依次进入检测器产生响应信号，获得色谱图。

测试结果表明，该系统对 4 种肺癌生物标志物甲苯、邻二甲苯、丙醇、环己烷的检出限分别为：$(24\pm3)\times10^{-9}$、$(5\pm1)\times10^{-9}$、$(21\pm3)\times10^{-9}$、$(112\pm5)\times10^{-9}$。

7.1.12 监测 VOCs 个体暴露的 μGC 系统

2018 年，Wang 等[15]报道了用于监测 VOCs 个体暴露的 μGC 系统（personal exposure monitoring microsystem，PEMM）。所研制的第一代样机称为 PEMM-1，其核心子系统由微加工部件构成，此外还包括非微加工部件、接口电路以及数据采集和控制软件等辅助系统。PEMM-1 为台式机，以交流电源供电，采用独特的预捕集、分流进样方式和氦气载气，在笔记本电脑控制下可自主运行，能够同时测量多种目标 VOCs 环境下的个体暴露量。研制 PEMM-1 的目的是收集数据和积累经验，为第二代可穿戴式 μGC 系统 PEMM-2 的设计、组装和运行提供借鉴和参考。

PEMM-1 中非微加工的部件有：预捕集器、微型泵、微型阀、小风扇、氦气罐等。该 μGC 系统重点测定的是中等挥发度范围（蒸气压 0.03~13kPa）的 VOCs。为消除样品中低挥发性物质的干扰，在微型富集器的上游设置了预捕集器。

PEMM-1 核心子系统为 MEMS 加工的硅玻部件，包括：双腔体微型富集器-聚焦器（μPCF）、串联式微型色谱柱（μSC）和集成的微型化学阻抗传感器（μCR）阵列。

（1）富集器

富集器芯片尺寸为 13.6mm×4.1mm，由两个容积约为 4.7μL 的腔体构成，中间用一排直径 150μm、间距 150μm 的圆形立柱隔开，腔体深度 380μm。利用 DRIE 工艺在硅片上刻蚀出腔体和流体通道，再与 200μm 厚的 Pyrex 晶片阳极键合，密封结构。在硅片背面制备 Ti/Pt 加热器和温度传感器。富集器的前腔装填 2.0mg Carbopack B 吸附剂，后腔装填 2.3mg Carbopack X 吸附剂。用环氧树脂将 μPCF 芯片固定在 PCB 上，并引线键合至焊盘，进行电气连接。

（2）色谱柱

分离模块由两个硅玻色谱柱芯片（3.1cm×3.1cm）串联而成。利用 DRIE 工艺在硅片上刻蚀色谱柱沟槽，然后与 500μm 厚的 Pyrex 盖片阳极键合。沟槽布局为正方形螺旋结构，尺寸为深 240μm×宽 150μm×长 3.1m。在硅片背面制备 Ti/Pt 加热器和温度传感器，静态法交联涂覆 PDMS 固定液。用去活石英毛细管将两色谱柱芯片连接在一起，安装至 PCB 并用环氧树脂固定，再进行引线键合。

（3）检测器

检测器为集成的化学阻抗传感器（μCR）阵列，芯片尺寸：33mm×20mm×0.5mm。该 μCR 阵列由两组叉指电极构成，其中一组电极用于检测分析物，另一组备用。每组包含 5 个叉指电极，每个电极的指对数为 27、指宽度 5μm、指间距 4μm，敏感膜为 5 种硫醇单层保护的金纳米颗粒（MPNs，粒径 3.5~5nm），用于多通道检测和识别洗脱的 VOCs 组分。通过标准剥离工艺将 Au/Cr 叉指电极、Ti/Pt 加热器和 Au/Cr 温度传感器分别制备在 Pyrex 基片的正面和背面。利用滴铸法将每种 MPNs 溶液涂覆在相应的叉指电极表面，干燥后形成敏感膜，膜厚度约为 200~500nm。再用刻蚀有凹槽的硅顶盖将 μCR 阵列封闭在检测池中，安装流体端口。将检测器芯片插入载体 PCB，整个部件用接地的法拉第笼覆盖。

（4）系统集成与样机组装

样机组装使用两块定制的 PCB，其中一块集中安装微加工部件，另一块用于装配微型泵、微型阀和小风扇。所有载体 PCB 都被固定在仪器的底座板上。将微系统的各部件进行集成、组装，得到 PEMM-1 样机，其尺寸为 19cm×30cm×14cm，重量约 3.5kg。见图 7-15 和图 7-16。

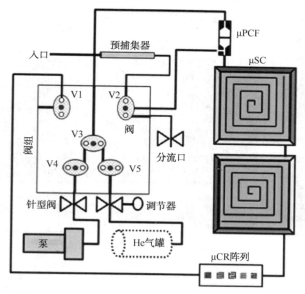

图 7-15 PEMM-1 的流路系统与分析部件布局图[15]

（5）系统控制、数据采集与处理

PEMM-1 基于笔记本电脑操作，由图形用户界面进行操作参数设置、实现功能控制。采用独立 PID 反馈回路设计，通过固态继电器和生成信号的 PWM 方式控制加热速率和温度。

将色谱图原始数据存储为文本文件，经 OriginPro 软件处理后获得色谱图，再利用 Excel 软件生成校准曲线回归模型和响应模式。

（6）工作过程

PEMM-1 的工作过程为：采样-分析-冷却-复位，整个过程在程序控制下自主完成。

首先，空气样品在微型泵的抽吸作用下进入预捕集器，样品中低挥发性干扰 VOCs 被预捕集器所保留，经过处理的样品随之流过 μPCF，其中的目标 VOCs 被

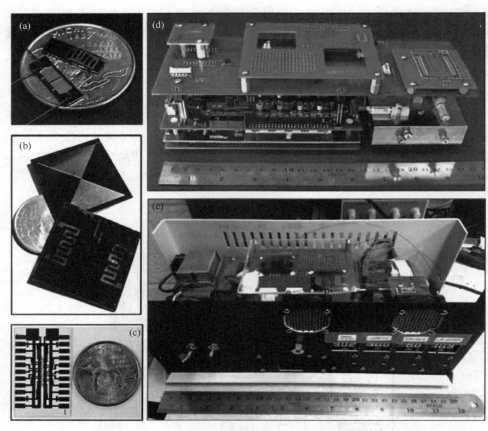

图 7-16　监测 VOCs 个体暴露的第一代 μGC 系统[15]
（a）μPCF 芯片；（b）μSC 芯片；（c）μCR 阵列芯片；
（d）装配好的 PCB 和阀组；（e）完全封装的 PEMM-1 样机（移去外盖）

定量富集在两个吸附剂床中。关闭微型泵、进行阀切换，使氦气流通过系统，同时 μPCF 迅速加热，将富集的 VOCs 解吸出来，在分流/不分流进样方式下解吸气被快速送入色谱柱，VOCs 混合物在串联双柱上进行温度程序分离。洗脱后的组分进入 μCR 阵列检测器，产生响应信号，获得色谱图。样品分析完成后，再次阀切换使氦气流方向反转，对预捕集器和流体管路进行冲洗，将残留的 VOCs 吹扫干净并使 μPCF 和色谱柱冷却至起始状态，为下一个分析循环做好准备。

　　对仪器进行了部件级和系统级性能测试，结果表明，PEMM-1 对空气样品的分析周期为 8min，进样带宽<1s，在 7 种干扰物存在下，于 4min 内实现了对 17 种目标 VOCs 混合物的完全分离，检出限为 10^{-6} 量级。仪器每天可连续自主运行 8h，期间能够进行 60 次循环测定。仪器运行稳定可靠，测定结果的中期（1 周内）再现性良好。

2019 年，该小组又推出了监测 VOCs 个体暴露的第二代样机 PEMM-2[16]。该装置是第一代样机 PEMM-1 的改进型，机内装配有 MEMS 部件、非 MEMS 部件、板载微控制硬件和软件，采用电池组供电，体积是其前身的 1/3，重量是其 60%。PEMM-2 设计为可穿戴式，能够佩戴在受试者腰带上进行 VOCs 暴露的近实时现场监测，每小时可对空气样品中 10~20 种 VOCs 自动测量 6~10 次。

PEMM-2 仍采用预捕集、分流进样和 He 载气。预捕集器是一小段毛细管柱，用于消除样品中低挥发性物质的干扰；分流进样旨在提高早期洗脱 VOCs 组分的色谱分辨率；内置小型氢气罐提供载气。PEMM-2 的特点还包括：改进的传感器信号放大和调节电路；基于系统功能和数据采集的板载微控制器；以及用于无线通信的配套树莓派(Raspberry Pi，RP)模块。

在 PEMM-2 的 MEMS 部件中，富集器(μPCF)和检测器(μCR)均与 PEMM-1 相同，但色谱柱(μSC)与之不同，以单片集成的三段式色谱柱芯片取代了原来的双柱分离模块。与 PEMM-1 相比，PEMM-2 能够分析更加复杂的样品混合物，具有更低的检出限、更强的 VOCs 组分识别能力和更低的运行功耗。

(1) 富集器

富集器同 PEMM-1[15]。

(2) 色谱柱

采用单片集成的三段式色谱柱 μSC，芯片尺寸为 7.1cm×2.7cm，见图 7-17[17]。色谱柱通道总长度为 6m，由三段相互连通的螺旋通道(深 240μm×宽 150μm×长 2m)构成。每一柱段都设有独立的电阻加热器和温度传感器(RTD)，可对该柱段进行单独加热和控温，以实现区域加热的操作模式，并有效降低温度梯度和功耗。为减轻各柱段之间的热串扰，在每一螺旋通道周边设置有独特的隔热结构，内有 3~4 条散热片。与 PEMM-1 的双柱分离模块相比，该 μSC 芯片具有更小的尺寸、更少的互连和更低的功耗。加工过程如下：

首先在厚 0.5mm、直径 100mm、双面抛光的(100)硅晶片两面热氧化生长 1.5μm 厚 SiO_2 层，然后光刻定义出色谱柱通道、隔热结构及通道端口，接着用 RIE 工艺刻蚀 SiO_2 层以形成硬掩膜。在硅片正面重涂光刻胶，选择性地对隔热结构和通道端口图形化，用 DRIE 工艺刻蚀 140μm 的深度。剥离光刻胶，在原 SiO_2 掩膜上 DRIE 创建出色谱柱通道，并继续刻蚀散热片和端口部分，直至刻蚀深度达 400μm。接下来，用缓冲 HF 溶液选择性剥离硅片正面的 SiO_2 掩膜，然后将厚 0.2mm、直径 100mm 的 Pyrex 晶片阳极键合到硅片正面，密封微通道。随后，采用电子束蒸发和剥离工艺在硅片背面制备 Ti/Pt(30nm/360nm)加热器和温度传感器。再从硅片背面对隔热结构图形化，RIE 去除 SiO_2 层后，用 DRIE 刻穿硅片，获得隔热结构。切割晶圆，安装入口/出口毛细管，静态法涂覆 PDMS 固定液。用环氧树脂将 μSC 芯片固定到 PCB 上，并引线键合至焊盘进行电气连接。

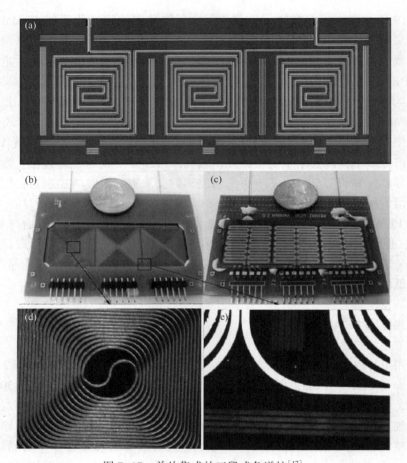

图 7-17　单片集成的三段式色谱柱[17]

（a）色谱柱螺旋通道与隔热结构概念布局图；（b）（c）安装在载体 PCB 上的 μSC
芯片正面与背面；（d）螺旋通道中心放大图；（e）隔热结构放大图

（3）检测器

检测器同 PEMM-1[15]。

（4）样机组装

将构成 μGC 系统的各部件按照体积最小化要求进行连接和装配，得到 PEMM-2 样机，尺寸为 20cm×15cm×9cm，重量约 2.1kg（不含电池）。见图 7-18。

（5）系统控制与数据采集

采用具有无线功能的树莓派（RP）微型计算机模块存储所获取的数据，RP 同时还用作嵌入式微控制器与连接到同一局域网的远程笔记本电脑之间的接口。通过自定义的 Web 图形用户界面实现与笔记本电脑之间的通信，以便在测定过程

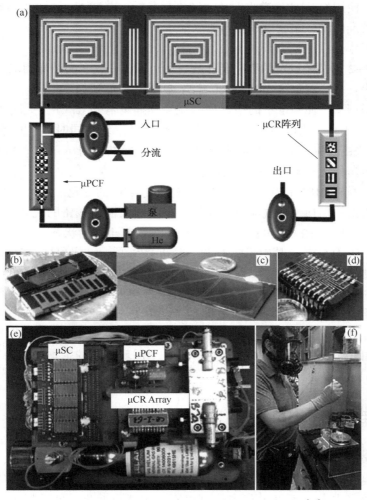

图7-18 监测VOCs个体暴露的第二代μGC系统[16]

(a)流路系统布局图；(b)μPCF芯片；(c)μSC芯片；(d)μCR阵列芯片；

(e)完全封装的PEMM-2样机(移去外盖)；(f)模拟现场测试

中调整控件和监控μCR阵列的输出。PEMM-2的硬件系统支持仪器自主运行，而数据检索、设定点和定时调整以及实时更新等均由RP来完成。在运行每次实验之前，需将仪器的各种操作参数，包括：RTD校准因子、μPCF和μSC温度程序、μCR参考电阻匹配和运行中操作模式的时序等输入到Excel宏中，将其转换为机器可读的配置文件后，再通过USB连接上传到PEMM-2系统存储器。

(6) 数据管理与处理

测定过程中产生的原始色谱图数据(即μCR阵列输出信号)被直接存储在PEMM-2中，再无线传输到笔记本电脑进行显示、存储、信号转换以及对数据的后续处理。使用 OriginPro 软件对色谱图进行分析，并在 Microsoft Excel 中生成回归模型、校准曲线、响应模式和其他数据图。

（7）工作过程

PEMM-2 可按照设定的程序和参数自主运行，完成多次循环测定。一个标准工作过程为：采样-进样-分离-多道检测-初始化。简述如下：

开启微型泵，使一定量的空气样品流经预捕集器和 μPCF。关闭微型泵、进行阀切换，使氦气流以 $2\sim3mL/min$ 的流速通过系统，同时 μPCF 迅速加热到 225℃，解吸的 VOCs 在分流/不分流进样方式下被快速导入 μSC。VOCs 混合物在三段式色谱柱上进行程序升温分离。洗脱的组分进入检测器，可逆地分配到 μCR 阵列不同的 MPN 敏感膜中，引起传感器电阻值的变化，产生检测信号和响应模式。再次阀切换使氦气流方向反转，将预捕集器内残留的化合物吹扫干净；同时开启小风扇对 μPCF 和 μSC 降温，使系统恢复至初始状态。完成一次典型的循环测定用时为 6min，其中采样 1min、分析 2.5min、冷却和复位 2.5min。

性能测试表明，PEMM-2 对 9 种 VOCs 组分的检出限为 $(33\sim600)\times10^{-9}$，响应值和响应模式在 5d 内保持稳定。以 5 组分的 VOCs 混合物为样品进行了模拟现场测试，将 PEMM-2 佩戴在受试者腰带上，每隔 5min 完成一次自主测定，连续运行 60min 进行近实时现场监测。结果显示，PEMM-2 的测定结果与 GC-FID 的参考测量值非常接近。PEMM-2 运行一次典型循环测定的平均功耗为 5.8W，仅为 PEMM-1 的 68%。

7.2 单片集成的 μGC 系统

单片集成（monolithic integration）是指在同一衬底上制备有源器件、无源器件以及电子电路。单片集成可以减小器件的寄生效应和尺寸，提高器件的速率和成品率。单片集成 μGC 系统的优点是可以实现仪器小型化、批量制造、更少的装配步骤、更低的成本、更小的流体组件和死体积、更好的泄漏耐受性，缺点是各部件之间不易实现良好绝热。

2011 年，Manginell 等[18]将微型富集器、色谱柱、检测器制备在同一硅衬底上，研制了单片集成的 μGC 系统，见图 7-19。

色谱柱沟槽布局为螺旋形，通道尺寸：深 $400\mu m\times$宽 $100\mu m\times$长 86cm，见图 7-19（a）。富集器和检测器采用相同的微机械谐振器设计，见图 7-19（b）[19]。该器件属于电磁激励的质量敏感型谐振器，利用交流电在磁场中产生的洛伦兹力来驱动谐振器平台发生机械振荡。谐振器上涂有选择性捕集分析物的聚合物涂层，当分离后的组分进入检测器时，聚合物涂层捕集分析物，引起谐振器质量的变化，导致其振荡频率发生偏移，根据谐振频率与其质量的平方根成反比的原理进

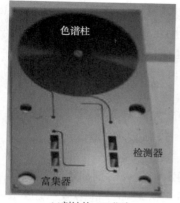

(a)刻蚀的μGC芯片

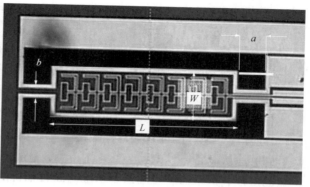

$L=1500\mu m$，$W=600\mu m$，$a=200\mu m$，$b=160\mu m$

(b)谐振器俯视图

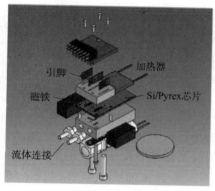

(c)器件封装实体模型

(d)器件封装照片(不含磁铁和加热器)

图 7-19 单片集成的 μGC 系统[18,19]

行检测。如果在谐振器上增加一个解吸加热器，就变成了质量敏感的富集器。该富集器采样时，一旦检测到富集了足够的分析物，加热器就会迅速加热使分析物解吸，避免了过度富集，节约了富集时间，更适用于快速检测的需要。该 μGC 系统的设计中，由于富集器和检测器两个重要部件可使用相同的 MEMS 加工平台，使制造过程大为简化。

（1）μGC 芯片加工

在一块厚 500μm、带有 5μm 器件层和 1μm 埋氧层（BOX）的 SOI 晶片上加工 μGC 芯片。首先采用 LPCVD 工艺在晶片两面沉积 500nm 厚的氮化硅薄膜。该膜的低应力特性使得由薄膜诱导产生的谐振器共振频率的变化最小化，并提供与器件层的电绝缘。晶片用标准方法清洗后，利用电子束蒸发-剥离工艺制备 15nm/750nm 厚的 Cr/Au 换能器和加热器。剥离和清洗后，用光刻胶定义出谐振器和贯通孔的边界，利用 RIE 工艺刻蚀氮化硅层，暴露出下面的 Si 器件层。重涂光刻胶，使用 Bosch-DRIE 工艺刻蚀 Si 器件层，至 BOX 层时停止刻蚀。此时，谐振器被定义完毕，器件层中的圆孔也被刻蚀。倒数第二步的刻蚀步骤，是从硅片背面完全剥离氮化硅层，暴露晶片。以谐振器为中心，用对准器将圆孔与贯通孔对准，将谐振器矩形图案定义在光刻胶上，色谱柱也在该步骤中被定义。采用DRIE工艺从晶片背面刻蚀，直至BOX层停止，接着再用RIE或缓冲氧化物刻蚀工艺去除剩余的BOX，释放谐振器，并使圆孔贯通。

利用超声波工艺在Pyrex 7740晶片上加工出与SOI晶片对准的端口，然后将Pyrex晶片与刻蚀好的SOI晶片阳极键合。切割器件，获得μGC芯片。

（2）涂层制备

色谱柱、富集器、检测器子系统均涂有独特的固定相或吸附剂涂层，以实现其各自的功能。在富集器/检测器（谐振器）表面的适当区域喷涂硅溶胶–凝胶吸附材料，以捕集目标分析物（有机膦酸酯化合物）。色谱柱首先用不含气泡的二甲基（二甲氨基）乙烯基硅烷溶液充满，并在60℃下加热1h，再用氮气流冲洗30min。然后用含有1.6%（v/v）偶氮二异丁腈的聚二甲基硅氧烷溶液（与二氯甲烷和戊烷按0.01∶3.94∶3.94比例混合）进行动态涂渍。将色谱柱在真空下加热至40℃并保持2.5h，然后在120℃下烘烤10min。

（3）器件封装

器件封装模型如图7-19（c）所示。用两块PEEK材料将μGC芯片夹紧、固定，并进行电气连接和流体连接。将一个电阻加热器粘附在靠近色谱柱一端的芯片上，以便为色谱分离过程提供所需温度。两块微型磁铁装配于芯片的两侧，用于驱动谐振器工作。一个微型阀装配在仪器底部，用于μGC系统工作时在采样模式与分析模式之间进行切换。

性能测试表明，该单片集成的μGC系统，在1.5min内实现了对4种化学战剂模拟剂［膦酸二甲酯（DMMP）、膦酸二乙酯（DEMP）、膦酸二异丙酯（DIMP）和水杨酸甲酯（MS）］良好的分离测定。

7.3　集成有Knudsen泵的μGC系统

7.3.1　堆叠集成的"iGC1"系统

Qin等[20,21]报道了一种堆叠集成的、含有微加工非机械泵的μGC系统，该系统包括微加工的Knudsen泵（Knudsen pump，KP）、富集器、色谱分离柱和基于放电的检测器四个部件。采用三掩膜光刻工艺，将μGC系统的四个部件共同设计、共同制造在同一块玻璃晶片上，并提出了一种新颖的"堆叠架构（stackable architecture）"方式用于系统集成，研制了"iGC1"系统。

大多数μGC系统中一般采用商品微型机械泵输送气流，而该方案首次将微加工的非机械式 Knudsen 泵集成到了 μGC 系统中。因该泵结构中不存在运动部件，由此提高了仪器的可靠性。这种堆叠架构集成方式具有部件易更换的优越性，不同的部件设计很容易拆装，可针对各种应用进行灵活调配。堆叠架构无须使用毛细管流体互连，为实现 μGC 系统的进一步小型化提供了途径。此外，系统的四个部件采用共享的标准化微加工工艺制造，成本低廉，简单易行，有利于实现器件的批量加工。

（1）部件结构与堆叠架构的设计

Knudsen 泵、富集器、色谱柱、检测器四部件的结构与系统堆叠架构设计立体图和截面图参见图 7-20（a）、（b）。

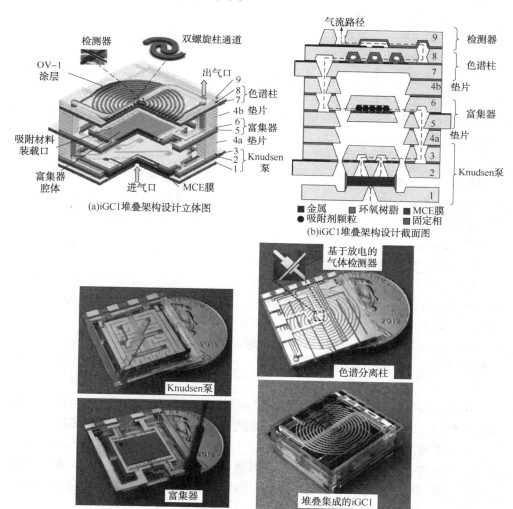

图 7-20　堆叠集成的 iGC1 系统[20,21]

Knudsen 泵属于非机械泵，本身没有运动部件，由狭窄通道中气体分子的热蒸发驱动。处于狭窄通道中的气体分子会对抗温度梯度从通道的冷端向热端流动，由此形成气流。该 Knudsen 泵由一叠(4层)纳米多孔混合纤维素酯(MCE)膜片和 3 个微加工的玻璃块(块 1~块 3，厚度 500μm)组成。MCE 膜(厚度约105μm，孔径约 25nm，孔隙率约 70%)的孔径与大气压下空气分子的平均自由程相近，用于提供狭窄通道。所用膜片尺寸为 1.2cm×1.2cm，构成有效泵吸面积。微加工的玻璃块上有凹槽阵列、通孔和薄膜加热器。Knudsen 泵的基本结构为：玻璃块 1 和块 2 将一叠 MCE 膜片夹在中间，玻璃块 3 作为泵的顶盖与块 2 接合在一起密封通道。玻璃块 1 上的凹槽阵列和块 2 上的通孔便于气体流过 MCE 膜，而玻璃块 3 上的凹槽引导气体流向下游部件。通过玻璃块 2 上的薄膜加热器和装配在玻璃块 1 底面的散热器施加温度梯度。散热器是一块面积比 Knudsen 泵稍大的铝板，上面加工有进气孔。

富集器采用单吸附床设计，由玻璃块 5 和块 6 粘合构成容积为 11mm³ 的腔体。玻璃块 5 上制备有薄膜加热器，用于解吸加热。富集器上加工有气体入口/出口以及吸附材料装载口，在入口/出口处设有拦挡吸附剂颗粒的微型立柱。该研究中选择 Carbograph 2 颗粒(比表面积 $10m^2/g$)作为烷烃混合物样品的吸附材料。

色谱柱通道为圆形双螺旋结构，总长度约 25cm，通道横截面近似为半椭圆形(宽度≈300μm，深度≈200μm)，其水力直径约为 230μm，固定相为非极性的聚二甲基硅氧烷 OV-1。色谱柱由玻璃块 7 与块 8 粘合而成。玻璃块 7 的顶面制备有薄膜加热器，用于色谱柱加热；玻璃块 8 用作色谱柱顶盖，其底面上加工有色谱柱沟槽，而顶面还用于承载检测器电极。

检测器采用基于微放电的气体检测器。在两个间距为 50μm 的金属薄膜电极之间施加高压脉冲，使其产生局部微放电，分析物的微等离子体产生发射光谱，利用其中碳元素的发射谱带进行检测。用于产生微放电的薄膜电极加工在玻璃块 8 的顶面，块 9 的凹槽结构引导气体通过检测器，然后放空。分析物产生的发射光谱通过光纤引导至手持式光谱仪，光学信号由笔记本电脑控制的光谱仪检测。

将 Knudsen 泵、富集器、色谱柱、检测器四个部件自下而上顺序排列，装配成堆叠架构，并形成串联的气体流路。位于上游的 Knudsen 泵驱动样品气流流动，富集器捕集样品中分析物并沿相同的气流方向解吸，解吸后的气体分析物进入色谱柱分离，洗脱后的各组分由检测器进行检测。Knudsen 泵、富集器、色谱柱三者相邻部件之间的热串扰利用微加工的玻璃垫片(块 4a 和块 4b)和每层中的切口或空隙来抑制。采用与其他玻璃块相同的喷砂微加工工艺制备玻璃垫片。根据需要可以在系统中添加若干个垫片，以实现良好的绝热性能。

（2）部件加工与系统装配

μGC1 系统的四个部件采用共享的三掩膜标准化微加工工艺制造。该工艺使用一个掩膜进行玻璃晶片金属化、两个掩膜进行微磨料喷射机械加工（喷砂）。选择 500μm 厚的硼硅酸盐玻璃晶片作为衬底材料（也可用其他种类的玻璃）。首先，利用电子束蒸发工艺在玻璃晶片上沉积 25nm/100nm 厚的 Ti/Pt 金属层，通过剥离工艺图形化，形成加热器、温度传感器和微放电电极。接下来对金属化的玻璃晶片进行两步喷砂处理，每步各需要一个掩膜。第一步喷砂处理使晶片的非金属化一面形成凹槽，构成面内气体流动通道。该喷砂加工形成的凹槽具有 22° 的锥角和 125μm 的底边半径，凹槽深度在 150~300μm 范围内。第二步喷砂处理加工出贯穿晶片的通孔和切口。贯通孔形成层间气体流动通道，而切口提供面内绝热以及用于层间绝热的垫片。

由于 Knudsen 泵、富集器、色谱柱、检测器四个部件共同制备在同一玻璃晶片上，而每个部件又由不同的玻璃块组成，故在组装之前先对加工好的玻璃晶片进行切割，再将各玻璃块组装成相应的部件，最后进行总装。

Knudsen 泵由 3 个玻璃块和一叠 MCE 膜片组成，按照玻璃/MCE 膜/玻璃叠层组装。首先用低黏度环氧树脂将玻璃块 2 与块 3 粘合，于 150℃ 固化后，使两个玻璃块之间形成无泄漏粘接。接下来，将玻璃块 2-块 3、MCE 膜（4 层）、玻璃块 1 从上到下依次堆叠粘合。最后，用黏性更强的环氧树脂将 MCE 膜片四周密封。

富集器借助环氧树脂来组装。先用低黏度环氧树脂将玻璃块 5 和块 6 粘合起来，形成富集器腔体，然后在负压下将吸附剂颗粒 Carbograph 2 从装载口填入腔体中，再用环氧树脂将装载口封闭。

色谱柱利用 SU-8 进行组装。首先，在玻璃块 7 的金属化面和块 8 的凹槽面旋涂增黏剂 Omnicoat，烘焙后再旋涂上一薄层 SU-8。将玻璃块 8 置于 150℃ 下软烘焙，以防止 SU-8 堵塞色谱柱通道。随后将两玻璃块对齐堆叠，在 95℃ 下进行第二次软烘焙，使 SU-8 流体逐渐填满啮合面之间的空隙，实现无泄漏粘合。再将该器件暴露在紫外线辐射下，于 150℃ 进行硬烘焙以固化 SU-8。经过上述处理后，色谱柱的通道表面完全被 SU-8 层所覆盖，为固定相的涂覆创造了有利条件。SU-8 层的覆盖不仅使喷砂产生的粗糙的沟槽表面变得平滑，还为固定相提供了均匀的粘附强度。接下来采用静态法交联涂渍固定相：首先将固定相 OV-1 及交联剂过氧化二异丙苯溶解在戊烷溶剂中，再使固定相溶液充满色谱柱。随后将色谱柱一端密封，在真空下使戊烷从柱的另一端蒸发，在柱内壁上留下 OV-1 涂层。之后，把色谱柱加热到 150℃ 并过夜，以完全除去溶剂并进行固定相的交联。最后测得 OV-1 固定相的涂层厚度约为 0.2μm。

检测器用环氧树脂将玻璃块 9 粘合到玻璃块 8 上来组装。

　　各部件完成组装后，通过使用一定数量的玻璃垫片将四部件按照顺序全部装配在一起，并在 Knudsen 泵的底面安装上铝板散热器，最终实现了整个 iGC1 系统的堆叠集成。图 7-20(c) 显示了制备完成的各部件与集成的 iGC1。集成后的 iGC1 系统占用面积为 $3.2cm^2$，装置的高度取决于装配时所使用的垫片数量。iGC1 系统共使用了 14 个垫片，总高度约为 1.15cm，相应的体积为 $3.7cm^3$，重量约为 5g。

　　性能测试显示，以 1.1W 的功率为 Knudsen 泵供电，获得的载气(N_2)流量为 0.2sccm。iGC1 在不到 60s 的时间内实现了对戊烷、庚烷、辛烷混合物的成功分离和检测。其中，采样时间 5min，分析时间 1min，典型功耗为 1.5W。该系统可根据工作需要进行灵活配置，例如对于更复杂的气体样品，可直接堆叠集成多根色谱柱，甚至能构建为 2D-GC 系统。

7.3.2　堆叠集成的"iGC2"系统

　　随后，Qin 等人[22]又对 Knudsen 泵和富集器进行了改进，采用双向 Knudsen 泵和两级富集器，推出了第二代堆叠集成的 μGC 系统——"iGC2"。该系统包括微加工的双向 Knudsen 泵、两级富集器、色谱分离柱和基于微放电的检测器。两级富集器用于富集挥发度范围较宽的复杂样品，双向 Knudsen 泵为采样阶段与分析阶段提供方向相反的气流，以满足多级富集器的需要，创新地实现了无阀 μGC 系统中气流的双向运行。见图 7-21。

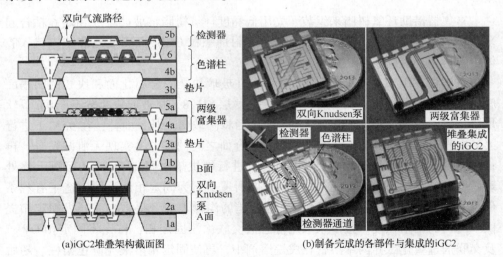

(a)iGC2堆叠架构截面图　　　　　　(b)制备完成的各部件与集成的iGC2

图 7-21　堆叠集成的 iGC2 系统[22]

　　双向 Knudsen 泵由玻璃/MCE 膜/玻璃叠层构成。上下各由两层微加工的玻璃块(块 1a、块 2a；块 1b、块 2b)将一叠(4 层)MCE 膜夹在中间。与 MCE 膜两侧(A 面、B 面)相接触的内层玻璃块(块 2a、块 2b)上加工有薄膜加热器、温度传感器和贯通孔；另两个外层玻璃块（块 1a、块 1b）上有引导气流的凹槽阵列；在玻璃块 1a 的底面装配铝板散热器。在采样阶段，将 A 面加热、B 面冷却，气体样品进入系统，先通过检测器和色谱柱，然后进入富集器被富集；在分析阶段，将 B 面加热、A 面冷却，使气流方向发生反转，同时富集的分析物从富集器热解吸，被送入色谱柱分离并由检测器测定。

富集器为通道形腔室。通道宽度约 1mm，深度约 200μm，由玻璃块 4a、块 5a 构成。通道内装有 4 种串联排列的颗粒：玻璃珠（直径 150~180μm）、吸附剂 Carbograph 2（比表面积约 $10m^2/g$，粒径 120~150μm）、吸附剂 Carbopack B（比表面积约 $100m^2/g$，粒径 112~140μm）、玻璃珠（直径 150~180μm）。Carbograph 2 用于捕集挥发性较低的组分（如甲苯和二甲苯），而 Carbopack B 用于捕集挥发性较高的组分（如苯），位于两端的玻璃珠将吸附剂颗粒限制在热解吸温度最高的中央区域。

色谱柱与检测器的结构以及各器件的加工、集成同 iGC1[21]。集成后的 iGC2 系统占用面积为 $3.6cm^2$，体积为 $4.3cm^3$。

性能测试表明，iGC2 系统在 80s 内实现了对苯、甲苯、间二甲苯混合物的分离。当采样时间为 10min、分析时间为 1.5min 时，系统的平均功耗为 3.2W。

7.3.3 平面集成的"iGC3"系统

在先期推出的 iGC1 和 iGC2 系统中，检测器是基于微放电的气体检测器。虽然两个用于放电的金属薄膜电极被集成在微系统中，但分析物产生的发射光谱需要借助光纤传导至系统外部的光谱仪进行检测，未达到微系统的完全集成。Qin 等[23,24]针对上述不足进行了改进，采用带有电子接口的电容式气体检测器代替微放电气体检测器，结合两级双向 Knudsen 泵、两级富集器、串联色谱柱，研制了平面集成的 μGC 系统——"iGC3"。电容式气体检测器为片上叉指电极结构，可方便地制成易于集成的微加工器件，该检测器产生的响应信号直接由集成电路芯片测量，不再依赖于系统外部设备，从而可实现完全集成的 μGC 系统。与其他类型检测器相比，电容式气体检测器还兼备市售的低成本电子接口、室温下操作、制造简单的优点。iGC3 系统又分为 iGC3.c1 系统和 iGC3.c2 系统。

7.3.3.1 iGC3.c1 系统

（1）部件结构与系统架构的设计

采用两级双向 Knudsen 泵输送气流，即两个相同的双向 Knudsen 泵串联使用，以满足分析过程中气流换向的需要以及提供更高的输出压力。泵结构设计为上下各由两层微加工的玻璃块将一叠 500μm 厚的 MCE 膜夹在中间，玻璃块上加工有流体通道、Ti/Pt 薄膜加热器、温度传感器，在玻璃块的外侧装配散热器。通过选择性地对 MCE 膜两侧的 A 面或 B 面进行加热来控制气流方向，以实现由采样阶段切换为分析阶段时气流方向发生反转。两级 Knudsen 泵的使用扩大了输出的气体流量范围。

富集器为 U 形通道，装有两段不同性质的吸附剂颗粒 Carbopack-B 和 Carbopack-X，构成两级富集器，用以捕集较宽蒸气压范围的分析物。通道两端分别用微型立柱和玻璃珠将吸附剂颗粒限制在解吸加热区域。利用环氧树脂将富集器悬浮固定在玻璃垫片上，以降低热应力和减少热损失。见图 7-22(b)。

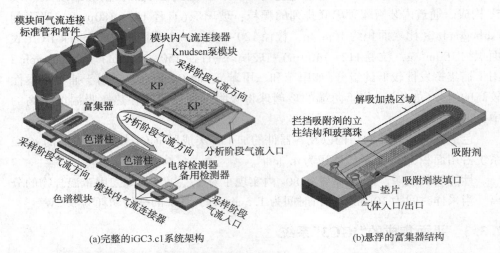

(a)完整的iGC3.c1系统架构　　　　　　　　(b)悬浮的富集器结构

(c)Knudsen泵模块实物照片(顶面散热器被移除)

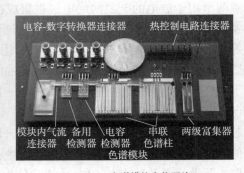

(d)色谱模块实物照片

图 7-22　平面集成的 iGC3.c1 系统[23]

色谱柱为蛇形通道，其水力直径约为 230μm，通道长度 30cm，通道内涂有 0.2μm 厚的 OV-1 固定相膜。采用双柱串联方式，通道总长度约为 60cm。该设计可方便地实施多级色谱柱的串联，为应对复杂样品的分离提供了有效途径。

电容式气体检测器采用叉指电极结构，电极表面涂覆一层 OV-1 聚合物敏感膜(厚度≈0.25μm)。其检测原理为[25]：经色谱柱分离后进入检测器的组分被聚合物膜所吸附，导致聚合物膜的厚度和介电常数发生变化。这两种效应都会改变电场线的分布，从而引起检测器电容的变化，由此产生对组分的响应信号。通过在玻璃晶片上沉积 25nm/100nm 厚的 Ti/Pt 金属薄膜，经图形化后制备叉指电极，其指宽度和指间距均为 1μm。同时加工两个相同的电容检测器，一个用于信号检测，另一个备用。

iGC3 系统采用模块化设计，由色谱模块和 Knudsen 泵（KP）模块组成。前者包括富集器、串联色谱柱和电容式检测器；后者是两级双向 Knudsen 泵。模块化的设计为系统重构提供了便利。因 Knudsen 泵需要单独配备外部散热器，为避免模块间相互干扰，采用了分区布局的系统架构，即先构建单独的色谱模块和 KP 模块，再将两模块进行集成，见图 7-22（a）。而每一模块构建时，所有部件按顺序排成直线，利用微加工的气流连接器实现部件之间的连接，组装为平面型模块。与堆叠集成相比，该平面集成方式提供了更佳的绝热性能。

（2）部件的加工、组装与系统集成

iGC3 系统所有部件均采用常规的三掩膜微加工工艺共同制造。在一块 500μm 厚的玻璃晶片上采用喷砂工艺加工流体通道和贯通孔；而在另一块玻璃晶片上利用金属化工艺制备薄膜加热器、温度传感器和电容电极。切割晶片，借助环氧树脂将相应的玻璃块组装成各部件。与之前 iGC1 中在同一块玻璃晶片上依次进行金属化和喷砂处理的工艺相比，这种在不同玻璃晶片上分别进行金属化和喷砂的工艺方法提高了制造速度和加工成品率。

电容式检测器加工中有一个备选步骤，即利用原子层沉积工艺在金属化的晶片上涂覆一层 10nm 厚的 Al_2O_3 膜，可防止灰尘引起的潜在短路问题。但如果是在洁净环境中进行组装则不需要此步骤，直接在金属化的晶片上旋涂 OV-1 层，然后与喷砂的晶片粘合。

将组装好的富集器、色谱柱、检测器集成在同一块 PCB 上，构成色谱模块；而两级双向 Knudsen 泵集成至具有散热器的 PCB 上，构成 KP 模块。模块内各部件之间用微型气流连接器进行连接，如图 7-22（c）、（d）所示。最后，利用标准化卡压式管件将两模块连接在一起，获得完全集成的 iGC3.c1 系统。

对 iGC3.c1 系统进行了性能测试，样品为含有 12 种有机物的气体混合物，浓度（1~10）×10⁻⁶。以室内空气作载气，Knudsen 泵提供的载气流量为 0.2sccm，富集器解吸温度 250℃，色谱柱和检测器的温度均为室温。结果表明，样品混合物在 5min 内实现了基线分离，计算的预期检出限为：戊烷 $2×10^{-6}$、苯 $230×10^{-9}$、邻二甲苯 $70×10^{-9}$、己醛 $20×10^{-9}$。

7.3.3.2 iGC3.c2 系统

iGC3.c2 的系统架构和集成方式与 iGC3.c1 相同，也是将色谱模块与 KP 模块进行平面集成。色谱模块包括两级富集器、串联双柱和互补式电容检测器；

KP 模块是两级双向 Knudsen 泵。其中富集器、色谱柱的结构以及加工、组装同 iGC3.c1，两系统的主要差别在于检测器：iGC3.c1 系统采用简单的单个电容检测器，而 iGC3.c2 系统中使用了两个具有不同涂层厚度的电容检测器进行互补式检测。该设计的优点在于能够提高对目标分析物的识别能力，解决共馏峰的解析问题，使分析结果更加准确可靠。

（1）部件结构设计

检测器设计为叉指电极结构的互补式电容检测器，指宽度和指间距均为 $1\mu m$，每个电极占用的面积为 $1mm^2$，两检测器以串联方式排列在色谱柱下游，封闭在宽 $800\mu m$、高 $300\mu m$ 的气流通道中。在叉指电极表面涂覆上不同厚度的非极性聚合物 OV-1 薄膜。第一个检测器 CapDet1 涂覆的 OV-1 膜厚度为 $0.25\mu m$。由于该膜的厚度明显小于电极指宽度和指间距，使得电场线分布至整个聚合物膜区域内并延伸至膜层外。当聚合物膜吸附组分后，其厚度和介电常数均发生变化，使电场线的分布发生改变，从而引起检测器电容的变化。该响应值大小一方面与聚合物膜的溶胀程度有关，此外还与膜内介电常数的变化量有关。这两种效应的作用结果使该检测器的电容变化 $\Delta C1$ 始终为正，故所有组分在 CapDet1 上的响应信号均表现为正峰。第二个检测器 CapDet2 上 OV-1 膜层的厚度为 $1.6\mu m$。因该膜厚度大于电极指宽度和指间距，用于感应的电场线仅分布在聚合物膜层的下部，聚合物膜的溶胀不会引起电容变化，即膜厚度变化对 $\Delta C2$ 没有贡献。但另一方面，由于电场线完全被聚合物膜所包含，组分分子被聚合物膜吸附后引起的介电常数变化会对电容产生强烈影响。因此，在有电场线分布的聚合物膜区域内，电容变化 $\Delta C2$ 几乎完全取决于组分与聚合物的介电常数之差 $\Delta\varepsilon$，该差值越大，响应信号越强。依据组分与聚合物间介电常数的相对大小，$\Delta C2$ 既可以为正，也可以为负，即 CapDet2 对不同组分给出的色谱峰可表现为正峰或倒峰。而介电常数又与组分的性质有关，故可根据色谱图上的出峰情况推断组分类型，以辅助定性。由此可见，CapDet1 和 CapDet2 给出的色谱图分别反映了不同的响应特性。利用两个不同涂层厚度的检测器在响应特性上的差异进行互补检测，能够为定性分析提供更多信息，并可应用于共馏峰的解析。

双向 Knudsen 泵结构为上下各由三层微加工的玻璃块将一叠 MCE 膜片夹在中间。MCE 膜层的总厚度为 $500\mu m$，面积为 $16\times16mm^2$。与 MCE 膜两侧相接触的两个内层玻璃块上加工有流体通道，中层玻璃块上有嵌入式薄膜加热器和温度传感器，而两个外层玻璃块用于装配鳍片散热器及进行平面固定。

（2）部件加工、组装与系统集成

各部件的加工、组装同 iGC3.c1 系统，即采用三掩膜微加工工艺共同制造在玻璃晶片上。在两块 $500\mu m$ 厚的玻璃晶片上分别进行喷砂和金属化微加工，切割后用环氧树脂将相应的玻璃块粘合起来，组装成不同部件。利用微加工的气流连接器和垫片将各部件平面集成为色谱模块和 KP 模块，再将两模块分别安装在各自的 PCB 上。为了防止电磁干扰，将色谱模块中的 CapDet1 用接地的铝箔屏蔽起来。最后通过模块间连接器完成 iGC3. c2 系统的集成，总占用面积为 $8 \times 10 cm^2$。见图 7-23。

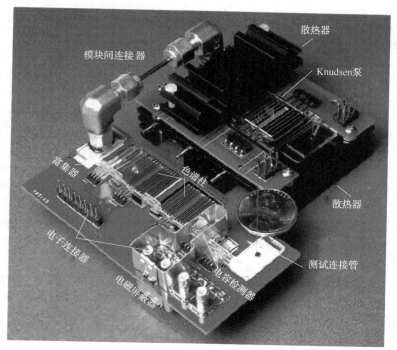

图 7-23　平面集成的 iGC3. c2 系统照片[24]

对 iGC3. c2 系统进行了性能测试，以室内空气作载气，样品为 19 种有代表性的 VOCs 气体混合物，包括：6 种正构烷烃、5 种非极性芳香烃、5 种中等极性的醛和卤代烃、3 种非极性环烷烃和萘烯。结果表明，载气流量为 $0.2 cm^3/min$、采样时间为 30min、柱温为室温的条件下，该系统可在不到 10min 内有效分离和检测样品中浓度为 $(0.05 \sim 1) \times 10^{-6}$ 的非极性组分以及 $(0.01 \sim 0.2) \times 10^{-6}$ 的中等极性组分。当采样时间延长至 120min 时，对某些中等极性组分的检出限可达 2×10^{-9}。利用柱内嵌入式薄膜加热器进行了温度程序分析，与室温下的分离相比，显著缩短了分析时间，提高了检测灵敏度。通过计算组分在两个互补式电容检测器上的响应比并经数学处理，成功地解析了色谱图中的部分共馏峰和完全共馏峰。

参 考 文 献

[1] Lu C J, Steinecker W H, Tian W C, et al. First-generation hybrid MEMS gas chromatograph

[J]. Lab on a Chip, 2005, 5, 1123-1131.

[2] Zellers E T, Reidy S, Veeneman R A, et al. An integrated micro-analytical system for complex vapor mixtures[C]. TRANSDUCERS 2007-2007 International Solid-State Sensors, Actuators and Microsystems Conference, Lyon, France, 2007.

[3] Kim S K, Chang H, Zellers E T. Prototype micro gas chromatograph for breath biomarkers of respiratory disease[C]. TRANSDUCERS 2009-2009 International Solid-State Sensors, Actuators and Microsystems Conference, Denver, CO, USA, 2009.

[4] Zampolli S, Elmi I, Mancarella F, et al. Real-time monitoring of sub-ppb concentrations of aromatic volatiles with a MEMS-enabled miniaturized gas-chromatograph[J]. Sensors and Actuators B, 2009, 141: 322-328.

[5] Sklorz A, Janßen S, Lang W. Gas chromatograph based on packed μGC-columns and μ-preconcentrator devices for ethylene detection in fruit logistic applications[J]. Procedia Engineering, 2012, 47: 486-489.

[6] Sklorz A, Janßen S, Lang W. Application of a miniaturised packed gas chromatography column and a SnO₂ gas detector for analysis of low molecular weight hydrocarbons with focus on ethylene detection[J]. Sensors and Actuators B, 2013, 180: 43-49.

[7] Collin W R, Serrano G, Wright L K, et al. Microfabricated gas chromatograph for rapid, trace-level determinations of gas-phase explosive marker compounds[J]. Analytical Chemistry, 2014, 86: 655-663.

[8] Mohsen Y, Lahlou H, Sanchez J B, et al. Development of a micro-analytical prototype for selective trace detection of orthonitrotoluene[J]. Microchemical Journal, 2014, 114: 48-52.

[9] Sanchez J B, Mohsen Y, Lahlou H, et al. Chromatographic air analyzer microsystem for the selective and sensitive detection of explosive-related compounds[J]. Procedia Engineering, 2014, 87: 516-519.

[10] Akbar M, Narayanan S, Restaino M, et al. A purge and trap integrated micro GC platform for chemical identification in aqueous samples[J]. Analyst, 2014, 139: 3384-3392.

[11] Garg A, Akbar M, Vejerano E, et al. A mini gas chromatography system for trace-level determination of hazardous air pollutants[J]. Sensors and Actuators B, 2015, 212: 145-154.

[12] Tzeng T H, Kuo C Y, Wang S Y, et al. A portable micro gas chromatography system for lung cancer associated volatile organic compound detection[J]. IEEE Journal of Solid-State Circuits, 2016, 51(1): 259-272.

[13] Zhu X, Sun J, Ning Z, et al. High performance mini-gas chromatography-flame ionization detector system based on micro gas chromatography column[J]. Review of Scientific Instruments, 2016, 87: 044102.

[14] Gregis G, Sanchez J B, Bezverkhyy I, et al. Detection and quantification of lung cancer biomarkers by a micro-analytical device using a single metal oxide-based gas sensor[J]. Sensors and Actuators B, 2018, 255: 391-400.

[15] Wang J, Bryant-Genevier J, Nuñovero N, et al. Compact prototype microfabricated gas chromatographic analyzer for autonomous determinations of VOC mixtures at typical workplace concen-

trations[J]. Microsystems & Nanoengineering, 2018, 4, 17101.

[16] Wang J, Nuñovero N, Nidetz R, et al. Belt-mounted micro-GC prototype for determining personal exposures to VOC mixture components[J]. Analytical Chemistry, 2019, 91: 4747-4754.

[17] Lin Z, Nuñovero N, Wang J, et al. A zone-heated gas chromatographic microcolumn: energy efficiency[J]. Sensors and Actuators B, 2018, 254: 561-572.

[18] Manginell R P, Joseph M B, Matthew W M, et al. A monolithically-integrated μGC chemical sensor system[J]. Sensors, 2011, 11: 6517-6532.

[19] Manginell R P, Adkins D R, Moorman M W, et al. Mass-sensitive microfabricated chemical preconcentrator[J]. Journal of Microelectromechanical Systems, 2008, 17(6): 1396-1407.

[20] Qin Y, Gianchandani Y B. A facile, standardized fabrication approach and scalable architecture for a micro gas chromatography system with integrated pump[C]. 2013 Transducers & Eurosensors XXVII: The 17th International Conference on Solid-State Sensors, Actuators and Microsystems, Barcelona, Spain, 2013.

[21] Qin Y, Gianchandani Y B. iGC1: an integrated fluidic system for gas chromatography including Knudsen pump, preconcentrator, column, and detector microfabricated by a three-mask process[J]. Journal of Microelectromechanical Systems, 2014, 23(4): 980-990.

[22] Qin Y, Gianchandani Y B. iGC2: an architecture for micro gas chromatographs utilizing integrated bi-directional pumps and multi-stage preconcentrators[J]. Journal of Micromechanics and Microengineering, 2014, 24, 065011.

[23] Qin Y, Gianchandani Y B. An all electronic, fully microfabricated micro gas chromatograph[C]. 2015 Transducers-2015 18th International Conference on Solid-State Sensors, Actuators and Microsystems, Anchorage, Alaska, USA, 2015, 626-629.

[24] Qin Y, Gianchandani Y B. A fully electronic microfabricated gas chromatograph with complementary capacitive detectors for indoor pollutants[J]. Microsystems & Nanoengineering, 2016, 2: 15049.

[25] Igreja R, Dias C J. Dielectric response of interdigital chemocapacitors: the role of the sensitive layer thickness[J]. Sensors and Actuators B, 2006, 115: 69-78.